OPUSCULES MATHÉMATIQUES,

 OU

MÉMOIRES sur différens sujets de GÉOMÉTRIE, de MÉCHANIQUE, D'OPTIQUE, D'ASTRONOMIE &c.

Par M. D'ALEMBERT, *de l'Académie Françoise, des Académies Royales des Sciences de France, de Prusse & d'Angleterre, de l'Académie Royale des Belles-Lettres de Suéde, & de l'Institut de Bologne.*

TOME PREMIER.

A PARIS,

Chez DAVID, rue & vis-à-vis la grille des Mathurins.

M. DCC. LXI.

AVEC APPROBATION ET PRIVILÉGE DU ROI.

l'Hydrodynamique, entant qu'on les ſoumet au calcul, ne peuvent être connues qu'à-peu-près.

Le but du cinquiéme Mémoire eſt de rendre plus rigoureuſe & plus ſimple l'ingénieuſe démonſtration du principe de la compoſition des forces, que M. Daniel Bernoulli a donnée dans le premier Volume des Mémoires de Péterſbourg.

Ces cinq Mémoires avoient déja été annoncés dans l'Avertiſſement de la nouvelle Edition de mon *Traité de Dynamique;* ils étoient dèſlors en état de paroître; depuis ce tems je les ai perfectionnés, & augmentés de nouvelles recherches.

Dans le ſixiéme Mémoire, je ſoutiens contre le célébre M. Euler, le même ſentiment que ſoutint autrefois M. Jean Bernoulli contre M. Leibnitz, ſavoir que les *Logarithmes des quantités négatives ne ſont point imaginaires, mais réels,* ou plutôt qu'ils peuvent être ſuppoſés à volonté réels ou imaginaires, & que tout dépend du ſyſtême de Logarithmes qu'on choiſit. Aux preuves que M. Jean Bernoulli a données de ſon ſentiment, & que j'ai développées & expoſées d'une maniere encore plus frappante, j'en ai joint pluſieurs autres; & j'ai répondu aux objections de MM. Leibnitz & Euler, de maniere à ne laiſſer, ce me ſemble, aucun doute ſur cette queſtion épineuſe & délicate.

Le ſeptiéme Mémoire eſt un ſupplément à ce que j'ai donné dans les Mémoires de Berlin de 1746 & 1748, ſur les intégrations qui dépendent de la rectification des Sections coniques, & de la quadrature des lignes du troiſiéme ordre, & une application de ces intégrations à la quadrature de la ſurface des cônes obliques.

J'ai recueilli dans le huitiéme Mémoire pluſieurs remarques ſur l'attraction, pour éclaircir & développer quelques endroits de mes autres Ouvrages. J'y fais voir; 1°. qu'en ſuppoſant à la Terre un noyau intérieur d'une denſité différente du reſte du ſphéroïde, la figure extérieure de la Terre dépend moins de la figure de ce noyau, comme l'ont cru quelques ſavans Géometres, que du rapport de ſa denſité avec la denſité du reſte du ſphéroïde. 2°. Que la Terre, même en la ſuppoſant en partie fluide, pourroit ſubſiſter ſans être un ſolide de révolution, pourvû qu'elle eût un noyau intérieur ſolide, qui ne fût pas un ſolide de révolution, & qui fût d'une denſité différente de la partie fluide. 3°. Enfin j'explique pourquoi un corpuſcule placé ſur une ſurface ſphérique, éprouve une attraction qui n'eſt que la moitié de celle que la même ſurface exerceroit ſur le même corpuſcule, s'il étoit placé à une diſtance infiniment peu plus grande.

Le neuviéme Mémoire contient l'examen des principes qu'on employe communément en Optique, tant par rapport aux loix de la viſion directe, que par rapport à celles de la viſion réfléchie ou réfractée; j'en fais voir le peu de ſolidité, & j'en conclus que dans cette Science preſque tout eſt encore à faire; que les principes qui y ſont le plus généralement reçus, ſont, ou faux, ou tout au moins très-incertains; qu'il eſt très-douteux, par exemple, que les objets ſoient toujours vûs dans la direction du rayon viſuel; que l'on n'eſt pas plus inſtruit ſur les loix de la diſtance & de la grandeur apparente

des

des objets dans les miroirs & dans les verres; que les expériences d'Optique qui paroissent les plus simples, sont sujettes à beaucoup d'illusions & de variétés &c. Je donne aussi dans ce même Mémoire une méthode que je crois assez simple & assez sûre pour déterminer la distance & la grandeur apparente des objets dans la vision directe; & je fais à cette occasion différentes remarques qui pourront, je crois, intéresser les Géometres.

Dans le dixiéme Mémoire, j'examine les principes reçus jusqu'ici par les Mathématiciens sur le calcul des probabilités, & je tâche de montrer que ces principes sont au moins très-douteux, pour ne rien dire de plus. C'est à quoi je parviens en éxaminant un cas singulier du Problême des jeux de hazard, sur la solution duquel les Analystes paroissent s'être vainement exercés jusqu'aujourd'hui, & qui ne peut être susceptible d'une solution satisfaisante, qu'en limitant & en modifiant les principes dont ces mêmes Analystes se sont servis jusqu'à présent pour résoudre les questions de cette espéce.

Le onziéme Mémoire, ſur l'Inoculation de la petite Vérole, a pour objet de prouver que dans les calculs qu'on a faits juſqu'à préſent pour conſtater les avantages de l'inoculation, on n'a point envisagé la queſtion ſous ſon véritable point de vûe; & qu'il eſt très-difficile, pour ne pas dire impoſſible, d'apprétier ces avantages par le calcul; ce qui n'empêche pas, comme je l'obſerve, que la pratique de l'inoculation ne puiſſe être avantageuſe, quand elle ſera conduite avec les précautions convenables. Comme l'objet de ce Mémoire intéreſſe tous les Citoyens, j'ai tâché de le rendre clair & impartial; il n'eſt perſonne qui avec un peu d'attention ne puiſſe le lire, l'entendre & le juger; les détails Mathématiques ſont rejettés dans des notes très-étendues, que j'ai jointes au Mémoire, & qui contiennent beaucoup d'autres remarques importantes ou curieuſes ſur la théorie de l'inoculation.

Dans le douziéme Mémoire, après avoir montré, contre la prétention d'un ſavant Géometre, que la théorie des perturbations des Comètes eſt contenue dans la ſolution que j'ai donnée dès 1747 du Problême des trois corps, je perfectionne cette théorie; j'en simplifie la pratique par différens moyens que je propose pour cet effet; & je parviens à une méthode pour calculer les perturbations des Comètes, plus simple, ce me semble, plus abrégée & plus facile, que ce qui a été publié jusqu'à présent sur cette matiere. L'Académie de Petersbourg a proposé ce Problême pour le sujet du Prix qu'elle doit distribuer cette année; & elle exige qu'on y joigne l'application de la théorie à la Comète de 1759. Comme je n'ai eu connoissance que fort tard du Programme, je n'ai pas eu le tems nécessaire pour entreprendre ce calcul, dont la longueur énorme est d'ailleurs seule capable de rebuter, quand on n'est aidé par personne. Je me suis donc contenté de faire part aux Géometres de ma méthode, dont j'ai exposé le procédé avec le plus grand détail, & avec toute la clarté qui m'a été possible: & je me flatte qu'il n'y aura point de Calculateur tant soit peu intelligent, qui sur cet exposé ne puisse entreprendre de déterminer les altérations du mouvement des Comètes; puisque j'ai eu ſoin de lui mettre ſous les yeux la ſuite des opérations qu'il doit faire, & qu'il n'y a plus abſolument qu'à ſubſtituer aux quantités algébriques les nombres qui conviennent à chaque Comète en particulier.

J'éxamine dans le treiziéme Mémoire, la diſpute qui s'eſt élevée entre les Géometres au ſujet de la différence d'un mois qui s'eſt trouvée entre la prédiction du retour de la Comète de 1682, & l'obſervation de ce même retour. Je prouve que cette différence ne doit point être comparée (comme on l'a prétendu) à la période entiere, encore moins à la ſomme de deux périodes conſécutives, mais ſeulement à la différence de ces deux périodes, qui n'eſt que de 18 mois; & qu'ainſi la différence entre le calcul & l'obſervation, eſt au moins d'un dix-huitiéme, & non pas de $\frac{1}{1800}$. Je prouve même, qu'en faiſant la répartition la plus vraiſemblable & la plus naturelle des erreurs commiſes dans les différens réſultats, l'erreur du dernier réſultat a dû être vraiſemblablement un cinquiéme du total; ce qui doit être uniquement imputé à la nature des circonſtances du Problême, qui n'a pas permis une plus grande préciſion dans les calculs.

Le quatorziéme Mémoire eſt deſtiné à défendre ma ſolution du Problême des trois corps contre les objections qu'on y a faites, & à montrer les avantages de cette ſolution ſur celles qui ont été données du même Problême.

Ce Mémoire eſt ſuivi de nouvelles Tables de la Lune, d'une forme très-commode & très-ſimple. J'ai d'autant plus lieu d'eſpérer que les Aſtronomes en feront uſage, que je les crois d'ailleurs aſſez éxactes. M. Couſin, habile Mathématicien, qui a bien voulu m'aider dans le calcul de ces Tables, s'en étant ſervi pour déterminer pluſieurs lieux de la Lune, n'a jamais trouvé une minute de différence entre le calcul & l'obſervation.

Enfin, dans le quinziéme Mémoire, j'applique à la Lune, regardée comme un ſphéroïde dont les Méridiens & l'Equateur feroient des ellipſes, la théorie que j'ai donnée dans les Mémoires de l'Académie de 1754 ſur la préceſſion des points équinoxiaux dans de pareils ſphéroïdes. Je joins à cette application différentes remarques ſur la libration de la Lune, ſur les mouvemens que peut avoir ſon axe, & même ſur le Problême de la préceſſion des Equinoxes en général.

Telles ſont les différentes matieres traitées dans ces *Opuſcules*. La plûpart des Mémoires qu'elles contiennent, peuvent fournir le ſujet de pluſieurs autres, comme il eſt aiſé de s'en convaincre en les liſant; & je me propoſe de donner de tems en tems une ſuite à ces deux Volumes, autant que mes autres occupations pourront me le permettre.

Au reſte, je me flatte que les ſavans Géometres, dont j'ai cru pouvoir attaquer les aſſertions, preſque toujours pour ma propre défenſe, ne m'en ſauront pas mauvais gré; en combattant leurs opinions, je ſai tous les égards que je dois à leur perſonne & à leur mérite, & je ne crois pas m'en être écarté.

TABLE

DES MÉMOIRES

Contenus en ce premier Tome.

PREMIER MÉMOIRE.

SECOND MÉMOIRE.

TROISIÉME MÉMOIRE.

QUATRIÉME MÉMOIRE.

Cinquiéme Mémoire.

Sixiéme Mémoire.

Septiéme Mémoire.

Huitiéme Mémoire.

Neuviéme Mémoire.

OPUSCULES

OPUSCULES
MATHÉMATIQUES.

PREMIER MÉMOIRE.

Recherches sur les vibrations des Cordes sonores.

J'AI donné, dans les Mémoires de l'Académie des Sciences de Prusse pour l'année 1747, des recherches sur les vibrations des cordes sonores, qui ont été attaquées par Messieurs Bernoulli & Euler, dans les Mémoires de la même Académie pour l'année 1753. La lecture de leurs Mémoires & des miens suffiroit peut-être pour me mettre à couvert de leurs attaques; car chacun de ces grands Géometres, pris séparé, ment, ſemble m'accorder ce que l'autre me nie. Néanmoins la difficulté de la queſtion, qui ne peut avoir que très-peu de Juges, & le nom de mes deux Adverſaires, m'engagent à ſoumettre au jugement des Savans les objets de notre conteſtation. Je donnerai d'abord une ſolution nouvelle du Problême des cordes vibrantes, encore plus ſimple que celle que j'ai déja donnée dans les Mémoires déja cités; j'y joindrai quelques remarques relatives à cette ſolution, & l'application de ma méthode à différens Problêmes ſur les vibrations des cordes ſonores; je répondrai enſuite aux objections de Meſſieurs Euler & Bernoulli.

§ I. Soit *AMB* (*Fig.* 1.) une corde en vibration, $AP = x$, $PM = y$, $AB = a$; on ſuppoſe que les vibrations ſont fort petites; ainſi on peut faire $Mm = dx$. L'ordonnée *PM* ne peut être qu'une fonction de l'abſciſſe x, & du tems t écoulé depuis le commencement du mouvement; & ſi on imagine que la corde ſe meuve de *P* vers *M*, & qu'on nomme *F* la force retardatrice du point *M*, p la peſanteur, θ le tems qu'un corps peſant mettroit à parcourir l'eſpace quelconque e, on aura $-\frac{ddy}{dt^2} = \frac{F \times 2e}{p\,\theta^2}$, équation dont le premier membre exprime le coëfficient de dt^2, lorſqu'on prend la différence ſeconde de y, en ne faiſant varier que t & en ſuppoſant dt conſtant.

Or la force retardatrice *F* eſt égale à la force de tenſion multipliée par l'angle de contingence en *M*, & divisée par la petite masse à mouvoir Mm ou dx. La force de tension peut être supposée $= pma$, c'est-à-dire, en raison de m à 1, avec le poids de la corde pa (a étant la longueur de la corde, & p la gravité); & l'angle de contingence est $-\frac{ddy}{dx}$, en ne faisant varier que x. Donc $F = -\frac{pmaddy}{dx^2}$; donc faisant la substitution, & supposant (ce qui est permis) $2ema = \theta^2$, on aura $-\frac{ddy}{dt^2} = -\frac{ddy}{dx^2}$ ou $\frac{d\left(\frac{dy}{dt}\right)}{dt} = \frac{d\left(\frac{dy}{dx}\right)}{dx}$; d'où il s'ensuit que si on fait $dy = pdt + qdx$, on aura $\frac{dp}{dt} = \frac{dq}{dx}$, & que par conséquent $pdx + qdt$ sera une différentielle exacte, aussi-bien que $pdt + qdx$; donc si on fait $du = pdx + qdt$, on aura $dy + du = \overline{p + q} \cdot \overline{dx + dt}$ & $dy - du = \overline{p - q} \cdot \overline{dt - dx}$; donc $y + u = \varphi(x + t)$ & $y - u = \Delta(x - t)$; donc $y = \frac{\varphi(x+t)}{2} + \frac{\Delta(x-t)}{2}$, ou plus simplement $y = \varphi(x + t) + \Delta(x - t)$; c'est l'équation générale des cordes vibrantes, attachées ou non par deux points fixes.

Sur cette solution si simple je ferai d'abord une remarque en passant. M. Euler, dans les Mémoires de l'Académie de Berlin 1753, est parvenu à la même équation que moi; mais, ce me semble, par une méthode moins sûre ; de ce que $\frac{ddy}{dx^2} = \frac{ddy}{dt^2}$, il paroît en conclure que $\frac{kdy}{dx} = \frac{dy}{dt}$, k exprimant un nombre constant ; ce qui n'est pas vrai, comme on le peut voir aisément par la seule différentiation de l'équation $y = \varphi(x+t) + \Delta(x-t)$. Il est vrai que l'équation $\frac{kdy}{dx} = \frac{dy}{dt}$ donne $y = \varphi(x+t)$ & $y = \Delta(x-t)$; & qu'il arrive par hasard qu'en réunissant ces deux valeurs de y, on a la valeur générale de y qui répond à l'équation $\frac{ddy}{dt^2} = \frac{ddy}{dx^2}$; mais quoique la solution de M. Euler conduise à une conclusion vraie, elle n'en est pas, ce me semble, plus exacte pour cela, puisqu'elle semble appuyée sur l'hypothèse fausse que $\frac{ddy}{dt^2} = \frac{ddy}{dx^2}$ donne en général $\frac{dy}{dt} = \frac{kdy}{dx}$; je dis *en général* ; car si l'équation $\frac{dy}{dt} = \frac{kdy}{dx}$ ne convient pas à toutes les quantités auxquelles convient l'équation $\frac{ddy}{dt^2} = \frac{ddy}{dx}$, comment peut-on être sûr que l'intégration de cette équation $\frac{dy}{dt} = \frac{kdy}{dx}$, donnera la solution générale du Problême ?

La solution que M. Euler a donnée de ce même

Problême, dans les Mémoires de Berlin 1748, est plus exacte, mais elle ne differe point, comme il l'a remarqué lui-même, de celle que j'ai donnée dans les Mémoires de la même Académie pour l'année 1747.

Au lieu de l'équation $\frac{d\left(\frac{dy}{dt}\right)}{dt} = \frac{d\left(\frac{dy}{dx}\right)}{dx}$, tirée de l'équation $\frac{ddy}{dt^2} = \frac{ddy}{dx^2}$, j'aurois pû écrire celle-ci, en apparence beaucoup plus générale, $\frac{d\left(\frac{dy}{dt} + \xi\right)}{dt} = \frac{d\left(\frac{dy}{dx} + \vartheta\right)}{dx}$, ξ représentant une fonction quelconque de x, & ϑ une fonction quelconque de t; mais cette équation donne $p\,dx + d\xi + q\,dt + d\vartheta$ une différentielle complette, & par conséquent $p\,dx + q\,dt$ pris séparément est aussi une différentielle complette; donc l'équation substituée à $\frac{ddy}{dt^2} = \frac{ddy}{dx^2}$, est aussi générale qu'on le peut souhaiter.

On pourroit croire au premier coup d'œil, que l'équation $y = \varphi(x+t) + \Delta(x-t)$ n'est pas aussi générale qu'elle le peut être; car l'équation $y = \varphi(x+t) + \Delta(x-t) + Axx + Att + Cx + Dt + E$, qui est en apparence plus générale, satisfait également à l'équation différentielle $\frac{ddy}{dt^2} = \frac{ddy}{dx^2}$. Mais on peut remarquer que $Axx + Att = \frac{A}{2}(x+t)^2 + \frac{A}{2}$

$(x-t)^2$; que $Cx+Dt=F(x+t)+G(x-t)$; en supposant $F+G=C$, & $F-G=D$, ou $F=\frac{C+D}{2}$ & $G=\frac{C-D}{2}$; à l'égard de la constante E, elle est censée entrer dans l'une des deux quantités $\varphi\,(x+t)$ ou $\Delta\,(x-t)$; ainsi la valeur de y se réduit dans tous les cas à $\varphi\,(x+t)+\Delta\,(x-t)$.

§. II. Lorsque $x=o$, ou doit avoir $y=o$, quel que soit t; donc $\Delta-t=-\varphi t$; donc $\varphi\,t$ & $\Delta-t$ doivent être des fonctions impaires de t, toutes deux semblables & de signe contraire. Donc $y=\varphi\,(x+t)+\varphi\,(x-t)$.

On auroit pû trouver aussi par la méthode précédente $y=\varphi\,(x+t)-\Delta\,(t-x)$; & $y=\varphi\,(x+t)-\varphi\,(t-x)$; ce qui revient au même que la valeur qu'on vient de trouver; car $-\varphi\,(t-x)$ est la même chose que $\varphi\,(x-t)$, lorsque φ désigne une fonction impaire.

La valeur de y doit encore être $=o$, quel que soit t; lorsque $y=AB=a$; donc $\varphi\,(a+t)+\varphi\,(a-t)$ doit toujours être $=o$; donc $\varphi\,x$ doit être telle que si on y met successivement $a+t$ & $a-t$ pour x, la somme des deux résultats soit $=o$; or $y=2\,\varphi\,x$ est l'équation de la courbe initiale AMB, lorsque $t=o$; d'où l'on voit que la courbe AMB (*fig.* 2.) doit avoir au-dessous de l'axe AB une branche $B\mu\alpha$ qui lui soit égale & semblable, ainsi qu'une branche Amb de l'autre côté de A, puisque $\varphi\,x$ est impaire. Donc la courbe initiale AMB

doit être telle, qu'elle ait des branches alternatives égales & semblables en sens contraire à l'infini, toutes renfermées dans une même équation. Autrement le Problême ne pourra être résolu, & se refusera à l'analyse. On peut voir dans les Mémoires de Berlin 1747, toutes les autres conséquences que j'ai tirées de cette solution.

§. III. Si la courbe n'étoit pas supposée uniformément épaisse, ensorte que la variable X, qui exprime une fonction donnée de x, désignât son épaisseur variable en chaque point, alors la masse à mouvoir Mm ne seroit plus dx, mais Xdx, & l'on auroit pour équation $\frac{ddy}{Xdx^2} = \frac{ddy}{dt^2}$. Or si l'on fait $y = Bc^{A\xi + Dt}$, B, A, D étant des constantes indéterminées, & ξ une fonction de x telle que $A^2\left(\frac{dd\xi}{dx^2} + \frac{d\xi^2}{dx^2}\right) = D^2 X$, on trouve que cette valeur de y satisfait à l'équation proposée; donc en général si on suppose $y = Bc^{A\xi + Dt} + B'c^{A'\xi + D't} + B''c^{A''\xi + D''t}$ &c. & ainsi à l'infini, si on le juge à propos; cette valeur de y satisfera à l'équation différentielle ci-dessus, pourvû qu'on ait en général $\frac{A^2}{D^2} = \frac{A'^2}{D'^2} = \frac{A''^2}{D''^2}$ &c.

Supposons, pour rendre le calcul un peu plus facile, que $\xi = o$ quand $x = o$, & que $\xi = \alpha$ quand $x = a$, il faudra que la valeur de y soit telle qu'en mettant o & α à la place de ξ, on ait $y = o$, quel que soit t; il faudra de plus que $\frac{dy}{dt}$, c'est-à-dire, la vitesse de chaque point, soit $= o$ lorsque $t = o$, quel que soit x. Pour satisfaire à ces conditions, nous prendrons en général $y = (B c^{A\xi\sqrt{-1}} - B c^{-A\xi\sqrt{-1}}) \times (Q c^{Et\sqrt{-1}} + Q c^{-Et\sqrt{-1}}) + (F c^{2A\xi\sqrt{-1}} - F c^{-2A\xi\sqrt{-1}}) \times (H c^{2Et\sqrt{-1}} + H c^{-2Et\sqrt{-1}})$ &c. & ainsi de suite à l'infini, si on le juge à propos, $A\xi$ exprimant 180 degrés, lorsque ξ sera $= a$. Or cette équation revient à cette forme plus simple, $y = K$ sin. $A\xi \times L$ cos. $Et + M$ sin. $2A\xi \times N$ cos. $2Et$ &c.

Au reste l'équation $y = B c^{A\xi + Dt} + B' c^{A'\xi + D't}$ &c. à l'infini, n'est pas la seule intégrale possible de l'équation proposée $\frac{ddy}{Xdx^2} = \frac{ddy}{dt^2}$; il est aisé de voir que cette équation en a d'autres, quoiqu'il soit peut-être très-difficile de trouver une formule générale qui les renferme toutes. Pour le prouver, nous ferons d'abord observer une propriété de l'équation différentielle dont il s'agit : voici en quoi cette propriété consiste. De ce que $\frac{ddy}{Xdx^2} = \frac{ddy}{dt^2}$, il s'ensuit que $p\,dt + q\,dx$ d'une part, & $q\,dt + pX\,dx$ de l'autre, sont des différentielles complettes; soit à présent $dp = r\,dt + s\,dx$, & on aura $\frac{dq}{dt} = \frac{dp}{dx}$, & $\frac{dq}{dx} = \frac{Xdp}{dt}$; par conséquent $dq = s\,dt + rX\,dx$; qui sera aussi une différen-

tielle

tielle complette ; par la même raison, si on fait $dr = \alpha dt + \beta dx$, on aura $ds = \beta dt + \alpha X dx$, & ainsi à l'infini ; par conséquent on aura non-seulement $\frac{ddy}{Xdx^2} = \frac{ddy}{dt^2}$; mais encore $\frac{ddp}{Xdx^2} = \frac{ddp}{dt^2}$; $\frac{ddr}{Xdx^2} = \frac{ddr}{dt^2}$; ou, ce qui revient au même, $\frac{d^3y}{dt.Xdx^2} = \frac{d^3y}{dt^3}$; $\frac{d^4y}{dt^2.Xdx^2} = \frac{d^4y}{dt^4}$; &c. Ce qui peut d'ailleurs se démontrer directement par le moyen de la seule équation primitive $\frac{ddy}{Xdx^2} = \frac{ddy}{dt^2}$, qui donne à l'infini $\frac{d^ny}{Xdx^2.dt^{n-2}} = \frac{d^ny}{dt^n}$; ou $\frac{d^ny}{dt^{n-2}Xdx^2} = \frac{d^ny}{dt^n}$; car c'est la même chose de différentier d'abord y, $n-2$ fois en ne faisant varier que t, & ensuite deux fois en ne faisant varier que x, ou de le différentier d'abord deux fois en ne faisant varier que x, & ensuite $n-2$ fois en faisant varier seulement t.

Donc on aura les différentielles complettes deux à deux

$$\left.\begin{array}{c} dy = pdt + qdx \\ \& \\ qdt + pXdx \end{array}\right\} \left.\begin{array}{c} dp = rdt + sdx \\ \& \\ sdt + rXdx \end{array}\right\} \begin{array}{c} dr = \alpha dt + \beta dx \\ \& \\ \beta dt + \alpha Xdx ; \end{array}$$

& ainsi à l'infini ; de sorte que si on trouve un seul cas d'intégrabilité, on pourra, en remontant, en trouver d'autres à l'infini. Par exemple, on trouve (en faisant $Xdx = dz$) que si $\alpha = A + Bt + Gx$, & $\beta = R + Gt + Bz$, dr & $\beta dt + \alpha Xdx$ seront l'une & l'autre des différentielles complettes; d'où l'on trouvera en remontant p, y, &c. ce qui donneroit d'autres valeurs de y que celles qui sont renfermées dans l'équation $y =$ $y = B\,c^{A\xi + Dt} + B'\,c^{A'\xi + D't}$ &c. Il est vrai que ces valeurs ne satisferoient point au présent Problême; parce qu'elles ne seroient pas $= o$ quand $x = o$ & quand $x = a$, comme il est nécessaire qu'elles le soient, quelque valeur qu'on donne à t; mais c'en est assez pour faire voir que la solution donnée ci-dessus n'est pas générale.

Si on suppose $\alpha = \theta\,\xi$, $\zeta = \theta'\,\xi'$, θ & θ' étant des fonctions de t, & ξ, ξ' des fonctions de x, on trouvera que $\frac{\theta\,d\,\xi}{d\,x} = \frac{\xi'\,d\,\theta'}{d\,t}$; & $\frac{\theta'\,d\,\xi'}{X\,d\,x} = \frac{\xi\,d\,\theta}{d\,t}$; d'où l'on tire $\frac{d\,\xi}{\xi'\,d\,x} = \frac{d\,\theta'}{\theta\,d\,t} = A$, A étant une constante, & $\frac{d\,\xi'}{\xi\,X\,d\,x} = \frac{d\,\theta}{\theta'\,d\,t} = B$, B étant aussi une constante; par conséquent $\theta = \frac{d\,\theta'}{A\,d\,t}$, & $d\,d\,\theta' = AB\,\theta'\,dt^2$; & par la même raison $\xi' = \frac{d\,\xi}{A\,dx}$ & $d\,d\,\xi = AB\,\xi\,X\,dx^2$. Or si ni A ni B n'est $= o$, on tirera de ces équations une valeur de y toute semblable à celle-ci, $y = B\,c^{A\xi + Dt}$ &c. Si A ou B est $= o$, on trouvera 1°. dans le cas de $A = o$, $d\,\theta' = o$, $\theta' = G$, $d\,\theta = B\,G\,dt$, & $\theta = B\,G\,t + H$; 2°. dans le cas de $B = o$, $d\theta = o$, $\theta = L$; $d\theta' = AL\,dt$, & $\theta' = ALt + M$,

& par la même raiſon, en faiſant $X\,dx = dz$, on aura dans le premier cas $\xi = N$ & $\xi' = BNz + P$; & dans le ſecond cas $\xi' = Q$ & $\xi = AQz + R$; donc dans le premier cas $\alpha = NBGt + NH$, & $\zeta = GBNz + GP$; & dans le ſecond cas $\alpha = LAQz + LR$, & $\zeta = ALQt + QM$; ce qui eſt encore un cas d'une des ſolutions données ci-deſſus. Mais aucune de ces ſolutions n'eſt générale, comme il eſt aiſé de le ſentir. Revenons donc à notre ſujet.

§. IV. Si la courbe vibrante *AMB*, au lieu d'être une corde fléxible & tendue, fixe par ſes deux extrémités *A*, *B*, eſt un reſſort fixé ſeulement en *A* & écarté par quelque puiſſance de la ſituation *AB*; on peut trouver ſon mouvement par la méthode ſuivante.

On conſidérera d'abord que le reſſort dans ſon mouvement tourne ſa convexité vers l'axe *AB*, & non ſa concavité, comme la corde vibrante; on pourra ſuppoſer de plus, au moins dans un très-grand nombre de cas, que la force qui agit ſur chaque point eſt en raiſon de l'angle de courbure, c'eſt-à-dire qu'elle eſt $+\frac{ddy}{dx}$, & non pas, comme dans le Problême précédent, $-\frac{ddy}{dx}$, parce que dans ce Problême la courbe étoit ſuppoſée concave vers *AB*, & qu'ici elle eſt convexe. Ainſi on aura $-\frac{ddy}{dt^2} = \frac{ddy}{dx^2}$ pour l'équation de la lame à reſſort vibrante. Or faiſant $t\sqrt{-1} = u$, il vient $\frac{d\,d\,y}{d\,u^2} = \frac{d\,d\,y}{d\,x^2}$; donc $y = \varphi\,(x + u) + \Delta\,(x - u)$ ou $y = \varphi\,(x + t\sqrt{-1}) + \Delta\,(x - t\sqrt{-1})$; & comme $x = o$ rend toujours $y = o$, il s'enfuit que $y = \varphi\,(x + t\sqrt{-1}) + \varphi\,(x - t\sqrt{-1})$ ou $\varphi\,(x + t\sqrt{-1}) - \varphi\,(t\sqrt{-1} - x)$, $\varphi\,x$ étant une fonction impaire.

Si la fonction $\varphi\,x$ eft telle qu'en fubftituant à la place de t une certaine valeur donnée ϑ, on ait $\varphi\,(x + \vartheta\sqrt{-1}) + \varphi\,(x - \vartheta\sqrt{-1}) = o$, quel que foit x, c'eft-à-dire que le coëfficient de chaque terme foit $= o$, alors il eft évident qu'au bout du tems ϑ, tous les points de la lame vibrante arriveront en même tems à la fituation rectiligne. En ce cas il eft aifé de voir que $y = \varphi\,x$ ne peut exprimer une courbe géométrique, parce que $\varphi\,x$ renfermera néceffairement une infinité de termes. Car on s'affurera facilement par le calcul, que la condition dont il s'agit, ne peut avoir lieu, fi $\varphi\,x$ eft une fonction Algébrique & finie.

La condition dont nous parlons aura lieu, par exemple, fi $y = (A\,c^{B\,x} - A\,c^{-B\,x}) \times D$ cof. $B\,t + (E\,c^{3\,B\,x} - E\,c^{-3\,B\,x}) \times H$ cof. $3\,B\,t +$ &c. & ainfi de fuite à l'infini, fi on le juge à propos.

Cette équation eft donc une de celles que doit avoir la lame vibrante, pour que tous fes points faffent leurs demi-vibrations en même tems.

M. Daniel Bernoulli trouve dans les Mémoires de

Peterſbourg, *Tom.* 13, une équation fort différente de celle-ci pour celle de la lame vibrante, dans le cas où les demi-vibrations de chaque point ſont ſynchrones. Cette équation eſt $d^4 y = A y d x^4$. Je ne nie pas qu'elle ne puiſſe abſolument avoir lieu dans certains cas; mais 1°. M. Bernoulli ſuppoſe que la force accélératrice doit être proportionnelle à l'ordonnée y, comme M. Taylor l'a ſuppoſé dans le Problême des cordes vibrantes. Or la ſuppoſition de M. Taylor eſt trop limitée, comme nous l'avons fait voir dans les Mémoires de Berlin 1747, & il ne paroît pas que l'hypotheſe de M. Bernoulli ſoit plus fondée en raiſon. 2°. M. Bernoulli fait encore cette autre ſuppoſition, que dans un reſſort bandé, l'angle de contingence eſt égal à la ſomme des momens de toutes les puiſſances tendantes. Or cette ſuppoſition ne me paroît pas ſuffiſamment appuyée, quoiqu'elle ſoit le fondement ordinaire ſur lequel on réſout le Problême de la courbe élaſtique; car dans un corps à reſſort, & par conſéquent fléxible, j'avoue que je ne puis me former d'idée nette de ces *momens* dont on parle, & qui ne doivent avoir lieu que dans un corps abſolument infléxible. Un reſſort ne doit être regardé, ni comme un corps parfaitement fléxible, ni comme un corps abſolument infléxible; & j'oſerois aſſurer par cette raiſon, que toutes les ſolutions qu'on donnera du Problême de l'Elaſtique, ſeront très-imparfaites, juſqu'à ce qu'on ait trouvé la véritable loi de la réſiſtance des reſſorts pliés.

Si la lame vibrante n'étoit pas par-tout de la même épaiſſeur, on auroit $-\frac{ddy}{X dx^2} = \frac{ddy}{dt^2}$, & $y = B c^{A\xi + Dt\sqrt{-1}} + B' c^{A'\xi + D't\sqrt{-1}}$ &c. comme ci-deſſus, avec ces conditions que $A^2 \left(\frac{dd\xi}{dx^2} + \frac{d\xi^2}{dx^2}\right) = -D^2 X$, & que $\frac{A^2}{D^2} = \frac{A'^2}{D'^2}$ &c. d'où l'on tire $y = (B c^{A\xi} - B c^{-A\xi})\, Q \operatorname{cof.} E t + (F c^{2A\xi} - F c^{-2A\xi})\, H \operatorname{cof.} 2 E t$ &c. & ainſi de ſuite à l'infini, ſi on le juge à propos; & pour le cas où toutes les demi-vibrations doivent être d'égale durée, $y = (B c^{A\xi} - B c^{-A\xi})\, Q \operatorname{cof.} E t + (F c^{3A\xi} - F c^{-3A\xi})\, H \operatorname{cof.} 3 E t +$ &c.

§. V. Je viens préſentement à l'examen de la ſolution de M. Euler, pour le cas de la corde vibrante uniformément épaiſſe. Nous avons vû ci-deſſus que dans l'équation $y = \varphi(x + t) + \varphi(x - t)$, les deux fonctions déſignées par φ doivent être impaires & ſemblables. M. Euler convient de cette aſſertion. Il dit expreſſément que les fonctions $\varphi(x + t)$ & $\varphi(x - t)$ doivent être *identiques*, & il ajoute que φx doit être une fonction *impaire*, c'eſt-à-dire, *ne renfermer que des puiſſances impaires de x*.

Cependant pour trouver en général la valeur de y, voici la conſtruction qu'il donne. Suppoſant que *AMB* (*Fig.* 2.) ſoit la figure initiale de la corde, il tranſporte cette figure alternativement au-dessus & au-dessous de l'axe en *A m b*, *B μ α*, & ainsi de suite à l'infini; ensuite pour savoir quelle sera la valeur de y, ou la distance du point *M* à *AB* au bout du tems t, il prend $PQ = t$ & $PR = t$, & $y = \frac{QN}{2} + \frac{RS}{2}$, *RS* étant considérée comme négative, si elle tombe de l'autre côté de l'axe par rapport à *PM*. J'ai prétendu que cette construction ne pouvoit avoir lieu, que quand les courbes *AMB*, *B μ α*, *A m b*, &c. & ainsi à l'infini, étoient liées par une même équation, & assujetties à la loi de continuité; M. Euler soutient que cette construction est générale, quelle que soit la courbe *AMB*. C'est le seul point sur lequel nous différons.

§. VI. Je ne conçois pas d'abord pourquoi M. Euler prétend que la courbe *AMB* peut être telle qu'on voudra; puisqu'il dit lui-même expressément que φx ne doit contenir que des *puissances impaires de x*; ainsi $y = 2 \varphi x$, qui est l'équation de la courbe initiale *AMB* lorsque $t = o$, ne doit contenir que des puissances impaires de x. Par cette seule restriction, il seroit déja obligé d'exclure de sa solution générale tous les cas où l'équation de la courbe *AMB* renferme quelques puissances paires; ceux, par exemple, où la courbe *AMB* seroit une Parabole ayant pour équation $y = qax - qxx$, dans laquelle q est supposé un coëfficient fort petit. Mais ce n'est pas tout; M. Euler dit encore que les fonctions $\varphi(x + t)$ & $\varphi(x - t)$ doivent être *identiques*; il insiste à plusieurs reprises sur la nécessité absolue de cette identité. Or il est aisé de voir, que si les courbes *A M B*, *A m b*, *B μ α* &c. ne sont pas assujetties à une même équation, ces deux fonctions ne seront pas identiques, même dans le cas où $\varphi\ (x)$ seroit une *fonction impaire*. En effet, soit, par exemple, *A M B* (*Fig.* 3.) une portion de Parabole cubique, telle que $y = a^2\ x - x^3$, & soit $P\,Q = t$, $P\,Q' = t$, on aura $Q'\,S'$ ou $\varphi\ (x + t) = a\,Q' \times (a^2 - a\ Q'^2) =$ (à cause de $A\ Q' = x + t$) $(2\ a - x - t)\ (a\ a - 2\,a - x - t) = 11\,a^2\ (x + t) - 6\,a^3 - 6\,a\,(x + t)^2 + (x + t)^3$; & $Q\,S$ ou $\varphi\,(x - t) = a^2\ (x - t) - (x - t)^3$; donc $\varphi\ (x + t)$ & $\varphi\ (x - t)$ ne sont pas identiques dans la construction de M. Euler, quoique ces deux fonctions doivent l'être, selon lui-même. M. Euler répondra peut-être, que par fonctions identiques, il n'entend pas ici ce qu'on entend d'ordinaire, des fonctions dans lesquelles $x + t$ & $x - t$ entrent de la même maniere; mais seulement des fonctions telles, que si l'on prend $x + t = x' - t$ (les abscisses x & x' étant différentes) on ait $\varphi\ (x + t) = \varphi\ (x' - t)$; c'est-à-dire l'ordonnée qui répond à $x + t$ égale à celle qui répond à $x' - t$, sans qu'il soit nécessaire d'ailleurs que $\varphi\ (x + t)$ soit de la même forme que $\varphi\,(x' - t)$. Nous prouverons dans la suite que cette réponse ne mettroit pas à couvert la solution de M. Euler. Mais commençons par donner des preuves directes de l'insuffisance de cette solution.

§. VII. Nous allons donc démontrer que la construction

tion de M. Euler ne satisfait point en général à l'équation $\frac{ddy}{dx^2} = \frac{ddy}{dt^2}$. Pour cela soit pris $AP = x$, (*Fig.* 4.), $PT = t$ sur l'axe AB; donc regardant x comme constante, & faisant $PT' = PT, Tt = t\theta = T't' = t'\theta' = dt$, on aura $AT = x + t$, $At = x + t + dt$, $A\theta = x + t + 2\,dt$, $AT' = x - t$, $At' = x - t - dt$, $A\theta' = x - t - 2\,dt$. Or y étant égale, suivant la construction même de M. Euler, à la demie ordonnée TR qui répond à $x + t$, plus à la demie ordonnée $T'R'$ qui répond à $x - t$, il s'ensuit que ddy, en ne faisant varier que t, est $\frac{\theta\varrho - tr - (tr - TR)}{2}$ $+ \frac{\theta'\varrho' - t'r' - (t'r' - T'R')}{2}$; donc $\frac{ddy}{dt^2}$ $= \frac{\theta\varrho + TR - 2tr}{2Tt^2} + \frac{\theta'\varrho' + T'R' - 2t'r'}{2Tt^2} =$ (en menant les cordes $R\rho$, $R'\rho'$) $\frac{-ro - r'o'}{Tt^2}$. Maintenant faisons t constante & $= PT$, & x variable; prenons $Pp = p\pi = dx$, & supposons $dx = Tt$, ce qui est évidemment permis, nous aurons 1°. $At = x + t + dx$, $A\theta = x + t + 2\,dx$; 2°. faisant $T't'' = t''\theta'' = Pp = Tt$, nous aurons $At'' = x + dx - t$, $A\theta'' = x + 2\,dx - t$; donc menant la corde $R'\rho''$, on trouvera que ddy, en ne faisant varier que x, est $- ro - r''\omega$; donc $\frac{ddy}{dx^2} = \frac{-ro - r''\omega}{Pp^2}$. Il faut donc, pour que $\frac{ddy}{dx^2}$

ſoit égal à $\frac{ddy}{dt^2}$, que $r' o'$ ſoit $= r'' \omega$, ou, ce qui eſt la même choſe, que la courbure au point r'' ſoit la même que la courbure au point r' infiniment proche; donc ſi la figure initiale de la courbe *AMB* eſt telle, que le rayon oſculateur change bruſquement en quelqu'un des points de cette courbe, la conſtruction de M. Euler n'aura pas lieu. Premier cas où cette conſtruction eſt fautive, quoique ce grand Géometre la prétende générale & ſans exception.

§. VIII. Second cas où cette même conſtruction eſt fautive; c'eſt celui où la courbure en *A* ne ſera pas infiniment petite; car alors en tranſportant, ſuivant la conſtruction de M. Euler, la courbe *AM* en *AG* dans une poſition contraire, on formera une courbe dont la courbure fera un ſaut en *A*, & qui par conſéquent retombera dans le cas précédent. On dira peut-être que ce cas n'eſt pas le même, parce que la courbure eſt égale aux points *Q*, *Q'*, quoique les rayons oſculateurs y ſoient dirigés en ſens contraire. Pour répondre à ce ſubterfuge, je remarque qu'à la vérité les petites lignes $Q q$, $Q' q'$ ſont égales en prenant $AL = Ll = AL' = L' l'$, mais qu'elles doivent être priſes avec des ſignes différens. Car ſoit PT & $PT' = AP$, on a (en ne faiſant varier que t) $\frac{ddy}{dt^2} = \frac{\theta \varrho + TR - 2tr}{2Tt^2} + \frac{l's' - 2L'Q'}{2Tt^2} = \frac{-ro + Q'q'}{Tt^2}$, & non pas

$\frac{-ro-Q'q'}{Tt^2}$, parce que $l's'-2Q'L'=-2Q'q'$, & que $l's'$ & $Q'L'$ doivent être priſes négativement par leur poſition & par la conſtruction de M. Euler. Maintenant, en ne faiſant varier que x, on aura $\frac{ddy}{dx^2}=\frac{-ro-Qq}{dt^2}$; donc $\frac{ddy}{dx^2}$ ne ſera pas $=\frac{ddy}{dt^2}$, ſi la courbure n'eſt pas nulle en *A*. Second cas où la conſtruction de M. Euler n'a pas lieu.

§. IX. Troiſiéme cas où elle n'a pas lieu, & par les mêmes raiſons, c'eſt celui où la courbure n'eſt pas nulle en *B*. Cela ſe prouve comme dans l'article précédent, en imaginant, ſi l'on veut, l'origine des x transférée en *B*, pour rendre la démonſtration plus ſimple. Donc en général, toutes les fois que la courbe *AMB* aura des ſauts dans ſa courbure, ou que la courbure ne ſera pas nulle tant en *A* qu'en *B*, la conſtruction de M. Euler n'aura pas lieu.

§. X. Pour rendre les démonſtrations précédentes encore plus convaincantes, s'il eſt poſſible, je vais démontrer encore d'une autre maniere, que l'équation $\frac{ddy}{dx^2}=\frac{ddy}{dt^2}$, n'a point lieu dans la conſtruction de M. Euler. Pour cela je conſidere que dans la ſolution générale ddy (en ne faiſant varier que x) eſt la différence ſeconde de trois ordonnées conſécutives, dont l'une répond à l'abſciſſe $x-dx$, l'autre à l'abſciſſe x, la troiſiéme à l'abſciſſe $x+dx$; en effet le ſommet de l'angle de contingence $\frac{ddy}{dx}$ eſt ſuppoſé (dans la ſolution générale) à l'extrêmité de l'ordonnée qui répond à l'abſciſſe x. De plus ddy, en ne faiſant varier que t, eſt la différence ſeconde (ſuivant la même ſolution) de trois ordonnées répondantes à la même x, la premiere pour le tems $t - dt$, la ſeconde pour le tems t, la derniere pour le tems $t + dt$; ainſi (*Fig.* 5.) faiſant $AP = x$, $PT = PT' = t$, $Pp = P\pi = Tt = T\theta = T't' = T'\theta' = dx$, on aura $\frac{ddy}{dx^2} = \frac{-Ro}{Pp^2} - \frac{R'o'}{Pp^2}$; faiſons maintenant (*Fig.* 6.) $T\vartheta = T\tau = T'\tau' = T'\vartheta' = dt$, en ſuppoſant, ce qui eſt permis, non plus $dt = dx$, mais dt différent de dx, plus grand ou plus petit à volonté; on aura $\frac{ddy}{dt^2} = \frac{-R\Omega - R'\omega}{T\vartheta^2}$; d'où il eſt aiſé de voir que $\frac{ddy}{dt^2}$ ne ſera point égal à $\frac{ddy}{dx^2}$, ſi la loi de la courbure n'eſt pas uniforme. Car ſi, par exemple, la courbure faiſoit des ſauts en quelque point de l'arc $\sigma' R S'$ (*Fig.* 7.), on ne pourroit regarder $\frac{R'\omega}{T'\vartheta'^2}$ comme égale à $\frac{R'o'}{T'\theta'^2}$; cela eſt aſſez clair par ſoi-même; car ce n'eſt que dans un arc de courbure uniforme qu'on a $\frac{R'o'}{T'\theta'^2} = \frac{R'\omega}{T'\vartheta'^2}$. Mais pour le démontrer ſans réplique, ſoient menées les cordes $\sigma' R'$, $\rho' R'$ prolongées juſqu'en L & en Q, il eſt clair que $S' L = 2 R' \omega$, & $r' V = 2 R' o'$, puiſque (*hyp.*) $T' \tau' = T' \vartheta'$, & $T' t' = T' \theta'$; ainſi il ſuffira de prouver que $\frac{L S'}{T' \vartheta'^2}$ n'eſt point égal à $\frac{V r'}{T' \theta'^2}$ ſi la courbure n'eſt pas uniforme dans l'arc $\sigma' R' S'$. Pour cela, ſuppoſons que le point r' ſoit celui où la courbure fait un ſaut; enſorte que $\sigma' R' r'$, $r' S'$ ſoient deux arcs de cercle contigus, infiniment petits, de différente courbure, & ayant une tangente commune en r'; ſoit tirée la tangente $R' Z$, & ſoit continué l'arc $\sigma' R' r'$ en $r' S''$; ſoit r le rayon de l'arc $\sigma' R' r' S''$; on aura 1°. $Z S'' = r' u \times \frac{T' \vartheta'^2}{T' \theta'^2}$; 2°. $\frac{V u}{R' V} =$ angl. $V R' \omega = \frac{R' \varrho'}{2 r}$ & par conſéquent $V u = \frac{R' \varrho'^2}{2 r}$; 3°. $Q Z = \frac{V u . T' \vartheta'}{T' \theta'} = \frac{T' \theta' \times T' \vartheta'}{2 r}$; 4°. $Q L = \frac{K V \times T' \vartheta'}{T' \theta'} = \frac{T' \theta' \times \varrho' \sigma'}{2 r} \times \frac{T' \vartheta'}{T' \theta'} = \frac{T' \vartheta' \times \varrho' \sigma'}{2 r}$; donc $S'' L = \frac{r' u \times T' \vartheta'^2}{T' \theta'^2} + \frac{V u \times T' \vartheta'}{T' \theta'} + \frac{V u \times K V}{V u} \times \frac{T' \vartheta'}{T' \theta'} = \frac{r' u \times T' \vartheta'^2}{T' \theta'^2} + V u \times \left(\frac{T' \vartheta'}{T' \theta'} + \frac{T' \vartheta' - T' \theta'}{T' \theta'} \times \frac{T' \vartheta'}{T' \theta'} \right) = (r' u + V u) \frac{T' \vartheta'^2}{T' \theta'^2} = \frac{V r' \times T' \vartheta'^2}{T' \theta'^2}$; donc $\frac{S'' L}{T' \vartheta'^2}$ eſt égal à $\frac{V r'}{T' \theta'^2}$; donc puiſque $S' L = S'' L + S' S''$, & que $S' S''$ eſt du même ordre d'infiniment petit que $S'' L$, il s'enſuit que $\frac{S' L}{T' \vartheta'^2}$

n'eſt pas égal à $\frac{V r'}{T' \theta'^2}$. *Ce qu'il falloit démontrer.*

§. XI. Ne nous en tenons pas aux preuves de calcul, & joignons-y des preuves d'un autre genre, plus frappantes pour tous les Lecteurs. Voici la véritable raiſon métaphyſique, ſi je ne me trompe, pourquoi le mouvement de la corde ne peut être ſoumis à aucun calcul analytique, ni repréſenté par aucune conſtruction, quand la courbure fait un ſaut en quelque point *M* (*Fig.* 2.). C'eſt que dans ce cas il y a proprement au point *M* deux rayons oſculateurs différens, quoique coincidens quant à la direction, dont l'un appartient à la portion de courbe *M N*, l'autre à la portion de courbe *M A*. Or la force accélératrice en chaque point de la corde étant en raiſon inverſe du rayon oſculateur, lequel des deux rayons communs au point *M* doit ſervir à déterminer la force en ce point *M*? C'eſt ce qu'il eſt impoſſible de fixer, & il l'eſt par conſéquent auſſi de réſoudre le Problême dans ce cas-là. En effet ſuppoſons que la figure initiale de la corde ſoit compoſée de deux différentes courbes ainſi réunies en *M*; je demande à M. Euler quelle eſt la force accélératrice du point *M*, lorſque la corde commence à ſe mouvoir? Voilà donc la raiſon métaphyſique qui rend fautive la ſolution de M. Euler, lorſque la courbure de la courbe fait quelques ſauts. Voici maintenant pourquoi cette ſolution eſt fautive, lorſque la courbure n'eſt pas nulle, ſoit en *A*, ſoit en *B*. Soit *A B* (*Fig.* 8.) l'axe de la corde, *A M B* la

courbe initiale, PT le tems écoulé depuis le commencement du mouvement, & tel que le point T soit infiniment proche de B, $Tt = BT$; $B\theta = BT$, $PT' = PT$, $Pt' = Pt$; $PB' = PB$, $P\theta' = P\theta$; soit enfin $Tt = dt$; la construction de M. Euler donne depuis la fin du tems $t - dt$ ou Pt, jusqu'à la fin du tems $t + dt$, la valeur de ddy (prise en ne faisant varier que t) $= \frac{ts - 2TS + B'Q' - 2T'S + t's'}{2}$; ce ddy est l'espace parcouru en vertu de la force accélératrice durant le tems dt, & représente cette force; & dans l'instant suivant le ddy, & par conséquent la force accélératrice est $\frac{TS - \theta\sigma + T'S' - 2B'Q' + \theta'\sigma'}{2}$.
Maintenant si la courbure est finie en B, comme on le suppose, imaginons la courbe AMB continuée en $B\Sigma\beta$, ensorte que les parties $B\Sigma\beta$, AMB soient liées par la même équation, il est visible que $\Sigma\sigma$ sera un infiniment petit du second ordre, du même ordre que ddy; il est aisé de voir de plus que les deux ddy consécutifs, qu'on vient d'assigner, différeront de la quantité $\frac{\Sigma\sigma}{2}$, qui est du même ordre qu'eux. Donc la force accélératrice du point M, lorsque $PT = t$, passeroit brusquement & sans degrés, de la valeur qu'elle a en cet instant, à une autre valeur qui différe de celle-là d'une quantité du même ordre; ce qui est choquant, puisque la nature de la force accélératrice est de croître ou de décroître par degrés insensibles, & non brusque-

ment & par ſauts. Envain objecteroit-on que la *loi de continuité* n'eſt pas une loi générale, puiſqu'elle ne s'obſerve pas dans le choc des corps, même des corps élaſtiques. Je le ſais, & je ſuis même, ſi je ne me trompe, le premier qui aye fait cette importante remarque (*); je ſais encore que les loix du choc des corps ſont ſoumiſes au calcul analytique, quoique la loi de continuité n'y ait pas lieu. Mais le cas eſt bien différent; il s'agit ici d'une ſuite de points liés enſemble, dont le mouvement eſt ſuppoſé aſſujetti à une même équation analytique, & par conſéquent ne doit point ſouffrir de ſauts, parce que l'analyſe n'en ſouffre pas. Envain objecteroit-on encore que les ſauts dont il s'agit, doivent être regardés comme nuls, parce qu'ils ne ſe font que dans des parties infiniment petites. Avec un pareil raiſonnement, on ſoutiendroit qu'une courbe peut avoir des ſauts dans ſa courbure, parce que ces ſauts ne ſe faiſant que dans des parties infiniment petites, ils ſont cenſés s'évanouir. Je ne crois pas cependant qu'aucun Géometre voulût admettre une pareille aſſertion. La raiſon en eſt bien ſimple; c'eſt que s'il y avoit un ſaut dans le ddy, il y en auroit un dans le $\frac{ddy}{dx^2}$, qui eſt une quantité finie; ce qui ſeroit abſurde.

§. XII. A cette conſidération, ajoutons-en une nouvelle.

(*) Voyez les Mémoires de Berlin 1751, To. 7, pag. 338, & l'Eloge que j'ai publié de M. Jean Bernoulli en 1748.

velle. Qu'on ſe repréſente la corde au commencement de ſon mouvement ; ſi la courbure n'eſt pas nulle en *B*, le rayon oſculateur y ſera donc fini ; par conſéquent la force accélératrice y ſera auſſi finie, & tendra à donner du mouvement au point *B* ; cependant ce point étant fixement arrêté, eſt incapable de ſe mouvoir ; ainſi d'un côté $\frac{ddy}{dx^2}$ eſt finie lorſque $x = AB$, & lorſque $t = o$; & de l'autre $\frac{ddy}{dt^2}$ eſt toujours $= o$ au point *B* quelle que ſoit la valeur de t ; c'eſt encore-là une raiſon convaincante pourquoi la ſolution ne peut avoir lieu, lorſque la courbure eſt finie en *B*. La nature en ce point arrête, pour ainſi dire, bruſquement le calcul ; on a deux forces accélératrices voiſines & infiniment peu différentes, l'une au point *B*, l'autre au point infiniment proche de celui-là ; la ſeconde de ces forces produit un mouvement, la premiere n'en ſçauroit produire, quoique par l'équation $\frac{ddy}{dx^2} = \frac{ddy}{dt^2}$ elle paroiſſe devoir en produire un, lorſque $\frac{ddy}{dx^2}$ n'eſt pas $= o$; ainſi la loi du mouvement n'étant pas continue pour tous les points de la courbe, ne peut être repréſentée avec exactitude par l'équation dont il s'agit. L'état forcé du point *B* au premier inſtant influe enſuite ſur les points voiſins, & ceux-là inſenſiblement ſur tous les autres ; enſorte que le mouvement de tous ces points ne ſçauroit être aſſujetti à une loi uniforme. Or il faut que la loi ſoit uniforme pour pouvoir être exprimée & représentée par une équation analytique.

§. XIII. Pour répondre maintenant à la démonstration que M. Euler croit avoir donnée, pag. 212 & suiv. de l'égalité $\frac{ddy}{dx^2} = \frac{ddy}{dt^2}$, qu'il prétend être observée dans sa construction, il est bon d'examiner directement en quoi cette démonstration péche. Le voici : M. Euler suppose dans son calcul ce qui n'a pas lieu dans sa construction, savoir que $\varphi\ (x+t)$ & $\varphi\ (x-t)$ sont toujours de même forme. Pour le faire voir bien clairement, je suppose que $z = ax - xx$ soit l'équation de la courbe initiale. Par la construction de M. Euler, on aura (tant que x sera $>$ ou $= t$, & $x + t < a$)

$$y = \frac{a(x+t) - \overline{x+t}^2}{2} + \frac{a.\overline{x-t} - \overline{x-t}^2}{2};$$ &

quand x sera $< t$, on aura $y = \frac{a(x+t) - \overline{x+t}^2}{2}$ $+ \frac{a.\overline{x-t} + \overline{x-t}^2}{2}$; où l'on voit que ces deux fonctions different en ce que quand x est $> t$, sans que $x + t$ soit $> a$, on a $- \overline{x-t}^2$, & quand x est $< t$, on a $+ \overline{x-t}^2$. Donc si on a $x = t$, & qu'on fasse croître t des quantités dt & $2\,dt$, en ce cas, comme x est $< t + dt$ & $< t + 2\,dt$, on aura, en ne faisant varier que t, & en observant que $x - t = o$, les trois valeurs successives de y répondantes à t, $t + dt$, $t + 2\,dt$, exprimées en cette sorte ; $y = \frac{ax + at - \overline{x+t}^2}{2}$; $y' = \frac{ax + at + adt - \overline{x+t}^2 - 2dt.\overline{x+t}}{2} - \frac{dt^2}{2} - \frac{adt}{2} + \frac{dt^2}{2}$; $y'' = \frac{ax + at + 2adt}{2} - \frac{\overline{x+t}^2}{2} - \frac{4dt.\overline{x+t}}{2} - \frac{4dt^2}{2} - \frac{2adt}{2} + \frac{4dt^2}{2}$; donc $\frac{ddy}{dt^2}$, ou $\frac{y'' + y - 2y'}{dt^2} = o$, comme il est aisé de s'en assurer par le calcul. Donc $\frac{ddy}{dt^2} = o$. Maintenant faisons augmenter x de la quantité dx & $2dx$; & comme $x + dx$ & $x + 2dx$ sont $> t$, puisque $x = t$ (hyp.) ; on aura, en ne faisant varier que x, $y = \frac{ax + at}{2} - \frac{\overline{x+t}^2}{2}$ $y' = \frac{ax + at + adx}{2} - \frac{\overline{x+t}^2}{2} - \frac{2dx.\overline{x+t}}{2} - \frac{dx^2}{2} + \frac{adx}{2} - \frac{dx^2}{2}$; $y'' = \frac{ax + at}{2} - \frac{\overline{x+t}^2}{2} - \frac{4dx.\overline{x+t}}{2} - \frac{4dx^2}{2} + \frac{2adx}{2} - \frac{4dx^2}{2}$; donc $\frac{ddy}{dx^2}$ ou $\frac{y'' + y - 2y'}{dx^2} = \frac{-2dx^2}{dx^2} = -2$; donc $\frac{ddy}{dx^2}$ n'est pas $= \frac{ddy}{dt^2}$, même dans la démonstration de M. Euler, parce que la quantité qu'il appelle $\frac{1}{2}\varphi''(x - t)$ est ici $= o$ pour $\frac{ddy}{dt^2}$ & $= -2$ pour $\frac{ddy}{dx^2}$. Voici en général à quoi tient la méprise de M. Euler ; c'est que quand on exprime par φz, ainsi que ce grand Géometre, une fonction dont la forme n'est pas constante, il peut arriver, comme il arrive en effet ici, que deux valeurs de $\varphi'' z$ (c'est-à-dire de $\frac{d\,\varphi' z}{d z}$ ou $\frac{d\,d\,\varphi z}{d z^2}$) répondantes, l'une à z, l'autre à $z + dz$, different d'une quantité finie ; or, pour que la démonstration de M. Euler ait lieu, il faut que ces deux valeurs ne different jamais qu'infiniment peu ; sans quoi on ne pourroit supposer que $\varphi'' (x - t)$ dans $\frac{d\,d\,y}{d x^2}$ est le même que dans $\frac{d\,d\,y}{d t^2}$.

§. XIV. Ainsi la construction de M. Euler n'a pas lieu, toutes les fois que la courbure de la courbe *AMB* fait un saut en quelque point *M*, ou qu'elle n'est pas nulle, tant en *A*, qu'en *B*. Aucun de ces deux inconvéniens n'a lieu dans ma solution ; car lorsque les courbes *AMB* (*Fig.* 9.), *Bμa*, *Amb* &c. sont assujetties à une même loi, 1°. la courbe *A M B* n'a point de sauts dans sa courbure, puisque tous ses points sont assujettis à une même équation ; 2°. la courbure en *A* & en *B* est nulle, puisque la similitude des parties *AMB*, *Bμa*, *Amb* &c. donne à la courbe (supposée continue) un point d'infléxion en *A* & un en *B*, ensorte que la courbure est nulle en ces deux points.

§. XV. Il est donc démontré que la solution de M. Euler n'est pas aussi générale qu'il le prétend ; allons plus loin, & prouvons que sa construction ne peut jamais avoir lieu que dans les cas où la suite infinie des courbes *AMB*, *B μ a*, *A m b* &c. est assujettie à la même équation.

Il est bon de prévenir d'abord une difficulté, dont la solution nous servira à simplifier la question. Quelques Géometres fondés sur le raisonnement suivant, objecteront peut-être, qu'il suffit que les trois seules courbes *ACB* (*Fig.* 9), *A γ b*, *B c a* soient assujetties à une même loi, sans s'embarrasser si cette même loi a lieu dans les autres courbes qu'on leur joint à l'infini. Il est certain, dira-t-on, que si les trois courbes sont liées par une même équation, l'équation $\frac{ddy}{dt^2} = \frac{ddy}{dx^2}$ subsistera tant que t ne sera pas plus grand que AB; il est certain de plus que quand t sera $= AB$, la corde *ACB* sera parvenue dans une situation *AC′B* parfaitement semblable à *ACB*, mais seulement dans une position renversée; ensorte que prenant $AP' = BP$, on aura $PM'' = P'M$; cela est aisé à prouver, puisqu'en faisant Pp & $P\pi = AB = t$, ce qui donne $a\pi = Ap$, & par conséquent $\pi\mu = pm$, on aura par la construction de M. Euler & par la nôtre, $PM'' = \frac{\pi\mu + pm}{2} = pm = P'M'$ pris dans un sens contraire. Donc, dira-t-on, après le tems $t = AB$, la corde est dans le même état qu'au commencement du mouvement; donc elle doit recommencer à se mouvoir suivant la même loi qu'auparavant; & on aura en général le mouvement de la corde, en ſuivant la conſtruction de M. Euler & la nôtre, pourvû que les trois courbes *A C B*, *A γ b*, *B c a*, ſoient liées par une même loi, ſans s'embarraſſer ſi les autres le ſont.

§. XVI. La réponſe à cette difficulté eſt bien ſimple; c'eſt que ſi les trois courbes ſont liées par une même loi, toutes les autres à l'infini le ſeront par cette même loi. En effet, que faut-il pour que les trois courbes ſoient liées par une même loi? Il faut; 1°. ſuppoſant l'origine des x en *A*, que la valeur de y en x n'ait que des puiſſances impaires; ce qui rend les courbes *ACB*, *A γ b*, ſemblables & de poſition contraire; 2°. faiſant $x - a = z$, & mettant par conſéquent l'origine des z en *B*, il faut que la valeur de y en z n'ait auſſi que des puiſſances impaires, afin que les courbes *B C A*, *B c a* ſoient ſemblables & de poſition contraire. Or, puiſque la valeur de y en x ne contient que des puiſſances impaires, & que la valeur de y en x, en faiſant $x - a = z$, ne contient auſſi que des puiſſances impaires, il s'enſuit que dans la ſubſtitution de $z + a$ à la place de x dans l'équation, tous les termes où z eſt paire diſparoîtront. Or dans tous ces termes, a eſt élevé à une puiſſance impaire, puiſqu'il n'y a que des puiſſances impaires de x; donc ces termes diſparoîtroient de même, en ſubſtituant $z - a$ à la place de x; ou, ce qui revient au même, en faiſant $x + a = z$, & en tranſportant l'origine des z au point *b*. Donc l'équation de la courbe étant priſe du point *b*, la valeur de y n'aura que des puiſſances impaires. Donc la continuation de la courbe *Ayb* sera liée par une même loi avec cette courbe, & par conséquent aussi avec *ACB*. On prouvera de même, en prenant l'origine des x & des y, non plus au point *A*, mais au point *B*, que la continuation de la courbe *Bca* au-delà de *a* sera liée par une même loi avec les courbes *Bca*, *ACB*. Donc &c.

On peut remarquer en passant, que si les courbes *AMB*, *Amb* sont égales, semblables & liées par une même équation, & que la courbe *AMB* soit composée de deux parties égales & semblables, la courbe *AMB* aura encore, comme dans le cas précédent, des branches alternatives & égales à l'infini. Car la valeur de y en x est alors toute formée de puissances impaires; & si on met $\frac{AB}{2} - u$ à la place de x, elle n'aura plus que des puissances paires. Donc la même chose arrivera, si on met $\frac{AB}{2} + u$ au lieu de $\frac{AB}{2} - u$; & faisant $\frac{AB}{2} + u = z$, c'est-à-dire, mettant l'origine en *B*, la fonction de z qui en viendra, n'aura que des puissances impaires. Donc &c.

§. XVII. La question se réduit donc à prouver que les trois courbes *ACB*, *Bca*, *Amb* doivent être liées par une même équation; ou, ce qui revient au même, que φx doit être impaire, soit qu'on prenne l'origine des x en *A* ou en *B*. Or c'est ce que nous prouvons; 1°. par l'aveu même que M. Euler en fait en termes formels, & qui a été rapporté ci-dessus, §. VI. 2°. par cette considération, que quand $x = o$ ou $= AB$, $\frac{ddy}{dx^2}$ doit être $= o$ quel que soit t, parce que $\frac{ddy}{dt^2}$ est toujours égale à zero, quand $x = o$ ou $= AB$; or, pour que $\frac{ddy}{dx^2}$ soit toujours $= o$ quand $x = o$ ou $= AB$, il faut nécessairement que $\varphi(x + t)$ & $\varphi(x - t)$ soient des fonctions impaires, soit que l'on prenne l'origine des x en A ou en B. M. Euler objectera peut-être en abandonnant sa premiere assertion, qu'il n'est pas nécessaire que φx soit impaire, pour que $\frac{ddy}{dx^2}$ soit $= o$, qu'il suffit que $\varphi(x + t)$ & $\varphi(x - t)$ ne conservent pas toujours la même forme. A cela je répondrai d'abord qu'il a lui-même tacitement supposé cette identité de forme dans la démonstration qu'il a donnée de la conformité de sa construction avec l'équation $\frac{ddy}{dx^2} = \frac{ddy}{dt^2}$, comme je l'ai démontré plus haut, & qu'ainsi il faut, ou qu'il abandonne sa démonstration, ou qu'il convienne de l'identité de forme des quantités $\varphi(x + t)$ & $\varphi(x - t)$. J'ajoute qu'il est contre toutes les régles de l'analyse, de faire ainsi changer de forme, suivant le besoin qu'on croit en avoir, à l'intégrale d'une équation différentielle; en effet, si l'intégrale $y = \varphi(x + t) + \varphi(x - t)$ de l'équation $\frac{ddy}{dx^2} = \frac{ddy}{dt^2}$ ne con-

servoit

ſervoit pas une forme conſtante, ne pourroit-on pas dire auſſi, par exemple, que l'intégrale de l'équation différentielle $ds = \frac{dx}{\sqrt{2x - xx}}$ entre les arcs s d'un cercle & les abſciſſes x correſpondantes, peut être ſuppoſée de forme variable, ſuivant la grandeur des arcs s qui répondent à une même abſciſſe; ce qui renverſeroit la démonſtration généralement admiſe de l'impoſſibilité de la quadrature indéfinie du cercle?

§. XVIII. Mais pour attaquer l'aſſertion de M. Euler par une preuve plus directe, j'ajoute que la ſolution du Problême portera abſolument à faux, ſi on ſe permet de faire changer de forme à $\varphi(x+t)$ & à $\varphi(x-t)$. Pour le faire voir, conſidérons de quelle maniere l'équation $\frac{ddy}{dx^2} = \frac{ddy}{dt^2}$ conduit à l'équation $y = \varphi(x+t) + \Psi(x-t)$. Nous avons donné au commencement de ce Mémoire une méthode fort ſimple pour cela; & cette méthode qui s'accorde avec celle des Mémoires de Berlin de 1747, ſe réduit à prouver qu'en ſuppoſant $\frac{dy}{dx} = q$, & $\frac{dy}{dt} = p$, les différentielles $p\,dt + q\,dx$ d'une part, & $p\,dx + q\,dt$ de l'autre, ſeront des différentielles complettes; d'où il eſt aiſé de conclure que $y = \varphi(x+t) + \Psi(x-t)$. Or comment conçoit-on que $p\,dx + q\,dt$, & $p\,dt + q\,dx$ repréſentent des différentielles complettes, ſi les fonctions de x & de t dont ces quantités ſont les différences, ſont des fonctions qui changent de forme? M. Euler dira peut-être (car je veux prévenir toutes les objections, même celles qu'il ne penseroit peut-être pas à me faire) que si on fait $x + t = u$, & $x - t = r$, on aura $p\,dx + q\,dt = du\,\Delta u + dr\,\Gamma r$ & $p\,dt + q\,dx = du\,\Delta u - dr\,\Gamma r$, qui sont toutes les deux, dira-t il, des différentielles complettes; parce qu'on peut les représenter par la quadrature de deux courbes tracées à volonté, dont les abscisses sont u & r, & les ordonnées Δu & Γr, sans qu'il soit nécessaire que Δu, ni Γr expriment des fonctions toujours de même forme. A cela voici ma réponse. 1°. Il s'ensuivroit de ce raisonnement que l'équation $\frac{ddy}{dx^2} = \frac{ddy}{dt^2}$ auroit toujours lieu, en supposant $y = \varphi\,(x + t) + \Psi\,(x - t)$, & en faisant changer de forme à volonté aux fonctions $\varphi\,(x + t)$ & $\Psi\,(x - t)$; au lieu que nous avons démontré invinciblement ci-dessus, qu'il y a une infinité de cas où l'équation $\frac{ddy}{dx^2} = \frac{ddy}{dt^2}$ n'aura point lieu, si on se donne la liberté de faire changer de forme à ces fonctions. Pour rendre cette remarque encore plus palpable, je suppose que l'on ait à rendre $p\,dx - p\,dt$ une différentielle complette, on trouvera que l'intégrale est $\Pi\,(x - t)$. Mais s'ensuivra-t-il de-là qu'on pourra faire changer de forme à volonté à la fonction $\Pi\,(x - t)$, parce que faisant $x - t = r$, $\Pi\,r$ représentera l'ordonnée d'une courbe tracée à volonté, dont l'abscisse sera r? Nullement. En effet, supposons cette courbe arbitraire tracée de maniere, qu'au point où $x = b$, ses deux portions fassent un angle fini ; faisons $x - t = b$, on trouvera facilement que la différence de Πr, en faisant varier x, c'est-à-dire, en supposant $x - t = b + dx$, est très-différente de la différence de Πr, en faisant varier t, c'est-à-dire, en supposant $x - t = b - dt$; donc la solution seroit fautive, puisque la différence de $\Pi\,(x - t)$ ne seroit pas $p\,dx - p\,dt$; ce qui est contre l'hypothèse. 2°. Si la valeur de y change de forme, j'avoue que je ne puis me faire une idée nette de ce que c'est que les quantités $\frac{ddy}{dx^2}$ & $\frac{ddy}{dt^2}$, dans lesquelles on suppose que la différence de y est prise deux fois de suite en ne faisant varier que x, ou en ne faisant varier que t. Par exemple, lorsque y passe d'une forme à une autre, & que par conséquent la valeur de y renferme une nouvelle fonction de x & de t, ajoutée à la précédente, qu'est-ce alors que $\frac{ddy}{dx^2}$, & quelle idée distincte peut-on s'en former ? 3°. Si dans l'équation $\frac{dp}{dt} = \frac{dq}{dx}$ on suppose que p & q puissent changer de forme, le Problême demeurera indéterminé. Ceci a besoin d'une plus grande explication.

§. XIX. Soit tracée à volonté & sans aucune régle, une courbe BM (*Fig.* 10.) dans laquelle l'ordonnée y soit une fonction de AP, x, & d'un parametre t; fonction qu'on suppose ici ne pas conserver toujours la même forme ; ſoit enſuite imaginée la courbe $b\,m$ infiniment proche de celle-là, & tracée auſſi à volonté. Quelle que ſoit la fonction (variable ou non variable) de x & t, qui repréſente $P\,M$, il eſt certain qu'on peut ſuppoſer $Q\,\mu = p\,d\,x$, $q\,\mu' = p'\,d\,x$, $M\,m = q\,d\,t$, & $\mu\,\mu' = q'\,d\,t$, ſans qu'il ſoit néceſſaire que $p\,d\,x + q\,d\,t$ ſoit une différentielle exacte, ni que les quantités q & q', p & p' ſoient de la même forme. Il eſt de plus évident qu'on aura en général $q\,\mu' - Q\,\mu = \mu\,\mu' - M\,m$; d'où l'on conclura (à la maniere de M. Euler) que $\frac{p' - p}{d\,t} = \frac{q' - q}{d\,x}$, ou $\frac{d\,p}{d\,t} = \frac{d\,q}{d\,x}$, en ne faiſant varier dans le premier membre que t, & dans le ſecond que x ; & en ſuppoſant d'ailleurs, ſi on le juge à propos, que les quantités p & q ſoient de forme variable. Donc, quand on conclud de l'équation $\frac{d\,q}{d\,x} = \frac{d\,p}{d\,t}$, que $p\,d\,x + q\,d\,t$ eſt une différentielle complette (comme on le conclud dans la ſolution du Problême des cordes vibrantes) cette concluſion renferme implicitement & néceſſairement celle-ci, que p & q ne changent point de forme. Donc ſi on ſe permet de faire changer de forme à ces fonctions, on ne pourra plus regarder $p\,d\,t + q\,d\,x$ comme une différentielle complette, & le Problême ne pourra plus être réſolu, & *reſtera tout-à-fait indéterminé.*

§. XX. La conſtruction de M. Euler ne ſatisfait donc qu'en apparence à la ſolution du Problême ; tout ce que nous avons dit le démontre assez; ajoutons, pour derniere réfléxion, qu'il n'est permis de placer alternativement au-dessus & au-dessous de l'axe *AB*, les courbes *ACB*, *Amb* &c. (*Fig.* 9.) qu'autant que ces courbes tiennent à une même équation. Autrement, de quel droit regardera-t-on *pm* comme négative par rapport à *PM*, puisque ce n'est pas la valeur analytique de *pm* qui oblige de la prendre au-dessous de l'axe, mais une construction arbitraire, uniquement imaginée pour satisfaire à cette condition, que les points *A* & *B* soient toujours en repos ?

§. XXI. Au reste je ne suis point du tout dans le sentiment que M. Euler m'attribue, que *le mouvement de la corde ne sauroit être déterminé, à moins que sa figure ne soit comprise dans l'équation* $y = \alpha \sin. \frac{\pi x}{a} + \beta \sin. \frac{2\pi x}{a} + \gamma \sin. \frac{3\pi x}{a}$ &c. J'ai seulement prétendu que la solution n'est possible que dans le cas où les courbes semblables & égales *AMB*, *Bμa*, *Amb* &c. & ainsi à l'infini, sont assujetties à la loi de continuité; ce qui peut arriver d'une infinité de manieres, sans qu'elles soient assujetties à l'équation particuliere $y = \alpha \sin. \frac{\pi x}{a} + \beta \sin. \frac{2\pi x}{a} + \gamma \sin. \frac{3\pi x}{a}$ + &c. dont je n'ai pas même parlé. Il est aisé de voir par les articles IX. & XXVI. de mon Mémoire imprimé parmi ceux de Berlin de 1747, que par le moyen des courbes géométriques ou méchaniques qui rentrent en elles-mêmes, on peut trouver une infinité de figures différentes de la corde, qui toutes rendront la solution possible. Il resteroit à M. Euler à faire voir que toutes ces figures seroient comprises dans l'équation $y = \alpha$ sin. $\frac{\pi x}{a}$ $+ \beta$ sin. $\frac{2 \pi x}{a}$ $+ \gamma$ sin. $\frac{3 \pi x}{a}$ + &c. Or c'est ce qui me paroît impossible ; & en cas que M. Euler voulût en disconvenir, ce que je ne crois pas, il en trouvera plus bas la preuve dans un des articles de ma réponse à M. Bernoulli.

§. XXII. Mais, dira sans doute M. Euler, quelle doit donc être en général la loi du mouvement de la corde, lorsqu'elle aura au commencement une figure quelconque ? Je réponds, comme je l'ai déja fait ailleurs, que dans plusieurs cas le Problême ne pourra être resolu, & surpassera les forces de l'analyse connue. Je ne sai même si l'on peut trouver dans tous les cas, d'une maniere approchée, le mouvement de la corde, en la supposant divisée en un grand nombre de particules égales, & en cherchant séparément le mouvement de chaque particule, suivant les méthodes que j'ai données ailleurs pour cela.

J'ai déja remarqué dans les Mémoires de Berlin de 1750, pag. 359, que si on regardoit la corde comme un fil élastique sans masse, chargé d'un poids à son milieu, le tems des vibrations seroit bien différent de celui que la théorie donne dans d'autres hypotheſes plus conformes à la nature. Si on ſuppoſe la corde chargée de deux poids *P*, qui la diviſent en trois parties égales, & ces poids tellement diſpoſés qu'ils arrivent en même-tems dans la ligne droite qui joint les deux extrémités de la corde, on trouvera, en nommant *l* la longueur de la corde exprimée en pieds, & φ la force de tenſion de cette même corde, que le tems d'une vibration eſt $\frac{1 \text{ ſec. } \pi \sqrt{l} . \sqrt{P} \sqrt{2}}{2 \sqrt{15} . \sqrt{3} . \sqrt{\varphi}}$; (voyez les Mémoires de Berlin 1750, pag. 359.). Le tems ſera d'autant plus petit, que les deux poids ſeront plus près des extrémités de la corde; enſorte que ſi la diſtance d'un des poids à l'extrémité la plus voiſine eſt $\frac{l}{n}$, le tems ſera diminué en raiſon de $\sqrt{3}$ à $\sqrt{n}$. Il eſt vrai que ces différentes ſuppoſitions repréſentent peu exactement le véritable état de la corde; il faudroit ſuppoſer un beaucoup plus grand nombre de poids, tous égaux, & placés à la même diſtance les uns des autres. Mais je ne ſais encore une fois, ſi dans ce cas le réſultat du calcul repréſenteroit toujours le mouvement approché de la corde. Il ſuffit, pour être réſervé dans cette aſſertion, de ſe rappeller qu'un arc, même infiniment petit, de courbure finie, ne doit pas toujours être confondu avec ſa corde, ſur-tout lorſque cette courbure influe dans la valeur des forces accélératrices, comme elle y influe ici. C'eſt par cette raiſon que la chûte par un arc de cercle infiniment petit, n'eſt pas la même que par la corde de cet arc. Or il pourroit en être ainsi, & par la même raison, des cordes vibrantes ; & c'en est assez pour nous faire douter si on peut regarder légitimement la courbe vibrante, au moins dans tous les cas, comme un polygone d'un très-grand nombre de côtés. Au reste, supposé que cette hypothese fût légitime, on pourroit en tirer une nouvelle preuve contre la solution de M. Euler ; car s'il étoit vrai, comme il résulte de sa solution, que les points de la courbe vibrante arrivassent toujours en même-tems à la situation rectiligne, quand cette courbe est composée de deux parties quelconques égales & semblables, il s'ensuivroit que tous les points du polygone vibrant circonscrit à cette courbe arriveroient aussi sensiblement en même-tems à la ligne droite, ce qui n'est pas.

§. XXIII. On objectera peut-être, qu'il est impossible d'expliquer dans ma théorie, pourquoi la corde frappée d'une maniere quelconque, rend toujours à peu près le même son ; puisque ses vibrations, selon moi, peuvent être très-irrégulieres en plusieurs cas. J'en conviens ; mais je suis persuadé que la solution de cette question n'appartient point à l'Analyse : elle a fait tout ce qu'on étoit en droit d'attendre d'elle ; c'est à la Physique à se charger du reste.

D'ailleurs il y a une infinité de cas, même dans l'hypothese & la solution de M. Euler, où les points de la corde n'arriveront pas en même-tems à la situation *AB* ; & il sera tout aussi difficile d'expliquer dans ces

cas-

cas-là comment la corde rend toujours le même ſon que dans les autres. Je pourrois ajouter, que ſuivant la ſolution même de M. Euler, les vibrations de la corde devroient durer continuellement; au lieu que l'expérience nous prouve qu'elles ceſſent bientôt: d'où il s'enſuit néceſſairement que dans tous les cas le mouvement réel de la corde donné par l'expérience eſt très-différent de celui qu'on trouve par le calcul.

La maniere ordinaire, pour ne pas dire l'unique, de faire ſortir une corde de ſon état de repos, c'eſt de la prendre par un de ſes points & de la tendre en la tirant, ce qui lui donne la figure de deux lignes droites qui font un angle entr'elles. Or M. Euler croit-il que dans ce cas ſa conſtruction puiſſe être admiſe, & donne le vrai mouvement de la corde? Je doute qu'il ait cette prétention, d'autant que l'équation $\frac{ddy}{dt^2} = \frac{ddy}{dx^2}$ n'aura pas lieu dans ce cas-là, & que d'ailleurs les tems des vibrations des parties de la corde ſeront différens, ſelon le point par lequel elle ſera tirée; ce qui eſt contraire à l'expérience, qui nous prouve que la corde rend toujours le même ſon dans tous les cas.

Ce qu'on peut dire, ce me ſemble, de plus vraiſemblable pour concilier l'expérience avec la théorie, c'eſt que la réſiſtance de l'air & le frottement des parties de la corde étant les deux cauſes principales qui en font ceſſer les vibrations, & qui par conſéquent font arriver à la fois tous les points dans l'état de repos, ces deux causes dont l'action s'exerce suivant une loi qui ne nous est pas connue, obligent la corde à prendre en assez peu de tems la figure nécessaire pour que tous ses points arrivent en même tems à la situation rectiligne, figure qui peut être différente de la Trochoïde de M. Taylor, & même d'une Trochoïde composée, comme j'espere le prouver dans un moment.

Si l'on regardoit comme une force constante la résistance qui s'oppose au mouvement de la corde, ce qui vraisemblablement n'est pas fort éloigné d'être vrai, on auroit $\frac{ddy}{dx^2} + A = \frac{ddy}{dt^2}$ & $y = \varphi(x+t) + \Psi(x-t) + Bxx + Ctt$, B & C désignant des constantes convenables. Mais cette équation même ne pourroit représenter le vrai mouvement de la corde conformément à l'expérience, que dans le cas où tous les points arriveroient en même-tems à la situation rectiligne, avec une vitesse $= o$. Or c'est ce qui ne pourroit avoir lieu tout au plus que dans certains cas particuliers de cette équation générale.

§. XXIV. Je viens présentement aux objections de M. Daniel Bernoulli. Il me semble que M. Euler y a parfaitement satisfait; j'ajouterai seulement les observations suivantes, qui ne serviront qu'à confirmer les siennes.

1°. Il me paroît impossible de prouver, comme le prétend M. Bernoulli, que toutes les courbes de la corde vibrante puissent être renfermées dans l'équation

$$y = \alpha \sin. \frac{\pi x}{a} + \beta \sin. \frac{2\pi x}{a} + \gamma \sin. \frac{3\pi x}{a} \&c.$$

en ſuppoſant même que cette courbe de la corde vibrante ſoit méchanique, & compoſée de parties égales & ſemblables, ſituées alternativement au-deſſus & au-deſſous de l'axe, & liées par la loi de continuité. Je n'objecte point à M. Bernoulli des courbes algébriques, comme a fait M. Euler, art. IX. de ſon Mémoire; parce que ces courbes, comme je l'ai prouvé, ne peuvent repréſenter la courbe initiale, dans le cas où la ſolution analytique du Problême eſt poſſible. Mais il y a une infinité d'autres cas dans leſquels la ſolution analytique eſt poſſible, quoique la courbe ne puiſſe être repréſentée par l'équation rapportée ci-deſſus. En effet, ſuppoſons, par exemple, une courbe ovale & rentrante en elle-même *A m D B E* (*fig.* 11.) dont les deux parties *A D B*, *A E B* ſoient différentes ſi l'on veut, mais dans laquelle la partie *D B* ſoit égale & ſemblable à la partie *A D*, & la partie *B E* à la partie *E A*; ſoit pris *P M* = à *n* fois l'arc *A m*, ou le ſegment *A P m*, ou tous les deux enſemble (*n* étant un nombre très-grand, & *A C* une très-petite ligne par rapport à *A O*); on aura (art. XXIV. de mon Mémoire de 1747) une courbe tranſcendante *L A O R r*, du nombre de celles qui rendent la ſolution du Problême poſſible, lorſqu'on ſuppoſe que la corde a au commencement du mouvement la figure *L A O R r*; car la partie *O R r* ſera égale & ſemblable à la partie *L A O*, & ſemblablement ſituée au-deſſous de l'axe CO, & ainſi à l'infini ; & de plus ſi les parties AO, AL ſont égales & ſemblables, c'eſt-à-dire, ſi la courbe $ADBE$ eſt coupée en deux parties égales & ſemblables par l'axe AB, les points de la courbe arriveront au même inſtant dans la ſituation rectiligne. Donc pour que l'équation $y = \alpha \text{ ſin.} \frac{\pi x}{a} + \beta \text{ ſin.} \frac{2 \pi x}{a}$ + &c. repréſentât en général cette courbe, il faudroit qu'en nommant CP, y, & l'arc Dm ou l'eſpace $CDmP$, u, l'équation entre y & u fût en général $y = A \text{ ſin. } au + B \text{ ſin. } bu + C \text{ ſin. } cu$ + &c. à l'infini, $ADBE$ étant une courbe ovale quelconque, telle que $AD = DB$ & $BE = AE$. Or je ne crains point d'avancer que cela eſt impoſſible ; & quand même il y auroit des courbes dont on pourroit réduire l'équation à cette forme par le moyen des ſeries, M. Bernoulli ſait auſſi-bien que moi combien la méthode de repréſenter l'équation d'une courbe par une ſerie, peut être ſouvent fautive ou peu exacte, ſoit par la divergence des ſeries, ſoit par leur peu de convergence.

2°. Si on décrit une courbe quelconque $AVCB$, telle qu'elle coupe ſon axe en A & en C, & que les deux parties AVC, CB, ſoient égales, ſemblables & de ſituation contraire, & qu'on faſſe $PM = m . PV + n$ fois l'arc $Am + k$ fois le ſegment APm, on aura une courbe $AMRr$ &c. beaucoup plus générale que la précédente, & qui ſatisfera encore au Problême. Or je demande comment cette courbe pourra être repréſentée

par l'équation $y = \alpha$ ſin. $\frac{\pi x}{a} + \beta$ ſin. $\frac{2 \pi x}{a}$ + &c?
Par exemple, ſi on fait $PM = z$, & que l'on ait les équations $z = m(b^2 y - y^3) + nu$ (b étant $= AC$); & $B - x = m.(b^2 y - y^3) + nD - nA$ ſin. y (B étant $= CO$, $D = AD$, & A ſin. y marquant l'angle dont le ſinus eſt y) je demande comment on tirera de-là l'équation en y ci deſſus?

3°. La ſource des mépriſes de M. Bernoulli en cette matiere, vient, ſi je ne me trompe, de ce qu'il a trop légérement conclu du fini à l'infini. Je m'explique. Lorſqu'une corde vibrante eſt chargée d'un nombre fini de poids, il eſt inconteſtable qu'on peut regarder les vibrations de chaque poids, comme compoſées d'autant de vibrations ſynchrones qu'il y a de poids; le calcul le démontre, *quelle que ſoit la figure initiale de la corde*. Mais s'enſuit-il de-là, que lorſque le nombre des poids eſt infini, on puiſſe regarder toujours le mouvement de la corde comme compoſé de pluſieurs vibrations Tayloriennes? Non certainement. En effet il faudroit, pour que cette concluſion fût juſte, qu'on pût toujours regarder la figure initiale comme un mélange de Trochoïdes, *quelle que fût cette figure initiale*; or c'eſt ce qui n'eſt pas. Car ſoit en général $y = \alpha$ ſin. $\pi x + \beta$ ſin. $\mu x + \gamma$ ſin. νx &c. l'équation prétendue de la corde; on auroit donc lorſque $x = o$, $ddy = o$; c'eſt-à-dire que la courbure de la corde ſeroit nulle à l'origine; donc l'équation dont il s'agit, ne peut repréſenter la corde toutes les fois que la courbure ſera finie ou infinie à l'origine ; & j'ai prouvé ci-deſſus que dans une infinité d'autres cas, où la courbure eſt même nulle à l'origine, l'équation dont il s'agit ne repréſenteroit pas d'une maniere plus exacte la figure initiale. Pour le faire ſentir par un exemple très-ſimple, je ſuppoſe, ce qui eſt le cas le plus ordinaire, que la corde ait au commencement la figure d'un triangle iſoſcele ; il eſt certain que la courbure ſera nulle aux extrémités, & il ne l'eſt pas moins que la figure de la corde ne peut être repréſentée par l'équation $y = \alpha$ ſin. $\pi x + \beta$ ſin. $\pi x + \gamma$ ſin. νx &c. puiſque cette équation appartient évidemment à une courbe dont la courbure eſt continue, au lieu que dans le cas préſent la courbure de la corde varie bruſquement au point milieu, où les deux parties font un angle. M. Bernoulli ne me répondra pas ſans doute que dans ce cas, ſuivant mes principes, on ne peut trouver analytiquement le mouvement de la corde ; cette réponſe ne ſeroit pas valable (dans ſon hypotheſe) ; puiſque, comme je l'ai remarqué, ſa ſolution, ſi elle eſt bonne en général, doit donner l'équation $y = \alpha$ ſin. $\pi x + \beta$ ſin. $\mu x + \gamma$ ſin. νx &c. pour toutes les courbes imaginables.

4°. Ce grand Géometre a bien ſenti, comme il paroît par le Journal des Savans de Mars 1758, la difficulté qu'on pouvoit lui faire ſur la concluſion qu'il tire du nombre fini des corps au nombre infini ; il ſe contente de répondre, que ſi cette difficulté eſt fondée, la conſtruction de M. Euler ne doit pas avoir lieu non plus pour tous les cas possibles, parce qu'elle ne peut, à la rigueur, s'appliquer aux cas où la courbure n'est pas nulle aux extrémités. Mais après tout ce que j'ai dit ci-dessus, on sent assez que cette difficulté ne touche qu'à la solution de M. Euler, & non pas à la mienne. Pour que la solution de M. Bernoulli rendît la mienne inutile, il faudroit qu'il prouvât; 1°. que toute courbe composée à l'infini de parties égales & semblables, alternativement situées au-dessus & au-dessous de l'axe, peut être représentée par l'équation $y = \alpha$ sin. $\pi x + \beta$ sin. $\mu x + \gamma$ sin. νx &c. π, μ, ν, étant des nombres commensurables entr eux; équation dans laquelle y sera $= o$, lorsque $x = o$, & lorsque πx, μx, νx &c. sont des multiples quelconques de la demi-circonférence. Or c'est ce qui ne me paroît pas facile à prouver; car quand on employeroit pour faire coincider les deux courbes, tant de coëfficiens indéterminés qu'on voudroit, on sait combien cette méthode de faire coincider une courbe cherchée avec une courbe de genre donné, est souvent fautive. D'ailleurs elle ne feroit tout au plus qu'une approximation, & il s'agit ici d'une solution géométrique, exacte & rigoureuse. 2°. Il faudroit de plus qu'il démontrât que le Problême des cordes vibrantes ne peut être résolu que dans le cas où la figure initiale est composée à l'infini de parties alternatives, égales & semblables. Or c'est ce qui ne paroît pas résulter de sa solution, suivant laquelle au contraire il paroît qu'il regarde, & qu'il doit regarder toute figure initiale quelconque donnée à la corde, comme un mêlange de Trochoïdes Tayloriennes.

Ainſi, quand même M. Daniel Bernoulli parviendroit à prouver démonſtrativement (ce qu'il ne fera jamais) que toutes les courbes, qui rendent la ſolution poſſible, ſont renfermées dans l'équation $y = \alpha$ ſin. $\frac{\pi x}{a} + \beta$ ſin. $\frac{2 \pi x}{a}$ + &c. ou plus généralement, s'il le veut, $y = \alpha$ ſin. $\pi x + \beta$ ſin. $\mu x + \gamma$ ſin. νx &c. il ne pourroit, ce me ſemble, y parvenir, qu'en trouvant d'abord, comme je l'ai fait, la maniere générale dont la courbe vibrante peut ſe conſtruire par le moyen d'une courbe ovale quelconque, & en prouvant enſuite que les abſciſſes *CP* de cette courbe ovale ont, ſoit avec les arcs correſpondans, ſoit avec les aires correſpondantes, le rapport indiqué par l'équation $y = \alpha$ ſin. $\frac{\pi x}{a} + \beta$ ſin. $\frac{2 \pi x}{a}$ + &c.; car je viens de prouver qu'on ne peut déduire cette équation de la conſidération du mouvement d'une corde chargée d'un nombre fini de poids. Donc, quand M. Bernoulli ſeroit auſſi fondé dans ſes aſſertions, qu'il me le paroît peu, il me ſemble que pour juſtifier ces aſſertions, la ſolution que j'ai donnée ſeroit néceſſaire, & ne feroit point bornée à l'avantage ſingulier que M. Bernoulli lui accorde, de conduire par un chemin très-pénible à un objet fort facile à atteindre. Je crois au reſte que le mérite de ma ſolution, ſi elle en a quelqu'un, ne conſiſte point dans la difficulté & dans la complication du calcul, comme M. Bernoulli le prétend ; il eſt aiſé

aisé à tous ceux qui sont au fait de ces matieres, de voir que mon calcul en lui-même est très-facile, & se réduit aux opérations les plus simples & les plus courtes; c'est dans la maniere dont j'applique le calcul à cette question, & dont je résous les difficultés qu'elle présente, que consiste la nouveauté, & peut-être, si j'ose le dire, l'élégance de ma méthode.

§. XXV. Je crois avoir suffisamment prouvé contre M. Taylor, Article XLII. de mon Mémoire de 1747, qu'il n'a nullement démontré que la corde vibrante doive prendre la figure de la Trochoïde allongée. M. Daniel Bernoulli répéte la même chose après lui au n°. XV. de son Mémoire, mais sans en apporter la moindre preuve géométrique différente de celle que j'ai déja combattue; il a recours à l'expérience & à la résistance de l'air (dont on fait abstraction ici) pour prouver que toutes les Trochoïdes particulieres se réduiront à une seule; en quoi il differe beaucoup de M. Taylor, qui prétend prouver *géométriquement* & abstraction faite de toutes causes étrangeres, que la courbe prendra enfin la forme d'une seule & unique Trochoïde; ce qui est bien contraire à la théorie de M. Daniel Bernoulli, & ce qui pourroit servir à confirmer, si cela étoit nécessaire, mes objections contre la prétendue démonstration de M. Taylor.

§. XXVI. J'ai démontré dans les Mém. de Berlin de 1747, & dans ceux de 1750, que le tems des vibrations d'une corde de longueur donnée l, étoit toujours le même, quelque figure que prît la corde. M. Bernoulli m'objecte, art. XVI. (c'est du moins ce que j'en ai compris) que le tems de la vibration sera la moitié moindre que je ne l'ai assigné, si la corde a un point fixe ou nœud immobile en son milieu. C'est de quoi je conviens avec lui; mais alors la corde ne doit plus être censée simple, comme je le supposois dans mon Mémoire; c'est proprement un composé de deux cordes qui font leurs vibrations séparément & indépendamment l'une de l'autre; & c'est pour cette raison que j'ai regardé la corde comme étant sans nœuds ou points fixes; il est vrai que je ne l'ai pas dit expressément, mais tout mon Mémoire & mes figures même en font foi, pour qui voudra y faire quelqu'attention; & je ne puis croire que M. Bernoulli veuille incidenter là-dessus. Il y a plus, & je dis que ma théorie s'applique d'elle-même aux courbes qui ont des nœuds; par exemple, si la corde vibrante a un nœud en son point de milieu, il suit de la formule $y = \varphi(t+x) - \varphi(t-x)$, & de l'Art. XX. de mon Mém. de 1747, que le tems d'une vibration sera $\frac{\theta l}{2\sqrt{2aml}}$; car alors prenant $t = \frac{1}{2} l$ (& non l comme dans cet Art. XX, où l'on suppose la courbe sans nœuds) les ordonnées de la courbe génératrice seront égales & de même signe des deux côtés; ainsi l'objection de M. Bernoulli, s'il m'est permis de le dire, porte absolument à faux, de quelque côté qu'on l'envisage. Au reste, quand j'ai dit que tous les points de la corde retourfloient à leur situation primitive dans le même tems, quelle que fût la figure de la corde, je n'ai pas prétendu que dans ce tems chaque point de la corde ne fît que des vibrations simples ; la seconde de ces deux propositions n'est point la suite de la premiere ; il me suffisoit, pour l'objet que je me proposois, de trouver le lieu de chaque point pour chaque instant, sans entrer dans un plus grand détail ; détail d'autant plus inutile, que j'espere montrer à la fin de ce Mémoire, qu'il ne sert absolument de rien pour expliquer les phénomenes du son. Je n'ai parlé en aucun endroit de mon Mémoire de cet *isochronisme de vibrations* que M. Bernoulli me reproche ; j'ai parlé seulement, Art. XX & XXV de mon Mémoire de 1747, du cas où tous les points de la corde *sont à la fois en ligne droite*, ou, ce qui est la même chose, arrivent à l'axe dans le même instant. Il est vrai que dans mon Mémoire de 1750, je me suis servi de cette expression, que *le tems d'une vibration* est toujours le même, quelle que soit la figure de la corde ; mais il est évident par l'Art. XX de mon Mémoire de 1747, qui est relatif à l'endroit cité de mon Mémoire de 1750, que j'entends ici par *le tems d'une vibration*, le tems que la corde employe à se mettre en ligne droite, lorsque cela est possible ; ou, ce qui revient au même, le tems qui est nécessaire pour que tous les points cessent de vibrer à la fois, & qu'on peut appeller légitimement le *tems d'une vibration* de la corde, sans prétendre pour cela que les vibrations partielles soient isochrones. Si

M. Euler a employé un autre langage, c'eſt ce que je n'examine pas; mais je doute qu'il ait eu en vûe le ſens que M. Bernoulli lui prête.

§. XXVII. M. Bernoulli dit, au commencement de ſon ſecond Mémoire, qu'il ne ſe ſouvient pas d'avoir vû de ſolution générale du Problême qui conſiſte à trouver la loi des oſcillations de deux corps attachés à une corde tendue. Je crois avoir donné cette ſolution dans l'Art. XLIV. de mon Mémoire de 1747. Je l'ai réduite à deux équations différentielles, aiſément intégrables par différentes méthodes fort ſimples, que j'ai expliquées, ſoit dans les Mémoires de l'Acad. de Berlin de 1748, ſoit dans ceux de 1750. La ſimplification que M. Bernoulli apporte à la ſolution de ce Problême, quand elle ſeroit réelle, ce dont je ne conviens pas, ne devroit, ce me ſemble, me rien faire perdre de l'avantage de l'avoir réſolu le premier. Les valeurs de x & de y étant connues, on trouvera, en faiſant $\frac{dy}{dt} = o$ & $\frac{dx}{dt} = o$, ce que M. Bernoulli appelle les vibrations particulieres de chaque corps, les points où ces vibrations finiſſent, & le tems employé à les faire. Je ne refuſe point de ſuivre en cela ſon langage, pourvû qu'il m'accorde en même-tems que ma méthode donnera très-exactement le mouvement de chaque corps; & c'étoit-là tout ce que je me propoſois.

Pour donner ici un eſſai de cette méthode, & pour

mettre le Lecteur à portée de la comparer avec celle de M. Bernoulli, & de juger laquelle est la plus simple, je suppose une corde chargée de deux poids, qui la divisent en trois parties égales, que l'on fera chacune $= 1$, que y, y' soient les distances des poids à la ligne *AB* (*fig.* 1.); on aura en nommant ϕ la tension de la corde, *M* la masse de chacun des poids, & supposant, comme dans les Mémoires de 1747, $\frac{2a\phi}{Mp} = \theta^2$, ce qui se peut toujours; $-ddy = (2y - y')\frac{\phi dt^2 . 2a}{Mp\theta^2} = (2y - y')dt^2$; & $-ddy' = (2y' - y)dt^2$; donc $y' = 2y + \frac{ddy}{dt^2}$; donc $d^4y + 4ddy\,dt^2 + 3y\,dt^4 = 0$; donc si on prend les quatre racines de l'équation $f^4 + 4ff + 3 = 0$, qui sont $f = \sqrt{3}.\sqrt{-1}$, $f = -\sqrt{3}.\sqrt{-1}$, $f = +\sqrt{-1}$, $f = -\sqrt{-1}$, on aura $y = Ac^{t\sqrt{3}.\sqrt{-1}} + Ac^{-t\sqrt{3}.\sqrt{-1}} + Bc^{t\sqrt{-1}} + Bc^{-t\sqrt{-1}}$; *A* & *B* étant deux indéterminées. On aura de même la valeur de y' par l'équation $y' = 2y + \frac{ddy}{dt^2}$; & on déterminera les constantes *A* & *B* par les valeurs initiales de y & de y'.

Si la corde est chargée de trois corps qui la divisent en quatre parties égales, on aura $-ddy = (2y - y')dt^2$; $-ddy' = (2y' - y - y'')dt^2$; $-ddy'' = (2y'' - y')dt^2$; & l'équation à résoudre sera $f^6 + 6f^4 + 10ff + 4 = 0$, dont les six racines sont

$f = \pm \sqrt{2} . \sqrt{-1}$; $f = \pm \sqrt{-1} . \sqrt{2 \pm \sqrt{-2}}$; & le reste s'achevera comme dans le cas précédent. Si le polygone vibrant étoit composé de deux portions égales & semblables au commencement du mouvement, il est visible qu'il le seroit de même pendant tout le tems du mouvement ; en ce cas, le nombre des équations seroit la moitié moindre ; par exemple, dans le cas où il n'y auroit que deux corps, on auroit $y' = y$, & $-ddy = y\,dt^2$; dans le cas de trois corps, on auroit $-ddy = (2y - y')\,dt^2$; $-ddy' = (2y - 2y')\,dt^2$; & $y'' = y$; & ainsi des autres.

Mais pour mettre le Lecteur encore plus à portée de comparer la solution de M. Bernoulli avec la mienne, je vais résoudre le Problême d'une maniere générale, & faire voir évidemment, quoique M. Bernoulli paroisse penser le contraire, qu'il peut être résolu par une autre méthode que la sienne, & j'ose le dire, d'une maniere plus directe, & du moins aussi simple. Pour cela j'appellerai avec M. Bernoulli, L la longueur totale de la corde, P le poids tendant, m un des poids, n, l'autre, α la distance initiale du poids m à l'axe de la corde, & x sa distance variable au même axe, β la distance initiale du poids n, & y sa distance variable, l la distance du poids m au bout de la corde le plus proche, λ la distance du poids n à l'autre bout de la corde, ensorte que $L - \lambda - l$ soit la distance entre les deux poids; & on aura $-ddx = \frac{2aPdt^2}{pm\theta^2}\left(\frac{x}{l} + \frac{x-y}{L-\lambda-l}\right)$;

& $-ddy = \frac{2aP\,dt^2}{pn\,\theta^2}\left(\frac{y}{\lambda} + \frac{y-x}{L-\lambda-l}\right)$; équations qui reviennent au même, comme il est aisé de le voir, que celles qui ont été données pour le même objet dans l'Art. XLIV. de mon Mémoire de 1747.

Pour intégrer ces équations plus commodément, je fais

$$\Delta = \frac{2aP}{mpl} + \frac{2aP}{mp(L-\lambda-l)}; \quad \Gamma = -\frac{2aP}{mp(L-\lambda-l)};$$

$$\phi = -\frac{2aP}{np(L-l-\lambda)}; \quad \Pi = \frac{2aP}{npl} + \frac{2aP}{np(L-l-\lambda)};$$

& j'ai les deux équations $-ddx = (\Delta x + \Gamma y)\frac{dt^2}{\theta^2}$;

& $-ddy = (\phi x + \Pi y)\frac{dt^2}{\theta^2}$.

D'où l'on tire par une méthode précisément semblable à celle de l'Art. 122 de mon Traité de Dynamique, seconde Edition, & en conservant les mêmes noms,

$$x = \frac{(\nu'\alpha + \nu'\nu\zeta)\,\text{cos.}\,\frac{t}{\theta}\sqrt{\Delta+\nu\phi}}{\nu'-\nu} - \frac{\nu(\alpha+\nu'\zeta)\,\text{cos.}\,\frac{t}{\phi}\sqrt{\Delta+\nu'\phi}}{\nu'-\nu};$$

$$y = \frac{(\alpha+\nu\zeta)\,\text{cos.}\,\frac{t}{\theta}\sqrt{\Delta+\nu\phi}}{\nu-\nu'} - \frac{(\alpha+\nu'\zeta)\,\text{cos.}\,\frac{t}{\theta}\sqrt{\Delta+\nu'\phi}}{\nu-\nu'};$$

Or en premier lieu, il est aisé de reconnoître dans ces deux valeurs de x & de y la double oscillation de M. Bernoulli (ou plutôt ce qu'il appelle ainsi) sans avoir besoin du détour qu'il employe pour cela; car il est visible par les valeurs de x & de y, que le mouvement des corps m & n est composé de deux mouvemens pareils à ceux de deux pendules, dont le premier auroit pour

longueur $\frac{2a}{\Delta + \nu\varphi}$, & le second $\frac{2a}{\Delta + \nu'\varphi}$. Et il eſt aiſé de s'aſſurer que ces pendules ſeront les mêmes que ceux de M. Bernoulli; en effet ſi γ & δ ſont les diſtances initiales, & qu'on ſuppoſe $\Delta\gamma + \Gamma\delta : \varphi\gamma + \Pi\delta :: \gamma : \delta$; on aura $\Delta\gamma\delta + \Gamma\delta\delta = \varphi\gamma\gamma + \Pi\delta\gamma$, & $\frac{\gamma}{\delta} = \frac{\Delta - \Pi \pm \sqrt{\overline{\Delta - \Pi}^2 + 4\Gamma\varphi}}{2\varphi}$; donc les deux valeurs de $\frac{\gamma}{\delta}$ ſont $-\nu$ & $-\nu'$; de plus la longueur du pendule iſochrone dans ce dernier cas, ſeroit $\frac{2a}{\Delta + \frac{\Gamma\delta}{\gamma}} =$
$\frac{2a}{\Delta + \frac{\Gamma}{-\nu}} = \frac{2a}{\Delta + \nu'\varphi}$; ou $\frac{2a}{\Delta + \frac{\Gamma}{-\nu'}} = \frac{2a}{\Delta + \nu\varphi}$.
Donc &c.

En faiſant $dx = o$, $dy = o$ dans les valeurs de x & de y, on aura les vibrations de chaque corps; & il eſt très-évident que ces vibrations ſeront iſochrones ſi $\alpha + \nu\beta = o$, ou ſi $\alpha + \nu'\beta = o$. Mais il ne me paroît pas prouvé que dans aucun autre cas elles ne ſeront iſochrones. Par exemple ſi $\Delta + \nu'\varphi = 4(\Delta + \nu\varphi)$, on aura $dx = o$, & $dy = o$, ſi $-\nu'\alpha - \nu\nu'\beta$ ſin. $\frac{t}{\theta}\sqrt{\Delta + \nu\varphi}$ $+ (\nu\alpha + \nu\nu'\beta)\, 2$ ſin. $\frac{2t}{\theta}\sqrt{\Delta + \nu\varphi} = o$, & ſi $(-\alpha - \nu\beta)$ ſin. $\frac{t}{\theta}\sqrt{\Delta + \nu\varphi} + (\alpha + \nu'\beta)\, 2$ ſin. $\frac{2t}{\theta}\sqrt{\Delta + \nu\varphi} = o$.

Or

Or si ces équations ne donnent point d'autres valeurs réelles & possibles à sin. t, que sin. $t = o$, les oscillations seront toutes synchrones. C'est ce qui arrivera, par exemple, si 1 est plus petit que les deux quantités $\frac{\alpha + \nu \beta}{4(\alpha + \nu' \beta)}$ & $\frac{(\alpha + \nu \beta) \nu'}{4 \nu (\alpha + \nu' \beta)}$; or pour cela il suffit, par exemple, que $\alpha + \nu' \beta$ soit fort petit, sans être absolument $= o$, c'est-à-dire, que $\frac{\alpha}{\beta}$ soit presqu'égal à $- \nu'$. Je n'entre point là-dessus dans un plus grand détail, parce que je ferai voir plus bas dans l'Art. suivant, que le synchronisme des vibrations peut avoir lieu, quoique la force accélératrice ne soit pas comme la distance.

Au reste, la méthode que nous employons ici pour trouver le mouvement de deux corps, peut s'appliquer aisément aux cas où il y aura tant de corps qu'on voudra. Le Problême est précisément de la même nature que celui que j'ai résolu dans la seconde Edition de mon Traité de Dynamique, Art. 130 & 131. Enfin notre solution peut s'appliquer encore à plusieurs autres cas, auxquels il me semble que celle de M. Bernoulli réussiroit difficilement; par exemple, celui où les deux corps auroient des vitesses initiales données, & celui où ils se mouvroient dans un milieu résistant comme la vitesse. Mais ce détail me meneroit trop loin. *Voyez* le Traité que je viens de citer, Art. 126 & 132.

M. Bernoulli, pour preuve de la supériorité, de l'excellence & de la généralité de sa méthode, prétend avoir résolu par le moyen de cette méthode le problême des cordes vibrantes d'une épaisseur inégale, suivant une loi donnée; Problême que ma méthode & celle de M. Euler ne peuvent résoudre que pour des cas particuliers. Si M. Bernoulli jugeoit à propos de publier sa solution, qu'il annonce dans le Journal des Savans déja cité, je crois qu'elle ne différeroit point, quant à l'essentiel, de celle que j'ai donnée du même Problême au commencement de ce Mémoire. La seule chose sur laquelle nous serions vraisemblablement partagés, c'est que M. Bernoulli donneroit cette solution pour générale, & qu'il ne m'est pas démontré qu'elle le soit. Quoi qu'il en soit, on ne sauroit trop l'inviter à publier ses recherches sur ce sujet. Elles ne pourront qu'être utiles à l'éclaircissement de cette matiere épineuse & délicate.

§. XXVIII. Je pourrois remarquer en passant que la courbe dont l'équation est $y = \alpha$ sin. $\frac{\pi x}{a} + \beta$ sin. $\frac{2 \pi x}{a}$ + &c. n'est point proprement un mélange de Trochoïdes Tayloriennes; puisque les axes auxquels M. Bernoulli rapporte la plûpart de ces prétendues Trochoïdes, sont courbes; & qu'en ces cas les courbes rapportées à ces axes, ne sont plus des Trochoïdes. Je n'insisterai point là-dessus, pour éviter toute dispute de mots. Mais, ce qui est plus important, j'observerai que cette théorie de M. Bernoulli ne me paroît pas aussi propre que M. Euler le pense, à expliquer *ce que les vibrations particulieres ont de physique*. Pour le prouver, je supposerai, avec

M. Bernoulli, que la corde ait la figure $ApaB$ (*fig.* 12.), telle que $y = \alpha$ fin. $\frac{\pi x}{a} + \beta$ fin. $\frac{2 \pi x}{a}$, a étant fon point de milieu ; & pour rendre le calcul plus fimple, je fuppoferai encore $pm = \frac{ar}{2}$, comme Aa eft la moitié de AB. La force motrice en p par rapport au point m fera la même qu'elle feroit au point a de la courbe AaB ; & comme ces forces motrices égales ont à mouvoir des maffes qui font entr'elles comme ra eft à pm, il s'enfuit que les forces accélératrices feront en a & en p comme $\frac{1}{ar}$ eft à $\frac{1}{pm}$: donc fi on nomme φ la force motrice en a, & qu'on faffe $ar = A$, $pm = a = \frac{A}{2}$, $rV = x$, $mu = z$; on trouvera que la viteffe en V eft $\sqrt{\varphi} . \frac{\sqrt{AA - xx}}{AA}$, & que la viteffe en u eft $\sqrt{\varphi} . \frac{\sqrt{aa - zz}}{aa}$. De-là il s'enfuit, 1°. que fi on décrit des rayons $ar = A$, & $pm = \frac{ar}{2}$ deux demi-cercles aLa', plo (*fig.* 13.), on pourra fuppofer la viteffe en V repréfentée par l'ordonnée LV, & le tems par l'arc aL ; la viteffe en u par le double de l'ordonnée ul, & le tems par l'arc pl ; d'où il eft vifible que tandis que le point a parcourt ar, le point p parcourra po ; 2°. que fi on prend les arcs qZ, oz égaux entr'eux, & tels que $yz = \frac{YZ}{2}$, on aura $aY + py$ pour la plus grande excursion absolue du point p (*fig.* 12.); parce qu'alors la vitesse de ce point sera $=o$; 3°. que le tems de cette excursion sera aqZ, ou (ce qui est la même chose) $pKo+oz$. 4°. Que quand le point a (*fig.* 13.) est en a', & que le point p est revenu en p, la vitesse absolue du point p (*fig.* 12.) est alors encore $=o$, & l'espace parcouru $=Y$a'$-yp$, c'est-à-dire $yp-Y$a' en sens contraire, & le tems de la seconde excursion $=Z$a'. 5°. On verra de même facilement que le point p parcourt ensuite dans le tems a'Z, & dans le sens de la premiere excursion, un espace $=yp-Y$a'; & qu'enfin il parcourt en sens contraire dans le tems Za un espace $=aY+yp$; donc si on fait aY (*fig.* 14.) $=aY$ (*fig.* 13.) Yp (*fig.* 14.) $=py$ (*fig.* 13.); pR (*fig.* 14.) $=py-Y$a' (*fig.* 13); on verra, que tandis que le point a (*fig.* 12.) va de a en a' & de a' en a, le point p de la fig. 12. va d'abord (*fig.* 14.) de a en p, puis de p en R, puis de R en p, puis de p en a. Le point p (*fig.* 12.) fera donc à la vérité deux vibrations, pendant que le point a en fait une; mais le tems de ces deux vibrations sera différent; celui de la premiere sera représenté par l'arc aZ (*fig.* 13.); & celui de la seconde, par l'arc Za' qui est plus petit. Ainsi on ne pourra pas dire que le point p (*fig.* 12.) fait l'octave aigue, tandis que le point a rend le son fondamental; il faudroit pour cela que le point p fît deux vibrations d'*une égale durée*, tandis que le point a en fait une; car si les deux vibrations ne sont pas d'égale durée, le point p, suivant les principes de l'Acoustique, rendra deux ſons différens ; le premier plus grave, le ſecond plus aigu que l'octave du ſon fondamental.

La théorie de M. Bernoulli ne peut donc ſervir à expliquer la multiplicité des ſons, telle que les obſervations la donnent. D'ailleurs on ſait que les ſons les plus ſenſibles dans cette multiplicité, ſont la douziéme & la dix-ſeptiéme. Pourquoi cette préférence accordée par la nature ? Et quelle raiſon M. Bernoulli en rendra-t-il (*a*) ?

Reconnoiſſons donc que tous ces faits ſont une énigme inexplicable pour nous. En effet, peut-on ſe flatter de les expliquer, en regardant le mouvement des points de la corde comme compoſé de pluſieurs autres, en ſuppoſant des ventres fictifs & des nœuds mobiles ? Il n'y auroit rien, ce me ſemble, dont on ne pût rendre raiſon par une méthode ſi arbitraire.

D'ailleurs, & cette conſidération eſt encore plus forte que toutes les autres, il y a bien des cas, où malgré ces ventres fictifs & ces nœuds mobiles, les vibrations des points de la corde ſeront abſolument & rigoureuſement ſynchrones ; ce qui renverſe toute la théorie de M. Bernoulli. Pour le prouver, je ſuppoſe avec lui que $y = a$ ſin. $\pi x + b$ ſin. $2 \pi x$ ſoit l'équation de la courbe initiale ; on trouvera aiſément par ma méthode,

---

(*a*) Voyez ſur cela l'article FONDAMENTAL dans le ſeptiéme Volume de l'Encyclopédie. Il contient pluſieurs autres objections contre l'explication donnée par M. Bernoulli, de la multiplicité des ſons rendus par une même corde. On y réfute auſſi quelques autres explications qui ont été données du même phénomene.

que l'équation de la courbe au bout du tems t eſt $y = \frac{a \text{ ſin. } \pi x + \pi t}{2} + \frac{a \text{ ſin. } \pi x - \pi t}{2} + \frac{b \text{ ſin. } 2 \pi x + 2 \pi t}{2} + \frac{b \text{ ſin. } 2 \pi x - 2 \pi t}{2} = a \text{ ſin. } \pi x \text{ coſ. } \pi t + b \text{ ſin. } 2 \pi x$ $\text{coſ. } 2 \pi t$; donc la viteſſe de chaque point de la corde, c'eſt-à-dire, $-\frac{dy}{dt}$, ſera $\pi a \text{ ſin. } \pi x \text{ ſin. } \pi t + 2 \pi b$ $\text{ſin. } 2 \pi x \text{ ſin. } 2 \pi t = \pi \text{ ſin. } \pi x \text{ ſin. } \pi t \times (a + 8 b \text{ coſ. } \pi x$ $\text{coſ. } \pi t)$. Or cette viteſſe ſera $= o$, 1°. lorſque ſin. πt ſera $= o$; 2°. lorſque coſ. πt ſera $= -\frac{a}{8 b \text{ coſ. } \pi x}$. Mais il eſt évident que ſi a eſt $> 8 b$, cette derniere valeur eſt impoſſible, puiſque coſ. πt ne ſauroit jamais être > 1, pris négativement ou poſitivement. Donc ſi $a > 8 b$, la viteſſe n'eſt réellement $= o$ que quand ſin. $\pi t = o$; en ce cas il eſt évident que la viteſſe eſt nulle à la fois dans tous les points, & que toutes les vibrations ſont par conſéquent ſynchrones. Je parle ici des vibrations abſolues, & non des vibrations relatives par rapport à des points mobiles : vibrations dont la conſidération ſeroit tout-à-fait illuſoire ; puiſque ces vibrations relatives ne ſont pas réellement des vibrations.

Je vais plus loin, & je dis que la courbe initiale peut être telle que tous les points tombent en même-tems ſur l'axe, & qu'ils faſſent de plus leurs oſcillations totales en même-tems. Car ſoit, par exemple, $y = a \text{ ſin. } \pi x + b \text{ ſin. } 3 \pi x$; après un tems quelconque t, on aura $y = a \text{ ſin. } \pi x \text{ coſ. } \pi t + b \text{ ſin. } 3 \pi x \text{ coſ. } 3 \pi t = \text{ſin. } \pi x$

cos. $\pi t \times (a + b[3 \cos. \pi x^2 - \sin. \pi x^2] \times [\cos. \pi t^2 - 3 \sin. \pi t^2])$; d'où l'on voit, 1°. que les points arriveront tous à l'axe, lorsque cos. πt sera $= o$; 2°. qu'aucun point n'y arrivera que dans le cas où cos. $\pi t = o$, si a & b sont telles que $a + b[3 \cos. \pi x^2 - \sin. \pi x^2] \times [\cos. \pi t^2 - 3 \sin. \pi t^2]$ ne soit jamais $= o$; ce qui aura lieu si $-\frac{a}{b}$ est plus grand que la plus grande valeur de $[3 \cos. \pi x^2 - \sin. \pi x^2] \times [\cos. \pi t^2 - 3 \sin. \pi t^2]$, c'est-à-dire plus grand que 3.

Maintenant les oscillations entieres finiront, lorsque $\frac{dy}{dt}$ sera $= o$, c'est-à-dire, lorsque $\pi \sin. \pi x \sin. \pi t \times (a + 3b \times [3 \cos. \pi x^2 - \sin. \pi x^2] \times [3 \cos. \pi t^2 - \sin. \pi t^2])$ sera $= o$: d'où l'on voit ; 1°. que les oscillations totales finiront toutes en même-tems, quand sin. πt sera $= o$; 2°. que toutes ces oscillations seront absolument synchrones, si $-\frac{a}{3b}$ est plus grand que 9.

On voit donc qu'il y a des cas, où non-seulement les vibrations totales, mais encore les demi-vibrations (j'appelle ainsi les vibrations terminées à l'axe) seront synchrones, sans que la corde ait la figure d'une simple Trochoïde allongée. Donc le synchronisme absolu & rigoureux de toutes les parties de la corde, n'appartient point nécessairement à une seule & unique Trochoïde allongée, comme M. Taylor l'a prétendu, & comme M. Bernoulli paroît le croire.

De toutes ces réfléxions je crois être en droit de conclure; 1°. que la solution que j'ai donnée le premier du Problème des cordes vibrantes, n'est nullement renfermée dans la solution de M. Taylor, s'étend beaucoup plus loin, & est aussi générale que la nature de la question le permet; 2°. que l'extension que M. Euler y a voulu donner, est capable d'induire en erreur; 3°. que sa construction est contraire à ce qu'il avance lui-même en termes formels sur l'*identité* & l'*imparité* des fonctions $\varphi(x+t)$ & $\Psi(x-t)$; 4°. que cette construction ne satisfait point à l'équation $\frac{ddy}{dt^2} = \frac{ddy}{dx^2}$; 5°. que dans l'équation $y = \varphi(x+t) + \Psi(x-t)$, les fonctions doivent demeurer toujours de la même forme, comme M. Euler l'a tacitement supposé lui-même; 6°. que si on se permettoit de faire varier la forme de ces fonctions, il faudroit renverser le principe de toutes les constructions & solutions analytiques, & des démonstrations les plus généralement avouées; 7°. qu'en faisant varier cette forme, le Problême n'auroit plus de solution possible, & resteroit indéterminé; 8°. que cette solution ne représente pas mieux que la mienne, le vrai mouvement de la corde; 9°. enfin que la solution de M. Daniel Bernoulli, quelqu'ingénieuse qu'elle puisse être, est trop limitée, & n'ajoute absolument à la mienne aucune simplification; qu'en un mot, le calcul analytique du Problême, & l'examen synthétique que M. Bernoulli m'accuse à tort de n'avoir point fait, sont l'un & l'autre, ce me semble, à l'avantage de ma méthode.

SUPPLÉMENT

SUPPLÉMENT

Au Mémoire précédent sur les Cordes vibrantes.

AU commencement de Septembre 1759, long-tems après avoir achevé l'Ecrit qu'on vient de lire, je reçus un excellent Ouvrage, intitulé, *Miscellanea Physico-Mathematica Societatis privatæ Taurinensis*, *Tomus primus*. Dans ce Recueil j'ai trouvé un savant & profond Mémoire de M. *Louis de la Grange*, où cet habile Géometre examine la question que je viens d'agiter avec MM. Bernoulli & Euler. M. de la Grange donne dans ce Mémoire une très-belle méthode pour trouver le mouvement d'une corde chargée d'autant de poids qu'on voudra : & supposant ensuite le nombre des corps infini, ce qui est le cas de la corde vibrante, il arrive précisément à la même conclusion que M. Euler ; d'où il conclud ; 1°. contre M. Bernoulli, que la courbe vibrante n'est pas toujours un mélange de Trochoïdes ; 2°. contre moi, qu'il n'est pas nécessaire que les différentes courbes AMB, Amb, $B\mu a$ &c. (*fig.* 9.) soient assujetties à la loi de continuité. Cette théorie de M. de la Grange me fournira quelques remarques.

Je dois d'abord les plus grands éloges à la maniere aussi savante qu'ingénieuse, dont M. de la Grange détermine le mouvement d'une corde chargée d'autant de droit cité de mon Mémoire de 1747, que le mouvement d'une corde vibrante doit être *à-peu-près* le même dans la théorie, que celui d'un fil extensible chargé d'un très-grand nombre de poids. Je dis dans la *théorie*; car nous avons fait voir dans l'Art. XXIII. du Mémoire précédent, que l'expérience & la théorie ne sauroient être d'accord dans la détermination du mouvement des cordes vibrantes, ne fût-ce que par cette seule raison, que le mouvement d'une corde vibrante cesse bientôt, quoique par la théorie il doive durer continuellement. Au reste, j'ai donné dans l'Art. XXII. du Mémoire ci-dessus quelques modifications à cette assertion même de mon Mémoire de 1747, & j'ai observé qu'il pourroit bien se faire que le mouvement de la corde fût sensiblement différent, même *dans la théorie*, du mouvement du polygone circonscrit, quelque grand nombre de côtés qu'on lui supposât.

Quoi qu'il en soit, M. de la Grange, après avoir trouvé, par une très-belle & très-savante analyse, le mouvement d'un fil chargé d'un nombre quelconque de poids, a essayé de déduire de cette formule le mouvement de la corde, en supposant le nombre de poids infini. Mais quelqu'adresse & quelque sagacité qu'on remarque dans son calcul, & dans les moyens qu'il prend pour réduire ce second cas au premier, il me semble que tout ce calcul est appuyé sur plusieurs suppositions illégitimes.

1°. M. de la Grange prétend qu'en supposant $m = \infty$

$\frac{mx}{a} + \frac{mHt}{T}$ n'eſt pas toujours un nombre entier ; ce qui arrive, par exemple, quand $\frac{x}{a} + \frac{Ht}{T}$ eſt un incommenſurable. Il eſt vrai que m étant infini, $\frac{mx}{a} + \frac{mHt}{T}$ peut toujours être regardé comme égal à un nombre entier infini, plus une fraction finie, qui eſt infiniment petite par rapport à ce nombre infini. Mais il ne s'enſuit pas de-là, que ſin. $\frac{\pi}{2}\left(\frac{mx}{a} + \frac{mHt}{T}\right)$ ſoit $= o$; car ſoit $\frac{mx}{a} + \frac{mHt}{T} = m' + \rho$, m' étant un nombre entier infini, & ρ une fraction finie, on aura ſin. $\frac{\pi}{2}\left(\frac{mx}{a} + \frac{mHt}{T}\right) =$ ſin. $\left(\frac{\pi m'}{2} + \frac{\pi \varrho}{2}\right)$ $= \pm$ ſin. $\frac{\pi \varrho}{2}$, ſavoir $+$, quand m' eſt pair, & $-$, quand m eſt impair ; or ſin. $\frac{\pi \varrho}{2}$ eſt une quantité finie.

Si le raiſonnement de M. de la Grange étoit vrai, il s'enſuivroit que le ſinus d'un arc quelconque $\frac{\pi x}{2a} + \frac{\pi Ht}{2T}$ (*), cet arc étant pris une infinité m de fois, ſeroit toujours $= o$; c'eſt-à-dire, que le ſinus d'une infinité de fois 45 degrés, par exemple, ſeroit toujours $= o$. Or cela eſt évidemment faux. Car le ſinus d'une infinité de fois 45

(*) Il eſt évident que x & t étant indéterminées & variables à volonté $\frac{x}{a} + \frac{Ht}{T}$ repréſente un nombre quelconque.

& $\pi =$ à la circonférence, les angles $\frac{\pi}{4m}$, $\frac{2\pi}{4m}$, $\frac{3\pi}{4m}$ &c. que sa formule renferme, deviennent infiniment petits, & ne different pas de leurs sinus. Cela est vrai en général pour tout angle $\frac{r\pi}{4m}$, r étant un nombre fini; mais si $r = m - 1$, comme il arrive dans un des termes de la formule de M. de la Grange, alors $\frac{r\pi}{4m} = \frac{\pi}{4}$, & l'angle ne se confond plus avec son sinus.

2°. M. de la Grange prétend que si on appelle x une portion quelconque de la corde, a la corde entiere, t le tems, H & T deux constantes, $\frac{mx}{a} + \frac{mHt}{T}$ sera toujours un nombre entier, si on suppose m infini; ensorte que sin. $\frac{\pi}{2}\left(\frac{mx}{a} + \frac{mHt}{T}\right)$ sera toujours $= o$. Cette assertion me surprend, & ne me paroît nullement fondée. Car pourquoi un nombre infini est-il nécessairement un nombre entier? L'infini n'est point proprement un nombre, il est la limite de tous les nombres possibles: & sous ce point de vûe, il n'est proprement, ni entier, ni fractionnaire, ni incommensurable. Ce qu'on pourroit tout au plus accorder à M. de la Grange, c'est que le nombre infini m peut être regardé & traité comme un nombre entier, parce que dans le cas où le nombre m des corps est fini, quelque grand qu'il soit, m est toujours un nombre entier. Mais de-là même il s'ensuit évidemment que poids qu'on voudra. Quoique la méthode que j'ai donnée, pour intégrer dans ce cas les équations différentielles, conduise à la solution du Problême, quel que soit le nombre des corps ; j'avoue cependant qu'il y a beaucoup de mérite à avoir trouvé une formule générale pour un nombre de corps indéfini. Je n'avois point cherché cette formule ; parce que d'un côté je voyois que ma méthode donneroit toujours infailliblement une formule plus ou moins composée pour tel nombre fini de corps qu'on voudroit ; & parce que de l'autre, je ne voyois point comment après avoir trouvé une formule générale pour tel nombre fini de corps qu'on voudroit ; on pourroit appliquer cette formule à un nombre infini de corps. Je me contentai donc de dire (*), qu'en regardant la corde vibrante comme un fil extensible chargé de plusieurs petits poids, on pourroit toujours déterminer *à-peu-près* son mouvement, & d'autant plus exactement, que le nombre des poids supposés seroit plus grand.

Cet *à peu-près* ne signifie pas, comme M. de la Grange paroît le croire, qu'on ne puisse trouver exactement par ma méthode le mouvement d'un fil extensible chargé d'un nombre de poids fini, mais très-grand ; il est évident par la nature même de cette méthode, qu'elle donnera toujours la loi de ce mouvement, quel que soit le nombre des corps ; l'*à-peu près* signifie seulement, dans l'en-

(*) Voyez l'Article XLIV. de mon Mémoire imprimé parmi ceux de l'Académie de Berlin de 1747.

droit cité de mon Mémoire de 1747, que le mouvement d'une corde vibrante doit être *à-peu-près* le même dans la théorie, que celui d'un fil extensible chargé d'un très-grand nombre de poids. Je dis dans la *théorie*; car nous avons fait voir dans l'Art. XXIII. du Mémoire précédent, que l'expérience & la théorie ne sauroient être d'accord dans la détermination du mouvement des cordes vibrantes, ne fût-ce que par cette seule raison, que le mouvement d'une corde vibrante cesse bientôt, quoique par la théorie il doive durer continuellement. Au reste, j'ai donné dans l'Art. XXII. du Mémoire ci-dessus quelques modifications à cette assertion même de mon Mémoire de 1747, & j'ai observé qu'il pourroit bien se faire que le mouvement de la corde fût sensiblement différent, même *dans la théorie*, du mouvement du polygone circonscrit, quelque grand nombre de côtés qu'on lui supposât.

Quoi qu'il en soit, M. de la Grange, après avoir trouvé, par une très-belle & très-savante analyse, le mouvement d'un fil chargé d'un nombre quelconque de poids, a essayé de déduire de cette formule le mouvement de la corde, en supposant le nombre de poids infini. Mais quelqu'adresse & quelque sagacité qu'on remarque dans son calcul, & dans les moyens qu'il prend pour réduire ce second cas au premier, il me semble que tout ce calcul est appuyé sur plusieurs suppositions illégitimes.

1°. M. de la Grange prétend qu'en supposant $m = \infty$

SECOND MÉMOIRE.

Du Mouvement d'un corps de figure quelconque, animé par des forces quelconques.

DANS mes *Recherches sur la précession des Equinoxes*, j'ai donné tous les principes nécessaires pour résoudre le Problême que je me propose ici. Mais comme dans l'Ouvrage que je viens de citer, je n'ai appliqué ces principes en détail qu'au mouvement de rotation que la Terre doit avoir sur son centre, en vertu de l'action du Soleil & de la Lune, je crois devoir donner ici la solution générale du Problême, tirée des mêmes principes, & réduite à des formules générales qu'on pourra consulter au besoin.

I.

Pour représenter d'une maniere générale le mouvement d'un corps de figure quelconque, il faut distinguer dans ce corps deux mouvemens : 1°. celui du centre de gravité, qui est commun à toutes les parties du corps; ce centre décrit une ligne quelconque, droite ou courbe, à ſimple ou à double courbure ; nous pourrions prendre ici tout autre point que le centre de gravité ; mais les propriétés connues de ce centre donnent le moyen de ſimplifier les équations ; cette raiſon nous détermine à choiſir ce point par préférence ; 2°. le mouvement de rotation de chaque particule autour du centre de gravité. Pour me faire une idée bien nette de ce dernier mouvement, j'imagine d'abord, ainſi que je l'ai fait dans mes *Recherches ſur la préceſſion des Equinoxes*, une ligne Cp (*figure* 15.) qui paſſe par le centre de gravité C du corps, & qui demeure toujours fixe au-dedans du corps ; c'eſt-à-dire, qui paſſe toujours par les mêmes points dans l'intérieur du corps, & qu'on peut regarder par conſéquent comme l'axe du corps, mais axe mobile autour du centre de gravité C ; j'imagine de plus un plan quelconque abſolument fixe & immobile $ZCez$, qui paſſe auſſi par le centre C, & auquel je rapporte le mouvement de l'axe Cp ; j'imagine enfin un plan $KC'H$ qui paſſe par un point quelconque C' de l'axe Cp, & qui ſoit perpendiculaire à cet axe. Cela poſé,

Soit pe perpendiculaire au plan $ZCez$; Ce la commune ſection du plan Cpe, & du plan $ZCez$; ZCz une perpendiculaire à Ce, menée dans le plan $ZCez$; KC' la commune ſection des plans $KC'H$, Cpe ; G un point quelconque du corps, placé dans le plan $KC'H$; GL une perpendiculaire à $C'K$ dans le plan $KC'H$; & $C'H$ une parallèle à GL, ou, ce qui revient au même, à ZCz.

& π = à la circonférence, les angles $\frac{\pi}{4m}$, $\frac{2\pi}{4m}$, $\frac{3\pi}{4m}$ &c. que sa formule renferme, deviennent infiniment petits, & ne different pas de leurs sinus. Cela est vrai en général pour tout angle $\frac{r\pi}{4m}$, r étant un nombre fini; mais si $r = m - 1$, comme il arrive dans un des termes de la formule de M. de la Grange, alors $\frac{r\pi}{4m} = \frac{\pi}{4}$, & l'angle ne se confond plus avec son sinus.

2°. M. de la Grange prétend que si on appelle x une portion quelconque de la corde, a la corde entiere, t le tems, H & T deux constantes, $\frac{mx}{a} + \frac{mHt}{T}$ sera toujours un nombre entier, si on suppose m infini; ensorte que sin. $\frac{\pi}{2}\left(\frac{mx}{a} + \frac{mHt}{T}\right)$ sera toujours $= 0$. Cette assertion me surprend, & ne me paroît nullement fondée. Car pourquoi un nombre infini est-il nécessairement un nombre entier? L'infini n'est point proprement un nombre, il est la limite de tous les nombres possibles: & sous ce point de vûe, il n'est proprement, ni entier, ni fractionnaire, ni incommensurable. Ce qu'on pourroit tout au plus accorder à M. de la Grange, c'est que le nombre infini m peut être regardé & traité comme un nombre entier, parce que dans le cas où le nombre m des corps est fini, quelque grand qu'il soit, m est toujours un nombre entier. Mais de-là même il s'ensuit évidemment que

$\frac{m x}{a} + \frac{m H t}{T}$ n'eſt pas toujours un nombre entier; ce qui arrive, par exemple, quand $\frac{x}{a} + \frac{H t}{T}$ eſt un incommenſurable. Il eſt vrai que m étant infini, $\frac{m x}{a} + \frac{m H t}{T}$ peut toujours être regardé comme égal à un nombre entier infini, plus une fraction finie, qui eſt infiniment petite par rapport à ce nombre infini. Mais il ne s'enſuit pas de-là, que ſin. $\frac{\pi}{2}\left(\frac{m x}{a} + \frac{m H t}{T}\right)$ ſoit $= o$; car ſoit $\frac{m x}{a} + \frac{m H t}{T} = m' + \rho$, m' étant un nombre entier infini, & ρ une fraction finie, on aura ſin. $\frac{\pi}{2}\left(\frac{m x}{a} + \frac{m H t}{T}\right) =$ ſin. $\left(\frac{\pi m'}{2} + \frac{\pi \rho}{2}\right) = \pm$ ſin. $\frac{\pi \rho}{2}$, ſavoir $+$, quand m' eſt pair, & $-$, quand m eſt impair; or ſin. $\frac{\pi \rho}{2}$ eſt une quantité finie.

Si le raiſonnement de M. de la Grange étoit vrai, il s'enſuivroit que le ſinus d'un arc quelconque $\frac{\pi x}{2 a} + \frac{\pi H t}{2 T}$ (*), cet arc étant pris une infinité m de fois, ſeroit toujours $= o$; c'eſt-à-dire, que le ſinus d'une infinité de fois 45 degrés, par exemple, ſeroit toujours $= o$. Or cela eſt évidemment faux. Car le ſinus d'une infinité de fois 45

(*) Il eſt évident que x & t étant indéterminées & variables à volonté. $\frac{x}{a} + \frac{H t}{T}$ repréſente un nombre quelconque.

degrés, peut être, ou o, ou $\pm\sqrt{2}$, ou ± 1, ſelon les valeurs qu'on donne à m'.

3°. M. de la Grange prétend dans un autre endroit de ſa ſolution, que $\frac{mX}{a}$ étant un nombre infini $= \mu$ (X eſt ici une portion de la corde indéterminée, & différente de x) & s étant un nombre entier quelconque poſitif ou négatif, on aura coſ. $\frac{\pi}{2}\left(2ms \pm \frac{mX}{a}\right) = \mp 1$, le ſigne — étant pour le cas où μ eſt impair, & le ſigne + pour le cas où μ eſt pair. Cette aſſertion eſt fondée ſur ce qu'il regarde toujours $\frac{mX}{a}$ comme un nombre entier; & elle eſt par conſéquent ſujette aux mêmes difficultés que nous venons de faire ſur la ſuppoſition de $\frac{mx}{a} + \frac{mHt}{T}$ égal à un nombre entier.

4°. M. de la Grange ſemble avoir bien ſenti ou prévû ces difficultés; & il a deſtiné un Chapitre de ſon Mémoire, à établir la propoſition ſur laquelle, de ſon propre aveu, ſa théorie des cordes vibrantes eſt fondée; ſavoir ſur ce qu'une ſuite infinie de produits de deux ſinus, dont les arcs croiſſent en progreſſion arithmétique, eſt toujours $= o$, excepté dans le cas où les arcs ſont égaux. Pour démontrer cette propoſition, l'Auteur la réduit à prouver que coſ. x + coſ. $2x$ + coſ. $3x$ &c. à l'infini $= -\frac{1}{2}$, excepté dans le cas de $x = o$. Pour démontrer que coſ. x + coſ. $2x$ + coſ. $3x$ &c. $= -\frac{1}{2}$ l'Auteur prend l'expreſſion imaginaire des coſinus; & il transforme par ce moyen la ſerie propoſée en deux autres qui forment évidemment une progreſſion géométrique dont il cherche la ſomme; il trouve cette ſomme $= -\frac{1}{2}$. Mais pour arriver à ce réſultat, il fait une ſuppoſition qui ne paroît point exacte; ſavoir, que le dernier terme des deux progreſſions infinies $e^{x\sqrt{-1}} + e^{2x\sqrt{-1}} + \&c.$ & $e^{-x\sqrt{-1}} + e^{-2x\sqrt{-1}} + \&c.$ eſt égal à zero, ce qui n'eſt pas vrai; car ce dernier terme eſt dans la premiere progreſſion $e^{\infty\sqrt{-1}}$ & dans la ſeconde $e^{-\infty\sqrt{-1}}$, quantités qui ne ſont ni l'une ni l'autre $= o$. Pour voir encore plus clairement la mépriſe de M. de la Grange, il ſuffit de conſidérer, que ſuivant ſon propre calcul, la ſomme exacte d'un nombre quelconque m de termes dans la progreſſion coſ. x + coſ. $2x$ + coſ. $3x$ + &c. eſt $\frac{\text{coſ. } mx - \text{coſ. } (m+1)x}{2(1 - \text{coſ. } x)} - \frac{1}{2}$. Or, ajoute-t-il, dans le cas où $m = \infty$, on ſuppoſe que l'1 s'évanouit auprès de m, d'où le terme coſ. $(m+1)x$ devient $=$ coſ. mx, & la formule précédente ſe réduit à $-\frac{1}{2}$. Il eſt aiſé de répondre, que quand m eſt infini, coſ. $(m+1)x$ ne devient pas égal pour cela à coſ. mx. Car deux arcs finis ou infinis, qui different d'une quantité finie x, ont des coſinus qui différent auſſi d'une quantité finie. Un exemple très-ſimple peut nous convaincre d'ailleurs, que la ſomme des coſinus des angles x, $2x$, $3x$, n'eſt pas $= -\frac{1}{2}$. Car ſoit $x = 45°$, on aura pour la ſuite dont il s'agit $\frac{1}{\sqrt{2}}$, o, $-\frac{1}{\sqrt{2}}$, -1, $-\frac{1}{\sqrt{2}}$, o,

$+ \frac{1}{\sqrt{2}}$, $+ 1$, &c. après quoi la suite recommencera; or la somme de cette suite finie est, ou $\frac{1}{\sqrt{2}}$, ou o; ou $- 1$, ou $- 1 - \frac{1}{\sqrt{2}}$, selon qu'on y prendra plus ou moins de termes. Donc la somme de la suite entiere est aussi, ou $\frac{1}{\sqrt{2}}$, ou o, ou $- 1$, ou $- 1 - \frac{1}{\sqrt{2}}$, selon le nombre de termes qu'on y prendra, quel que soit d'ailleurs ce nombre de termes, fini ou infini; & cette somme ne sera point $= o$, à moins que $m \times 45^\circ$ ne soit $=$ à une infinité de fois la circonférence, ou 135° $+$ une infinité de fois la circonférence.

Ce n'est pas tout. M. de la Grange convient que quand on voudra traiter la théorie des cordes vibrantes, par la considération des fonctions algébriques, comme M. Euler & moi l'avons fait; cette théorie ne pourra s'appliquer qu'aux courbes continues, & à cet égard il me donne absolument gain de cause. Or je le prie de considérer qu'il suppose lui-même tacitement dans sa solution toute la théorie des fonctions algébriques. Car un des principaux fondemens de cette solution consiste dans l'usage qu'il fait de la méthode de M. Bernoulli, pour trouver la valeur d'une quantité qui est égale dans certains cas à $\frac{o}{o}$. Or cette méthode suppose elle-même que la quantité dont on cherche la valeur soit une fonction algébrique fractionnaire, que l'on différentie suivant les régles connues, & dont le numérateur divisé

par

par le dénominateur, donne la valeur de la quantité qu'on cherche.

C'est pourquoi la théorie de M. de la Grange sur les cordes vibrantes, quelque profonde & quelqu'ingénieuse qu'elle soit, porte sur des fondemens qui ne me paroissent pas assez solides pour renverser la mienne; & en effet la théorie de M. de la Grange aboutissant à la même conclusion que celle de M. Euler, est sujette aux mêmes difficultés que j'ai faites ci-dessus contre la solution de ce grand Géometre; difficultés qui me paroissent insolubles, & qui sont tirées de la considération directe du Problême, & de l'examen, tant synthétique, qu'analytique de la question proposée.

Fin du premier Mémoire & du Supplément.

L'axe Cp, dont nous regardons ici l'extrémité C comme fixe, ne peut avoir que deux mouvemens ; l'un de rotation autour de la ligne immobile CE' perpendiculaire au plan immobile $ZCez$; l'autre, par lequel son extrémité p s'abbaiſſe ou s'éleve au-deſſus du plan $ZCez$, les autres points de l'axe Cp s'élevant ou s'abbaiſſant auſſi à proportion ; & il eſt évident, que pour trouver le mouvement de l'axe Cp, il ſuffira de connoître la courbe décrite ſur le plan $ZCez$ par la projection e du point p.

I I.

Ce n'eſt pas tout : lorſque l'axe Cp, mobile autour de C, a parcouru un chemin quelconque, en entraînant, pour ainſi dire, avec lui les lignes Ce, ZCz, dont l'une eſt toujours la projection de Cp, & dont l'autre ZCz eſt toujours perpendiculaire à Ce ; le plan $KC'H$, dans lequel eſt placé le point G, demeure toujours perpendiculaire à l'axe Cp ; mais l'angle $KC'G$ que fait la ligne GC' avec la commune ſection KC' des plans $KC'H$, Cpe, peut être augmentée d'un angle P, qui ſera évidemment le même pour tous les points placés dans le plan $KC'H$, puiſque ces points ſont conſtamment à la même diſtance les uns des autres & du point C'. Il eſt viſible de plus, que cet angle P ſera auſſi le même pour tous les points placés dans un autre plan quelconque parallèle à $KC'H$. Car il eſt évident qu'il ſeroit le même pour tous les points d'un plan qui paſſeroit par G & par l'axe Cp ; donc &c.

III.

Soient préſentement

La conſtante Cp	a
pC'	b
Par conſéquent CC'	$a-b$
Le coſinus de l'angle pCe	y
Son ſinus	$\sqrt{1-yy}$
Par conſéquent Ce	$y\times Cp$ ou ay
Et pe	$a\sqrt{1-yy}$
$C'G$	f
L'angle $KC'G$.	X
Par conſéquent GL	f ſin. X
Et $C'L$	f coſ. X
La diſtance du point G au plan $ZCez$	π
Sa diſtance au plan $E'Zz$	ρ
Sa diſtance au plan $E'Ce$	ϖ

On aura, comme il eſt très-aiſé de le voir par les Elémens de Géométrie, & comme je l'ai démontré, Article 25 de mes *Recherches ſur la préceſſion des Equinoxes*,

$\pi = (a-b)\sqrt{1-yy} + fy$ coſ. X;

$\rho = (a-b)y - f$ coſ. $X\sqrt{1-yy}$;

$\varpi = f$ ſin. X.

IV.

Soit g (*figure* 16.) la projection du point G ſur le plan fixe $ZCez$; & ayant mené les perpendiculaires

gl à Ce, & gk à Cz, on aura évidemment gl ou $Ck = \varpi$; & Cl ou $gk = \rho$. Imaginons ensuite dans le plan $ZCez$, deux lignes absolument fixes & immobiles ACB, CD, perpendiculaires l'une à l'autre; & soit l'angle $zCB = e$. En menant les lignes gm, kn perpendiculaires à CB, & km parallele à CB, on aura $gN = gm - mN = gm - kn = gk \times \text{cos}. e - Ck \times \text{sin}. e$; & $CN = Cn + nN = Cn + km = Ck . \text{cos}. e + gk . \text{sin}. e$. Donc si on fait $CN = z$ & $gN = u$, on aura

$$\left.\begin{array}{l} z = \varpi \text{ cos}. e + \rho \text{ sin}. e \\ u = \rho \text{ cos}. e - \varpi \text{ sin}. e \end{array}\right\} (A)$$

Si la ligne fixe AB étoit de l'autre côté de Zz, on auroit

$$\left.\begin{array}{l} z = \varpi \text{ cos}. e - \rho \text{ sin}. e \\ u = \rho \text{ cos}. e + \varpi \text{ sin}. e \end{array}\right\} (B)$$

Si on regarde AB comme représentant la position de Zz au premier instant du mouvement, alors e sera l'angle parcouru durant le tems t (qui s'est écoulé depuis ce premier instant) par le point e, qui est la projection de l'extrémité de l'axe du corps; si le mouvement du point e se fait de e vers z, il faudra se servir des deux formules (A); si au contraire ce mouvement se fait de e vers Z, il faudra se servir des formules (B); & ce seront les formules que nous adopterons ici; car nous supposerons que le mouvement du point e se fasse de e vers Z.

Soit enfin ξ la valeur de l'angle $KC'G$ (*figure* 15.) au commencement du mouvement, ξ étant différent pour chaque point G; & comme cet angle ξ devient (*hyp.*) $\xi + P$ après le tems t, on aura .... $X = \xi + P$.

Donc cof. $X = $ cof. $\xi + P = $ cof. ξ cof. P — fin. ξ fin. P ; & fin. $X = $ fin. $\xi + P = $ fin. ξ cof. P + fin. P cof. ξ ; donc après un tems quelconque t, la diſtance du point G au plan $EZC\zeta$, ſera

$\pi = a - b(\sqrt{1-yy}) + fy$ cof. ξ cof. $P - fy$ fin. ξ fin. P ;

La diſtance de la projection g (*fig.* 16.) du point G à la ligne fixe CB, ſera

$u = [(a-b)y - f$ cof. ξ cof. $P\sqrt{1-yy} + f$ fin. ξ fin. $\sqrt{1-yy}]$ cof. $e + [f$ fin. ξ cof. $P + f$ fin. P cof. $\xi] \times$ fin. e ;

Et la diſtance de la projection g à la ligne fixe CD, ſera

$\zeta = [f$ fin. ξ cofin. $P + f$ fin. P cofin. $\xi]$ cofin. e — $[(a-b)y - f$ cof. ξ . cof. $P . \sqrt{1-yy} + f$ fin. ξ fin. $P . \sqrt{1-yy}]$ fin. e.

V.

Il eſt clair que dans le tems dt le point G (*fig.* 15.) parcourra perpendiculairement au plan $ZCez$, & parallèlement à CE', l'eſpace $d\pi$; parallèlement à CD (*fig.* 16.) l'eſpace du ; & parallèlement à CB l'eſpace dz.

Donc ſi on ſuppoſe que le centre C parcourre durant ce même tems les eſpaces dq, ds, dx, dans des directions parallèles à ces mêmes lignes ; le mouvement total, ou la viteſſe du point G à l'inſtant dt ſera $\frac{dq + d\pi}{dt}$ parallèlement à CE' ; $\frac{ds + du}{dt}$ parallèlement à CD ;

$\frac{dx + dz}{dt}$ parallèlement à CB; & dans l'instant suivant & égal dt, les vitesses seront,

$$\frac{dq' + d\pi'}{dt} = \frac{dq + ddq + d\pi + dd\pi}{dt}$$

$$\frac{ds' + du'}{dt} = \frac{ds + dds + du + ddu}{dt}$$

$$\frac{dx' + dz'}{dt} = \frac{dx + ddx + dz + ddz}{dt}.$$

Donc si on nomme θ le tems durant lequel la pesanteur p feroit parcourir à un corps pesant l'espace a, on aura la force perdue par le point G parallèlement à $CE' = \frac{dq + d\pi - dq' - d\pi'}{dt^2} \times \frac{\theta^2 p}{2a} = \frac{(-ddq - dd\pi)p\theta^2}{2adt^2}$; on aura de même la force perdue par le point G parallèlement à $CD = \frac{-dds - ddu}{dt^2} \times \frac{p\theta^2}{2a}$; & la force perdue par le même point parallèlement à $CB = \frac{-ddx - ddz}{dt^2} \times \frac{p\theta^2}{2a}$. Ces trois forces doivent faire équilibre avec celles qui tendent à mouvoir le corps, & qu'on peut toujours réduire à trois, dont l'une agisse parallèlement à CE', la seconde parallèlement à CD, la troisiéme parallèlement à CB.

V I.

On a vû (*Tr. de Dyn.* Art. 58) que si le point Q (*fig.* 17.) du plan $E'Cz$ est tiré perpendiculairement à ce plan, & parallèlement à Ce par une puissance G, le point V du plan $ZCez$ perpendiculairement à ce plan, & parallèlement

lèlement à CE' par une puissance $= \Pi$; enfin le point G du plan $E'Ce$ parallèlement à Cz par une puissance $= F$; on aura, dans le cas d'équilibre entre les trois puissances G, F, Π, soit que le point C soit fixe ou non, les équations suivantes ;

$$F\zeta - \Pi\mu = o$$
$$G\xi - \Pi\nu = o$$
$$F\theta - G\chi = o$$

en supposant les perpendiculaires QP' ou $CD = \xi$; QD ou $CP' = \chi$; GH ou $CE' = \zeta$; GE' ou $CH = \theta$; $\nu\pi$ ou $CR = \mu$; νR ou $C\pi = \nu$; & si le point C est libre, on aura de plus

$$F = o$$
$$G = o$$
$$\Pi = o$$

VII.

Il est évident qu'on peut regarder la force F comme résultante de tant d'autres forces qu'on voudra, toutes perpendiculaires au plan $E'CH$; que la force F sera en ce cas égale à la somme de ces forces ; & que le moment $F\zeta$ de la force F par rapport à la ligne CH (j'appelle ainsi le produit de la force F par la distance de sa direction à la ligne CH) sera égal à la somme des momens de ces forces par rapport à la même ligne CH ; il en est de même des autres forces G, Π.

Enfin il est évident que les loix de l'équilibre qu'on vient de trouver pour les forces F, G, Π, auront également lieu par rapport à trois autres lignes CD, CB, CE' (*figure* 18.), auxquelles on ſuppoſera que les forces G, F, Π, ſoient parallèles ; c'eſt-à-dire, que le moment de la force F par rapport à CD, par exemple, ſera égal au moment de la force Π, par rapport à la même ligne CD; &c. & ainſi du reſte.

Donc ſi on a tant de forces qu'on voudra π', g', f', dont les unes ſoient parallèles à CE', les autres à CD, les autres à CB, leſquelles ſe faſſent équilibre ; il faudra 1°. que la ſomme de ces trois ſyſtêmes de forces, chacun pris en particulier, ſoit $= o$; équations qui n'auront lieu que dans le cas où le point C eſt entiérement libre ; 2°. que la ſomme des momens des forces f' par rapport à l'axe CD, ſoit égale à la ſomme des momens des forces π' par rapport à ce même axe ; 3°. que la ſomme des momens des forces g' par rapport à CB, ſoit égale à la ſomme des momens des forces π' par rapport à ce même axe ; 4°. enfin que la ſomme des momens des forces f' par rapport à CE', ſoit égale à la ſomme des momens des forces g' par rapport à ce même axe. On ſe ſouviendra que le moment d'une force par rapport à un axe, ſe prend par le produit de cette force & d'une perpendiculaire tombant de cet axe ſur la direction de cette force.

VIII.

Appliquons maintenant ces principes au Problême dont il s'agit ; & ſuppoſons (*fig.* 18.) que le corps en mouvement soit sollicité par trois forces, dont l'une Ψ soit parallèle à CE', la seconde γ parallèle à CD, la troisiéme φ parallèle à CB; & soient nommées

Les distances de la force Ψ à CB & CD .... ν' & μ';

Les distances de la force γ à CB & CE' ... ξ' & χ';

Les distances de la force φ à CE' & CD ... θ' & ζ';

Il est évident que les forces Ψ, γ, φ doivent être en équilibre avec celles qu'on a trouvées ci-dessus, & qui doivent être détruites dans le mouvement du corps; donc nommant G chaque particule du corps, on aura

$$1^{\circ}. \int \frac{(-ddq - dd\pi)\, p\, \theta^2\, G}{2\, a\, dt^2} + \Psi = o.$$

$$2^{\circ}. \int \frac{(-dds - ddu)\, p\, \theta^2\, G}{2\, a\, dt^2} + \gamma = o.$$

$$3^{\circ}. \int \frac{(-ddx - ddz)\, p\, \theta^2\, G}{2\, a\, dt^2} + \varphi = o.$$

$$4^{\circ}. \int \frac{G(-ddq - dd\pi)\, p\, \theta^2\, u}{2\, a\, dt^2} + \Psi\, \nu' - \int \frac{G(-dds - ddu)\, p\, \theta^2\, \pi}{2\, a\, dt^2} - \gamma\, \xi' = o.$$

$$5^{\circ}. \int \frac{G(-dds - ddu)\, p\, \theta^2\, z}{2\, a\, dt^2} + \gamma\, \chi' - \int \frac{G(-ddx - ddz)\, p\, \theta^2\, u}{2\, a\, dt^2} - \varphi\, \theta' = o.$$

$$6^{\circ}. \int \frac{G(-ddq - dd\pi)\, p\, \theta^2\, z}{2\, a\, dt^2} + \Psi\, \mu' - \int \frac{G(-ddx - ddz)\, p\, \theta^2\, \pi}{2\, a\, dt^2} - \varphi\, \zeta' = o.$$

Ces six équations donneront le mouvement du corps.

Pour avoir l'intégrale de $G\,dd\pi + G\,ddq$, & celle $G\,(-ddq - dd\pi)\,u$, il faut d'abord prendre les différences premiere & seconde de π, en faisant varier seulement e. y, & P, ensuite prendre l'intégrale en ne faisant varier que f, ξ, & b. Il en est de même des autres.

On peut simplifier les trois premieres équations, en remarquant que par la propriété du centre de gravité, on a $\int G\,(a-b)=o$, $\int G\,f\,\text{sin.}\,\xi=o$, $\int G\,f\,\text{cos.}\,\xi=o$. Car après la substitution des valeurs de π, u, z, dans ces équations, effaçant les termes qui seront multipliés par quelqu'une des trois quantités qu'on vient de trouver égales à zero, on réduira les trois premieres équations aux trois suivantes;

$$\int \frac{-G\,p\,\theta^2\,ddq}{2\,a\,dt^2} + \Psi = o. \qquad (F)$$

$$\int \frac{-G\,dds\,.\,p\,\theta^2}{2\,a\,dt^2} + \gamma = o \qquad (G)$$

$$\int \frac{-G\,ddx\,.\,p\,\theta^2}{2\,a\,dt^2} + \varphi = o. \qquad (H)$$

Par la même raison on simplifiera les trois autres, en considérant que $\int G\,.\,u=o$, $\int G\,.\,\pi=o$; &c. & par conséquent $ddq\int G\,.\,u=o$; $ddx\int G\,.\,\pi=o$ &c. Donc on aura

$$\int \frac{-dd\pi\,.\,p\,\theta^2\,u\,G}{2\,a\,dt^2} + \Psi\,\gamma' - \int \frac{-ddu\,.\,p\,\theta^2\,\pi\,G}{2\,a\,dt^2} - \gamma\,\xi' = o \qquad (L)$$

$$\int \frac{-ddu.p\theta^2 Gz}{2adt^2} + \gamma\chi' - \int \frac{-ddz.p\theta^2 Gu}{2adt^2}$$

$$-\varphi 6' = o \ldots\ldots\ldots\ldots\ldots\ldots\ldots\ldots \quad (M)$$

$$\int \frac{-dd\pi.p\theta^2 Gz}{2adt^2} + \Psi\mu' - \int \frac{G.-ddz.p\theta^2 \pi}{2adt^2}$$

$$-\varphi\zeta' = o \ldots\ldots\ldots\ldots\ldots\ldots\ldots\ldots \quad (N)$$

On peut remarquer dans ces équations, que $\pi ddu - udd\pi$ eſt $= d(\pi du - ud\pi)$; que de même $uddz - zddu$, eſt la différence de $udz - zdu$; & qu'enfin $\pi ddz - zdd\pi$ eſt celle $\pi dz - zd\pi$; ce qui pourra ſervir à abréger le calcul dans pluſieurs occaſions.

Par exemple, ſi $\Psi\nu'$, $\gamma\xi'$ &c. & les autres quantités analogues ne dépendoient point des variables π, z, u, on pourroit intégrer les équations précédentes en les réduiſant aux différences premières.

I X.

Suppoſons que le corps ne faſſe que de très-petites oſcillations dans tous les ſens, le calcul des équations devient beaucoup plus ſimple. Car alors on peut ſuppoſer de plus que l'axe Cp, qui a été pris arbitrairement, ne faſſe qu'un très-petit angle Π' avec Ce; & on aura $\sqrt{1 - yy} = \Pi'$ en négligeant les quantités infiniment petites du ſecond ordre; $y = 1$; coſ. $P = 1$, coſ. $e = 1$, ſin. $P = P$, ſin. $e = e$; donc on aura en négligeant les termes où Π', P, e, ſe trouveroient enſemble;

$$\pi = (a - b)\Pi' + f \text{ coſ. } \xi - fP \text{ ſin. } \xi$$

$$u = a - b - f \text{ coſ. } \xi . \Pi' + fe \text{ ſin. } \xi$$

$$z = f \text{ ſin. } \xi + fP \text{ coſ. } \xi - (a - b)e;$$

Donc nommant η l'angle que l'axe Cp (*figure* 15.) parcourt en s'approchant de Ce, & faisant attention que $d\eta = -d\Pi'$ & $dd\Pi' = -dd\eta$, on aura

$$dd\pi = -(a-b)\,dd\eta - f\,\text{sin.}\,\xi\, ddP;$$
$$ddu = +dd\eta\,.\,f\,\text{cos.}\,\xi + f\,dde\,\text{sin.}\,\xi;$$
$$ddz = +f\,ddP\,\text{cos.}\,\xi - (a-b)\,dde;$$

Donc en négligeant ce qu'on doit négliger (c'est-à-dire les quantités dP^2, $PddP$, $\Pi\, dd\eta$ &c. qui sont censées nulles par rapport à ddP, $dd\eta$, &c. lorsque P, η, &c. sont supposés excessivement petites, comme on le suppose ici), les trois équations L, M, N, deviendront les trois suivantes;

$$\frac{p\,\theta^2\,dd\eta}{2\,a\,dt^2}\int G\,(a-b)^2 + \frac{p\,\theta^2\,ddP}{2\,a\,dt^2}\int G\,.\,f(a-b)\,\text{sin.}\,\xi + \Psi\,\nu' = -\frac{p\,\theta^2\,dd\eta}{2\,a\,dt^2}\int Gff\,\text{cos.}\,\xi^2 + \frac{dde\,.\,p\,\theta^2}{2\,a\,dt^2}\int Gff\,\text{sin.}\,\xi\,\text{cos.}\,\xi + \gamma\,\xi' \quad \ldots\ldots\ldots\ldots\ldots \quad (P)$$

$$-\frac{dd\eta\,.\,p\,\theta^2}{2\,a\,dt^2}\int Gff\,\text{sin.}\,\xi\,\text{cos.}\,\xi - \frac{dde\,.\,p\,\theta^2}{2\,a\,dt^2}\int Gff\,\text{sin.}\,\xi^2 + \gamma\,\chi' = -\frac{ddP\,.\,p\,\theta^2}{2\,a\,dt^2}\int Gf(a-b)\,\text{cos.}\,\xi + \frac{dde\,.\,p\,\theta^2}{2\,a\,dt^2}\int G\,(a-b)^2 + \varphi\,\theta' \quad \ldots\ldots\ldots \quad (R)$$

$$\frac{dd\eta\,.\,p\,\theta^2}{2\,a\,dt^2}\int G\,(a-b)\,f\,\text{sin.}\,\xi + \frac{ddP\,.\,p\,\theta^2}{2\,a\,dt^2}\int Gff\,\text{sin.}\,\xi^2 + \Psi\,\mu' = -\frac{ddP\,.\,p\,\theta^2}{2\,a\,dt^2}\int Gff\,\text{cos.}\,\xi^2 + \frac{dde\,.\,p\,\theta^2}{2\,a\,dt^2}\int G\,(a-b)\,f\,\text{cos.}\,\xi + \varphi\,\zeta' \quad \ldots\ldots \quad (S)$$

X.

Si l'axe Cp passe, ou exactement, ou à-peu-près, par le centre de gravité de chacune des coupes $KC'H$ perpendiculaires à cet axe, on aura (en prenant G' pour les seules particules placées dans la coupe $KC'H$) $\int G'f$ sin. $\xi = o$, & $\int G'f$ cos. $\xi = o$; & par conséquent on aura pour chaque coupe $KC'H$, $\int G'f\,(a-b)$ sin. $\xi = o$, & $\int G'f\,(a-b)$ cos. $\xi = o$. Donc aussi $\int Gf\,(a-b)$ sin. $\xi = o$, & $\int Gf\,(a-b)$ cos. $\xi = o$. En ce cas les équations précédentes se simplifieront beaucoup.

Il en seroit de même, si une ligne menée par le point C, perpendiculairement à Cp, & parallèlement au plan $ZCez$, lorsque $t = o$, passoit, ou exactement, ou à-peu-près, par les centres de gravité de toutes les coupes du solide auxquelles cette ligne seroit perpendiculaire; car alors on auroit $\int G'\,(a-b) = o$, $\int G'f$ cos. $\xi = o$; & par conséquent $\int G(a-b)f$ sin. $\xi = o$, & $\int Gf$ cos. $\xi . f$ sin. $\xi = o$.

Enfin il en seroit de même encore, si la perpendiculaire à Cp, menée dans le plan $E'Ce$, lorsque $t = o$, passoit, ou exactement, ou à-peu-près, par le centre de gravité de chacune des coupes du solide, auxquelles elle seroit perpendiculaire. Car alors on auroit $\int Gf$ cos. ξ $(a-b) = o$, $\int Gf^2$ sin. ξ cos. $\xi = o$.

Il est à remarquer encore, que si le plan passant par l'axe Cp, & perpendiculaire au plan $ZCez$, lorsque $t = o$, divise, ou exactement, ou à-peu-près, le solide en deux portions égales & semblables, on aura les deux équations

$$\int G f^2 \text{ fin. } \xi \text{ cof. } \xi = o$$
$$\int G f \text{ fin. } \xi\,(a-b) = o.$$

X I.

Dans le cas de $\int G f$ fin. $\xi\ (a - b) = o$, de $\int G f^2$ fin. ξ cof. $\xi = o$, & de $\int G f\ (a - b)$ cof. $\xi = o$, on aura les équations

$$\frac{p\,\theta^2}{2\,a\,d\,t^2} \times [dd\pi \int G\,(a-b)^2 + dd\pi \times \int G f f \text{ cof. } \xi^2]$$
$$+ \Psi\,\nu' - \gamma\,\xi' = o \ldots\ldots\ldots\ldots\ldots (T)$$
$$\frac{p\,\theta^2}{2\,a\,d\,t^2} \times [-dd\epsilon \int G f f \text{ fin. } \xi^2 - dd\epsilon \times \int G\,(a-b)^2]$$
$$+ \gamma\,\chi' - \varphi\,\theta' = o \ldots\ldots\ldots\ldots\ldots (V)$$
$$\frac{p\,\theta^2}{2\,a\,d\,t^2} \times ddP \int G f f + \Psi\,\mu' - \varphi\,\zeta' = o \ldots (X)$$

A l'égard des équations (F), (G), (H), elles ne reçoivent aucun changement.

Le cas dont il s'agit ici, est celui d'un solide de révolution, ou à-peu-près tel, animé par trois forces quelconques Ψ, γ, φ.

X I I.

Il peut être quelquefois plus commode de rapporter le mouvement du corps, non aux lignes fixes CD, CB, mais aux lignes mobiles Ce, Cz (*fig.* 16.); en ce cas on prendra les formules (A) de l'Art. IV. & après avoir trouvé en conséquence les valeurs de z & de u, on mettra simplement e au lieu de fin. e, à cause que e est très-petit ; & au lieu de cof. e, on mettra $1 - \frac{e^2}{2}$.

On

On différentiera enſuite, pour avoir les valeurs de ddz & ddu; & laiſſant ſubſiſter les quantités dde, de^2, dans la différentielle du ſecond ordre qui en viendra, on effacera les termes où la quantité e ſe rencontre encore, parce que ces termes ſont nuls ou cenſés tels; e étant ici (*hyp*) une quantité infiniment petite. De plus, ſi dans cette différentielle on met $-d\varepsilon$ & $-dd\varepsilon$ pour de & dde, en prenant $d\varepsilon$ pour l'angle que parcourt la ligne Ce de e vers Z (lequel angle eſt égal à $-de$), on aura préciſément les formules qui ont été trouvées dans nos *Recherches ſur la préceſſion des Equinoxes*, Art. 43; ſavoir;

$$-ddu = -f \operatorname{coſ.} X \,.\, d\left(\frac{ydy}{\sqrt{1-yy}}\right) + \frac{2fdP \operatorname{ſin.} X \,.\, ydy}{\sqrt{1-yy}} - ddy(a-b) - fdd\varepsilon \operatorname{ſin.} X - 2fd\varepsilon\, dP \operatorname{coſ.} X - fddP \operatorname{ſin.} X \,.\, \sqrt{1-yy} - fdP^2 \times \operatorname{coſ.} X\sqrt{1-yy} + yd\varepsilon^2(a-b) - fd\varepsilon^2 \operatorname{coſ.} X \,.\, \sqrt{1-yy};$$

$$-ddz = \frac{2fd\varepsilon \,.\, ydy \operatorname{coſ.} X}{\sqrt{1-yy}} + 2d\varepsilon\, dy(a-b) + 2fd\varepsilon\, dP \times \operatorname{ſin.} X\sqrt{1-yy} + ydd\varepsilon(a-b) - fdd\varepsilon \operatorname{coſ.} X\sqrt{1-yy} - fddP \operatorname{coſ.} X + fdP^2 \operatorname{ſin.} X;$$

Enfin $-dd\pi = -fddy \operatorname{coſ.} X + 2fdy\, dP \operatorname{ſin.} X + fyddP \operatorname{ſin.} X + (a-b)\, d\left(\frac{ydy}{\sqrt{1-yy}}\right) + fydP^2 \operatorname{coſ.} X.$

De plus on mettra dans ces différentielles à la place de cos. X, sa valeur cos. $\xi + P =$ cos. ξ . cos. P — sin. ξ . sin. P ; & à la place de sin. X, sa valeur sin. $\xi + P =$ sin. ξ cos. P + sin. P cos. ξ.

Enfin dans les équations L, M, N, on mettra au lieu de π, u, z leurs valeurs trouvées dans l'Art. IV, mais simplifiées, en supposant cos. $e = 1$ & sin. $e = o$, ce qui donnera

$u = (a - b) y - f$ cos. ξ cos. $P \sqrt{1 - yy} + f$ sin. ξ sin. $P \sqrt{1 - yy}$;

$z = f$ sin. ξ cos. $P + f$ sin. P cos. ξ;

Et $\pi =$ comme dans le cas général, $(a - b) \sqrt{1 - yy} + f y$ cos. ξ cos. $P - f y$ sin. ξ sin. P.

Dans ce cas il faudra supposer que les puissances Ψ, γ, φ soient parallèles aux lignes CE', Ce, Cz, pour rendre le calcul plus facile.

XIII.

Dans le cas où le corps ne fait que de très-petites oscillations, si l'axe Cp du corps étoit supposé dans une situation telle, que l'angle initial pCD (*fig.* 18.) ne fût pas fort petit ; alors au lieu de y, on pourroit mettre cos. $K - n$, ou cos. $K + n$ sin. K, K exprimant l'angle initial pCD ; & au lieu de $\sqrt{1 - yy}$, on mettroit de même sin. $K - n$ cos. K ; d'où il est aisé de voir les changemens qui en résulteroient dans les valeurs de u, z, π ; ainsi que dans celles de ddu, ddz, $dd\pi$.

XIV.

Lorſque les oſcillations ſont fort petites, il eſt aiſé de voir que ſi on rapporte la puiſſance Ψ perpendiculaire au plan Zez, aux lignes Cz, Ce (*fig.* 16.), on aura, au lieu de $\Psi\mu'$, la quantité $\Psi\mu' - \Psi e\nu'$, & au lieu de $\Psi\nu'$, $\Psi\nu' + \Psi e\mu'$; d'où l'on voit que ſi μ' & ν' ſont l'une & l'autre fort petites, on pourra ſuppoſer les quantités $\Psi\mu'$ & $\Psi\nu'$ rapportées indifféremmment, la premiere à Ce ou CD, la ſeconde à CB ou Cz, parce que e étant fort petit, $e\nu'$, & $e\mu'$ ſont nuls par rapport à μ' & à ν'. Il en ſera de même des autres puiſſances γ, φ; à proportion, & *mutatis mutandis*.

XV.

De plus, lorſque les oſcillations du corps ſont fort petites, il eſt encore aiſé de voir que dde, ddP, & ddn ſont incomparablement plus grands que de^2, dP^2, dn^2, & que $dedP$, $dedn$, $dPdn$. C'eſt pourquoi on pourra effacer ces dernieres quantités dans les valeurs trouvées ci-deſſus, Art. XII, pour ddu, ddz, $dd\pi$, en ſe reſſouvenant que $dn = \frac{dy}{\sqrt{1-yy}}$, que $y = \text{coſ.}\,K + n$ ſin. K; & que $\sqrt{1-yy} = \text{ſin.}\,K - n\,\text{coſ.}\,K$; ce qui donnera (en faiſant K très-petit) les mêmes équations qu'on a trouvées dans l'Art. IX. ci-deſſus, en ſuppoſant que les puiſſances Ψ, γ, φ, puiſſent être indifféremment rapportées aux lignes Ce, Cz, ou CD, CB.

Du reste il est toujours aisé de voir par les Elémens de Géométrie, les changemens qu'il faut faire aux quantités $\psi\,\mu'$, $\psi\,\nu'$, &c. pour rapporter les puissances ψ, γ, φ, aux lignes de position variable Ce, Cz, c'est-à-dire, pour les changer en d'autres qui soient parallèles à CE', Ce, Cz.

X V I.

Pour trouver la loi des forces ψ, γ, φ, lorsque le corps est supposé tourner autour d'un axe fixe, soit que cet axe se meuve d'ailleurs ou non, d'un mouvement parallèle à lui-même ; on supposera que Cp soit cet axe, & se confonde avec Ce ; ce qui est permis, puisque Cp a été pris arbitrairement au-dedans du corps, & que la position du plan fixe Zez est aussi arbitraire ; & l'on aura $y = 1$, $\sqrt{1 - yy} = o$, $e = o$, fin. $e = o$, cof. $e = 1$; donc $\pi = f$ cof. $\overline{\xi + P} = f$ cof. ξ cof. P $- f$ fin. ξ fin. P ;

$u = a - b$, & par conséquent du & $ddu = o$;

$z = f$ fin. $\overline{\xi + P} = f$ fin. ξ cof. $P + f$ fin. P cof. ξ ;

D'où l'on tirera facilement les valeurs de ddz & $dd\pi$ en ne faisant varier que P ; & par conséquent la loi du mouvement du corps, en mettant ces valeurs dans les six premieres équations du §. VIII. De plus, si on suppose que l'axe Cp n'ait aucun mouvement de transport, on aura $dq = o$, $ds = o$, $dx = o$. C'est pourquoi on aura d'abord en général,

$$- \frac{p\,\theta^2}{2\,a\,d\,t^4}\frac{ddq}{}\int G - dd\frac{(\text{cof. } P)\,.\,p\,\theta^2}{2\,a\,d\,t^2} \times \int\int G \text{ cof. } \xi$$

$$+ dd\frac{(\text{fin. } P).p\,\theta^2}{2\,a\,d\,t^2}\times\int\!\!\int G\,\text{fin. }\xi+\Psi=o\;\ldots\;(\alpha)$$

$$-\frac{p\,\theta^2\,d\,d\,s}{2\,a\,d\,t^2}\int G+\gamma=o.\;\ldots\ldots\;(\beta)$$

$$-\frac{p\,\theta^2\,d\,d\,x}{2\,a\,d\,t^2}\int G-d\,d\,\frac{(\text{cof. } P)\,p\,\theta^2}{2\,a\,d\,t^2}\times\int\!\!\int G\,\text{fin. }\xi$$

$$-d\,d\frac{(\text{fin. } P).p\,\theta^2}{2\,a\,d\,t^2}\times\int\!\!\int G\,\text{cof. }\xi+\varphi=o\;\ldots\;(\gamma)$$

$$-\frac{d\,d\,q.p\,\theta^2}{2\,a\,d\,t^2}\int G(a-b)-dd(\text{cof. } P)\times\frac{p\,\theta^2}{2\,a\,d\,t^2}$$

$$\times\int G\int\text{cof. }\xi\;(a-b)+d\,d\,\frac{(\text{fin. } P).p\,\theta^2}{2\,a\,d\,t^2}\int\!\!\int(a-b)$$

$$\text{fin. }\xi.G+\Psi\,\gamma'=-\frac{d\,d\,s.p\,\theta^2.\text{cof. } P}{2\,a\,d\,t^2}\times\int\!\!\int\text{cof. }\xi.G$$

$$+\frac{d\,d\,s.p\,\theta^2}{2\,a\,d\,t^2}\text{fin. } P\times\int\!\!\int\text{fin. }\xi.G+\gamma\,\xi'\;\ldots\ldots\;(\delta)$$

$$-\frac{p\,\theta^2\,d\,d\,s}{2\,a\,d\,t^2}\text{cof. } P\int\!\!\int G\,\text{fin. }\xi-\frac{p\,\theta^2\,d\,d\,s}{2\,a\,d\,t^2}\text{fin. } P\int\!\!\int G$$

$$\text{cof. }\xi+\gamma\,\chi'=-\frac{p\,\theta^2\,d\,d\,x}{2\,a\,d\,t^2}\int G\,(a-b)-\frac{p\,\theta^2}{2\,a\,d\,t^2}$$

$$d\,d\,\text{cof. } P\int\!\!\int G\,\text{fin. }\xi\,(a-b)-\frac{p\,\theta^2}{2\,a\,d\,t^2}d\,d\,\text{fin. } P\int\!\!\int G$$

$$(a-b)\;\text{cof. }\xi+\varphi\,\theta'=o\;\ldots\ldots\ldots\ldots\;(\varepsilon)$$

Enfin $-\dfrac{d\,d\,q.p\,\theta^2}{2\,a\,d\,t^2}\;\text{cof. } P\int\!\!\int G\,\text{fin. }\xi-\dfrac{d\,d\,q.p\,\theta^2}{2\,a\,d\,t^2}$

$$\text{fin. } P\int\!\!\int G\;\text{cof. }\xi-\frac{p\,\theta^2}{a\,d\,t^2}d\,d\,(\text{cof. } P)\,\text{fin. } P\times\int\!\!\int\!\!\int G$$

$$+\frac{p\,\theta^2}{a\,d\,t^2}d\,d\,(\text{fin. } P)\;\text{cof. } P\times\int G\int\!\!\int+\Psi\,\mu'=-$$

$$\frac{p\,\theta^2}{2\,a\,d\,t^2}d\,d\,x\times\text{cof. } P\int\!\!\int G\;\text{cof. }\xi+\frac{p\,\theta^2\,d\,d\,x}{2\,a\,d\,t^2}$$

$$\times\,\text{fin. } P\int\!\!\int G\,\text{fin. }\xi+\Psi\,\zeta'\;\ldots\ldots\ldots\ldots\;(\vartheta)$$

Suppoſons maintenant que le point C ſoit fixement attaché, & que par conſéquent $dx = o$, $dq = o$, $ds = o$. Suppoſons de plus que le corps tourne autour de ſon axe; & que les puiſſances ψ, γ, φ, ſoient $= o$; ou aura les équations ſuivantes

$$dd \text{ coſ. } P \int\int G \text{ coſ. } \xi - dd \text{ ſin. } P \int\int G \text{ ſin. } \xi = o$$

$$dd \text{ coſ. } P \int\int G \text{ ſin. } \xi + dd \text{ ſin. } P \times \int\int G \text{ coſ. } \xi = o$$

$$dd \text{ coſ. } P \int\int G \text{ coſ. } \xi\, (a - b) - dd \text{ ſin. } P \int\int G \text{ ſin. } \xi\, (a - b) = o$$

$$dd \text{ coſ. } P \int\int G \text{ ſin. } \xi\, (a - b) + dd \text{ ſin. } P \int\int G \text{ coſ. } \xi\, (a - b) = o$$

$$dd \text{ coſ. } P \text{ ſin. } P - dd \text{ ſin. } P \text{ coſ. } P = o.$$

La derniere de ces équations donne $ddP = o$; d'où il s'enſuit que le mouvement de rotation eſt uniforme.

Les autres équations ne renfermant que la variable P, chacun de leurs termes en particulier doit être $= o$. ainſi ces équations donnent;

1°. $\int\int G \text{ coſ. } \xi = o$, $\int\int G \text{ ſin. } \xi = o$; d'où il s'enſuit que l'axe de rotation paſſe par le centre de gravité du corps;

2°. $\int\int G \text{ ſin. } \xi\, (a - b) = o$; $\int\int G \text{ coſ. } \xi\, (a - b) = o$.

Ainſi, quand même l'axe de rotation paſſeroit par le centre de gravité du corps, ſi ces deux dernieres équations n'ont pas lieu, il eſt impoſſible que l'axe de rotation ſoit une ligne fixe & invariable, comme on le ſuppoſe. On ne doit donc point ſuppoſer qu'un corps *quelconque* tourne uniformément autour d'un axe *quelconque*.

XVII.

Pour trouver en général l'axe autour duquel le corps tourne à chaque inſtant, ſoit que cet axe change de poſition ou non, on fera $d\pi + dq = o$, $ds + du = o$, $dx + dz = o$; & en ſubſtituant les valeurs de cette quantité, on trouvera dans chaque tranche perpendiculaire à Cp, le point qui ſera en repos ; ce point ſe déterminera par les valeurs de f ſin. X & de f coſ. X, que donnera la réſolution des équations. Mais on peut en venir plus ſimplement à bout de la maniere ſuivante.

On conſidérera d'abord que toute la difficulté ſe réduit à trouver les points immobiles, dans la ſuppoſition que le point C (pris à volonté dans le corps) n'ait aucun mouvement, c'eſt-à-dire, que l'on ait $q = o$, $s = o$, $x = o$, & par conſéquent auſſi $dq = o$, $ds = o$, $dx = o$. Car, quand il y a dans un corps une ſuite de points immobiles, ces points ne peuvent être qu'en ligne droite, comme il eſt aiſé de le prouver (*) ; cette ligne droite ſera donc l'axe de rotation du corps. Or cela poſé, ſi le mouvement du centre C, qui paſſe toujours par l'axe de rotation, puiſqu'on le ſuppoſe immobile, eſt perpendiculaire à cet axe ; rien n'eſt plus facile que de trouver dans chacun des plans perpendiculaires à l'axe de

(*) En effet, prenons deux de ces points, & joignons-les par une ligne droite, il eſt viſible que le corps tournera autour de cette ligne ; donc les autres points de cette ligne ſeront immobiles.

rotation, les points dont le mouvement eſt égal & contraire à celui du centre C; & ces points ſeront placés dans une ligne parallèle à l'axe de rotation qui paſſe par C, laquelle parallèle deviendra l'axe de rotation *réel* du corps. Dans toute autre hypothèſe, aucun des points du corps ne ſera immobile, & il n'y aura point d'axe de rotation.

Tout ſe réduit donc à chercher les points dans leſquels $d\pi = o$, $du = o$, $dz = o$.

Soit $y =$ coſ. Π, $\sqrt{1 - yy} =$ ſin. Π; on aura par les équations trouvées ci deſſus

$\pi = (a - b)$ ſin. $\Pi + f$ coſ. X coſ. Π;

$u = [(a - b)$ coſ. $\Pi - f$ coſ. X ſin. $\Pi]$ coſ. $e + f$ ſin. e ſin. X;

$z = f$ ſin. X coſ. $e - (a - b)$ ſin. e coſ. $\Pi + f$ coſ. X ſin. e ſin. Π.

D'où l'on tire les trois équations

f ſin. $X = z$ coſ. $e + u$ ſin. e

f coſ. $X = \pi$ coſ. Π — ſin. $\Pi \times (u$ coſ. $e - z$ ſin. $e)$

$a - b = \pi$ ſin. Π + coſ. Π $(u$ coſ. $e - z$ ſin. $e)$

La premiere ſe trouve en multipliant par coſ. e la valeur de z, & par ſin. e la valeur de u, & en ajoutant enſemble les deux équations.

La ſeconde, en multipliant par coſ. Π la valeur de π, par — ſin. Π coſ. e la valeur de u, & par + ſin. Π ſin. e la valeur de z, & en ajoutant les trois équations.

La troiſiéme enfin ſe trouve en multipliant par ſin. Π la valeur de π, par coſ. e coſ. Π celle de u, & par — ſin. e coſ. Π

cos. Π celle de z, & en ajoutant les trois équations.

Si on différentie la troisiéme équation en regardant $a - b$ comme constante, & en supposant $d\pi = o$, $du = o$, $dz = o$; on aura

$\pi d\Pi$ cos. $\Pi - d\Pi$ sin. Π (u cos. $e - z$ sin. e) + cos. Π $\times$ ($-ude$ sin. $e - zde$ cos. e) $= o$

Différentions de même la premiere & la seconde en prenant dP pour la différentielle de X, & en mettant dans les différentielles, au lieu de f cos. X sa valeur π cos. Π − sin. Π (u cos. $e - z$ sin. e), & au lieu de f sin. X sa valeur z cos. $e + u$ sin. e; nous aurons deux autres équations différentielles, dont la seconde étant comparée à celle que nous venons de trouver, donnera $\frac{dP \text{ cos. } \Pi}{d\Pi}$ (z cos. $e + u$ sin. e) $= u$ cos. $e - z$ sin. e, équation en z & en u, qui montre que la projection de tous les points immobiles, faite sur le plan $ZCez$, est une ligne droite; & si dans l'équation différentielle qu'on vient de trouver, on substitue à la place de u sa valeur en z, ou à la place de z sa valeur en u, tirée de l'équation différentielle précédente $\pi d\Pi$ cos. Π &c. on aura une autre équation en π & en z, ou en π & en u, qui montrera que la projection de tous les points immobiles, faite sur chacun des plans $E'CD$, $E'CB$, est aussi une ligne droite passant par C; d'où il s'ensuit que tous les points immobiles sont dans une même ligne droite passant par C, & qui sera par conséquent l'axe de rotation. Ce qui s'accorde avec ce qui a été remarqué plus haut. On trouvera la position de cet axe par le moyen de ses projections sur deux quelconques des trois plans $ZCez$, $E'CD$, $E'CB$.

Pour rendre le calcul plus simple, supposons dans les équations en z & en u, en z & en π, l'angle $e = o$, auquel cas on aura cos. $e = 1$, sin. $e = o$; dans cette hypothese les projections de l'axe de rotation seront rapportées aux plans ZCz, $E'Ce$, $E'Cz$ (*fig.* 16.) dont les deux derniers sont de position variable & donnée à chaque instant ; on aura pour lors $\frac{z\,dP\,\text{cos.}\,\Pi}{d\,\Pi} = u$, &

$\pi\,d\Pi\,\text{cos.}\,\Pi - u\,d\Pi\,\text{sin.}\,\Pi - z\,de\,\text{cos.}\,\Pi = o$. Donc

$$z\,dP\,\text{cos.}\,\Pi = u\,d\Pi \quad \ldots\ldots\ldots\ldots\ldots \quad (P')$$

$\pi\,d\Pi\,\text{cos.}\,\Pi = z\,dP\,\text{cos.}\,\Pi\,.\,\text{sin.}\,\Pi + z\,de\,\text{cos.}\,\Pi$;

$$\text{ou}\ \pi\,d\Pi - z\,dP\,\text{sin.}\,\Pi - z\,de = o. \quad \ldots\ldots \quad (Q')$$

$$\pi\,d\Pi\,\text{cos.}\,\Pi - u\,d\Pi\,\text{sin.}\,\Pi - \frac{u\,d\Pi\,.\,de}{dP} = o\,.\,.\,(R')$$

XVIII.

On pourroit aussi trouver l'axe de rotation d'une autre maniere, à-peu-près comme nous avons trouvé art. 72 de la *Précession des Equinoxes*, l'axe de rotation de la Terre; pour cela on différentiera les valeurs de π, u, z, & on fera dans les différentielles cos. $e = 1$, & sin. $e = o$; ce qui donnera

$$d\pi = -f\,d\Pi\,\text{cos.}\,X\,\text{sin.}\,\Pi - f\,dP\,\text{sin.}\,X\,\text{cos.}\,\Pi + (a-b) \times d\Pi\,\text{cos.}\,\Pi$$

$$du = -f\,d\Pi\,\text{cos.}\,\Pi\,\text{cos.}\,X - (a-b)\,d\Pi\,\text{sin.}\,\Pi + f\,de\,\text{sin.}\,X + f\,dP\,\text{sin.}\,\Pi\,\text{sin.}\,X$$

$dz = - de(a-b)$ cof. $\Pi + fde$ cof. X. fin. $\Pi + fdP$ col. X.

Or faifant chacune de ces quantités $= o$, on aura trois équations, dont la troifiéme fera une fuite néceffaire des deux premieres, ainfi que l'équation (R') eft une fuite néceffaire des deux équations (P'), (Q'). De plus les valeurs de $d\pi$, du, dz, fuppofées $= o$, donneront les mêmes équations que (P'), (Q'), (R'), comme il eft aifé de s'en affurer, en mettant dans ces dernieres, au lieu de π fa valeur $(a-b)$ fin. $\Pi + f$ cof. X cof. Π, au lieu de u fa valeur $(a-b)$ cof. $\Pi - f$ cof. X. fin. Π, & au lieu de z fa valeur f fin. X.

Les valeurs de $d\pi$, du, dz, fuppofées égales à zero, donneront

f cof. $X = \frac{fde}{d\Pi}$ cof. Π fin. X, & par conféquent $\frac{\text{fin. } X}{\text{cof. } X}$ ou tang. $X = \frac{d\Pi}{de \text{ cof. } \Pi}$; & $\frac{a-b}{f} = \frac{\text{fin. } \Pi \text{ cof. } X}{\text{cof. } \Pi} + \frac{dP \text{ fin. } X}{d\Pi}$; ou, ce qui eft encore plus commode f fin. $X = \frac{(a-b)\, d\Pi}{dP\left(1 + \frac{de}{dP} \text{ fin. } \Pi\right)}$; & f cof. $X = \frac{(a-b)\, de \text{ cof. } \Pi}{dP\left(1 + \frac{de}{dP} \text{ fin. } \Pi\right)}$; ce qui donnera les points immobiles fur chaque plan perpendiculaire à l'axe Cp, & éloigné de C de la quantité $a - b$.

XIX.

Si on ſuppoſoit que le point C fût fixement attaché, il eſt évident que le Problême qui conſiſte à trouver le mouvement du corps, ſe réſoudroit de la même maniere, & par les mêmes méthodes. Il faut ſeulement ſe ſouvenir qu'en ce cas les trois premieres équations du §. VIII. n'auroient pas lieu ici, non plus que les équations (F), (G), (H), qui en ſont dérivées. De plus, ſi le point C n'étoit pas le centre de gravité du corps, les équations $\int G u = o$, $\int G \pi = o$, n'auroient pas lieu pour lors, & par conſéquent les équations (L), (M), (N), ſeroient un peu plus compoſées.

XX.

Si le point C, qu'on ſuppoſe n'être plus le centre de gravité, n'étoit, ni abſolument fixe, ni abſolument libre; mais que ce fût l'extrémité d'un corps pointu, comme d'un cone, qui pût ſe promener librement ſur le plan $Ze z$, ſans quitter ce plan, tandis que les autres parties du corps ſeroient mues en pirouettant autour de ce point C; alors il faudroit faire quelques changemens aux formules du §. VIII.

En premier lieu, le mouvement du centre C parallèlement à CE' ſera $= o$ dans l'hypothèſe préſente; c'eſt pourquoi on aura $q = o$, & il faudra effacer dans les formules du §. VIII. tous les termes où q & ſes différences ſe rencontrent.

En second lieu, comme le point C est supposé appuyé sur le plan $Z e z$, il n'est pas nécessaire que la somme des forces $\frac{p \theta^2 G . d d q + p \theta^2 G . d d \pi}{2 a d t^2}$ ou $\frac{p \theta^2 G d d \pi}{2 a d t^2}$ soit égale à la force ψ ; il suffit que la résultante de ces forces, laquelle sera nécessairement perpendiculaire au plan $Z e z$, passe par le point C; c'est pourquoi, au lieu des six équations du §. VIII. on en aura cinq seulement, en supprimant la premiere, & laissant subsister les autres telles qu'elles sont; & il ne doit pas être surprenant que les six équations se réduisent à cinq, puisque q étant $= o$ (*hyp.*) il n'y a plus que cinq indéterminées.

Si les forces qui agissent sur le corps pirouettant, se réduisent à la pesanteur, on aura $\psi = M p$, en appellant M la masse du corps; & la direction de cette force passera constamment par le centre de gravité du corps. Donc si on nomme l la distance du centre de gravité au point C sur lequel le corps pirouette, on aura $\nu' = l y$ sin. $90 \mp e$ & $\mu' = l y$ cos. $90 \mp e$; le signe $-$ étant pour les formules (A) de l'Art. IV. & le signe $+$ pour les formules (B); ou, ce qui revient au même, $\nu' = l y$ cos. e, & $\mu' = \pm l y$ sin. e; donc substituant ces valeurs, & effaçant dans les équations du §. VIII. les quantités q, γ & φ, après avoir supprimé en entier la premiere équation (suivant ce qui vient d'être remarqué) on aura cinq équations plus simples, qui serviront à trouver le mouvement cherché.

Si $\psi = o$, c'est-à-dire, si le corps est supposé sans

peſanteur, les équations ſeront encore plus ſimples; car alors on aura

$$ds + du = A\,dt$$
$$dx + dz = B\,dt$$

$$M\,dt + \frac{2\,a\,t\,dt}{p\,\theta^2} = + ds \int G . \pi + \int G . (\pi\,du - u\,d\pi)$$

$$N\,dt + \frac{2\,a\,t\,dt}{p\,\theta^2} = - ds \int G . z + dx \int G . u + \int G . (u\,dz - z\,du)$$

$$P\,dt + \frac{2\,a\,t\,dt}{p\,\theta^2} = + dx \int G . \pi + \int G\,(\pi\,dz - z\,d\pi).$$

Telles ſont les équations par leſquelles on peut déterminer le mouvement d'un corps qui pirouette ſur une de ſes extrémités. Elles ſe déduiſent, comme l'on voit, fort aiſément de nos principes & de nos équations générales. Mais pour ne point trop groſſir cet Ouvrage, nous n'en dirons pas davantage là-deſſus, nous contentant d'avoir réduit le Problême à une ſimple queſtion d'analyſe.

X X I.

Ceux qui voudront voir une application importante & utile des principes expoſés dans ce Mémoire, pourront avoir recours, comme je l'ai déja dit, à mes *Recherches ſur la préceſſion des Equinoxes*, publiées en 1749. Il eſt inconteſtable que j'ai donné le premier dans cet Ouvrage la méthode pour trouver le mouvement d'un corps animé par des forces quelconques. Un ſavant Géometre a depuis mis au jour en 1752, dans les Mémoires de l'Académie des Sciences de Pruſſe pour l'année 1750, la ſolution de ce même Problême, qu'il paroît regarder comme entiérement nouvelle, quoiqu'il avoue enſuite dans le même Volume, pag. 412, que j'ai réſolu le premier le Problême de la préceſſion des Equinoxes, qui a un rapport immédiat & eſſentiel avec celui-ci. Ainſi le titre de *Découverte d'un nouveau principe de Méchanique*, que ce grand Géometre a donné à ſon Mémoire (d'ailleurs plein de recherches ſavantes & profondes), ne doit pas ſe prendre à la rigueur.

Fin du ſecond Mémoire.

TROISIÉME MÉMOIRE.

Recherches ſur les oſcillations d'un corps quelconque qui flotte ſur un fluide.

DANS mon *Eſſai d'une nouvelle théorie de la réſiſtance des fluides*, publié au commencement de 1752, j'ai donné une méthode générale pour déterminer les oſcillations d'un corps quelconque qui flotte ſur un fluide; 1°. ſoit que ces oſcillations ſoient ſimplement rectilignes, ou ſimplement curvilignes, ou rectilignes en un ſens, & curvilignes en un autre; 2°. ſoit qu'elles ſe faſſent dans un même plan, ou dans des plans qui varient à chaque inſtant; 3°. ſoit que le corps qui oſcille, ſoit diviſé ou non en deux parties égales & ſemblables par un plan vertical, paſſant par le centre de gravité du corps, & par celui de la partie ſubmergée; 4°. ſoit enfin que le fluide ſoit ſuppoſé en repos, ou en mouvement. Mais comme cette recherche ſur les oſcillations d'un corps flottant n'avoit pas un rapport direct à l'objet principal de mon *Eſſai ſur la réſiſtance des fluides*, je me

contenta

contentai de donner & d'expliquer la méthode pour résoudre le Problême généralement & dans tous les cas; & je n'entrai d'ailleurs dans aucun détail.

Depuis ce tems, le Tome XI des Mémoires de l'Académie de Petersbourg, imprimé en 1750, m'étant tombé entre les mains, j'ai vû qu'un savant Géometre avoit tenté de résoudre le même Problême, mais seulement pour le cas où le mouvement vertical du corps & son mouvement de rotation sont synchrones, où ces deux mouvemens se font dans le même plan, & où le fluide est considéré comme en repos.

L'Auteur paroît regarder comme extrêmement difficile la solution générale du Problême; cette raison me détermine à la donner ici avec plus d'étendue que je n'ai fait dans l'Ouvrage cité, à y joindre de nouvelles remarques, des éclaircissemens qui peuvent n'être pas inutiles; enfin, à la résoudre d'une maniere encore plus générale, en y ajoutant de nouvelles difficultés. La seule supposition que je ferai, c'est que les oscillations soient très-petites. Ce n'est pas que ma solution, ou plutôt ma méthode, ne puisse s'appliquer à des oscillations quelconques; mais les équations qui en proviendroient, seroient si compliquées, qu'il seroit vraisemblablement impossible d'en tirer aucune lumiere, ni d'arriver par ce moyen à un résultat clair & précis.

Je commencerai par les oscillations des figures planes situées verticalement, lorsque ces oscillations se font dans le plan même de ces figures; je traiterai ensuite des oscillations des corps composés de deux parties égales & semblables, lorsque ces oscillations se font dans le plan vertical qui passe par leur centre de gravité; enfin j'examinerai les oscillations d'un corps quelconque de figure irrégulière, soit qu'elles se fassent dans un même plan, ou qu'elles ne s'y fassent pas.

§. I.

Des oscillations des Figures planes.

Il est d'abord visible que tout ce que nous dirons des figures planes, s'applique de soi-même aux Cylindres qui auroient ces figures pour base, & dont l'axe seroit parallèle à la surface du fluide.

Soit donc *BODQ* (*fig.* 19.) le corps ou le plan situé verticalement sur le fluide, *BOD* la partie plongée, *LV* l'étendue de la surface du fluide, *C* le centre de gravité du corps, *G* celui de la partie enfoncée, *CT* une ligne verticale, & *GT* une perpendiculaire à cette ligne.

Soient nommées ensuite

La pesanteur . . . . p
Le corps *BODQ* . . . . M'
La partie enfoncée *BOD* au premier instant . . . . N
La densité du corps . . . . Δ
Celle du fluide . . . . δ
La surface *LV* du fluide . . . . k'
La partie *BA* de la ligne *BD* . . . . b

La partie AD . . . . a
La distance CA du centre C à BD . . . . e
La distance AT . . . . f
La petite ligne GT . . . . ζ
L'espace que le centre C parcourt verticalement pendant le tems t . . . . y.
L'espace que parcourt durant le même tems, en tournant de D vers O, un point quelconque placé à la distance 1 du centre C x
La somme des produits de chaque particule du corps, par le quarré de leur distance au centre de gravité, $\Delta . G$.
Enfin le tems qu'un corps pesant mettroit à tomber d'une hauteur quelconque, par exemple de la hauteur a . . . θ'.

On aura, comme je l'ai démontré, Art. 126 de l'Ouvrage cité, les deux équations suivantes, dans la seconde desquelles $R = \frac{N\delta}{\Delta M'} - 1$ (*).

$$(A) \ldots\ldots\ldots ddx = \frac{2\,a\,d\,t^2}{\theta'^2} \times \frac{\delta}{\Delta . G} \times [N\zeta - \frac{y(b^2 - a^2)k'}{2(k' - a - b)} - \frac{b^3 x}{3} - \frac{a^3 x}{3} - \frac{x(bb - aa)^2}{4(k' - a - b)} + Nx(e + f)].$$

$$(B) \ldots\ldots\ldots ddy = \frac{2\,a\,d\,t^2}{\theta^2}\left[R - \frac{\delta k' y (a + b)}{\Delta M'(k' - a - b)} - \frac{\delta k' x (bb - aa)}{2\Delta . M'(k' - a - b)}\right].$$

(*) Cette quantité que j'appelle ici R, a été nommée k, Art. 123 de mon *Essai sur la résistance des fluides*; la quantité qu'on nomme ici M', a été nommée M; & la quantité θ' a été nommée θ.

Pour intégrer ces équations, je suppose d'abord $\frac{2aN\zeta\delta}{\theta'^2\Delta.G} = M$; $\frac{a\delta k'(bb-aa)}{(k'-a-b)\Delta.G\theta^2} = \rho$; $\frac{2a\delta}{\theta'^2\Delta.G} \times \left[\frac{b^3}{3} + \frac{a^3}{3} + \frac{(bb-aa)}{4(k'-a-b)} - N(e+f)\right] = \sigma$; $\frac{2a\delta k'(a+b)}{\theta'^2.\Delta.M'(k'-a-b)} = \theta$; $-\frac{a\delta(bb-aa)k'}{\theta'^2.\Delta.M'(k'-a-b)} = \pi$; $\frac{2aR}{\theta^2} = k$; j'aurai les deux équations

(C) . . . . . $ddx = (M - \rho y - \sigma x)dt^2$

(D) . . . . . $ddy = (k - \theta y + \pi x)dt^2$

Pour les intégrer, suivant la méthode que j'ai donnée ailleurs, je multiplie la seconde par un coëfficient indéterminé ν, & je les ajoute ensemble; ce qui donne $ddx + \nu ddy = dt^2[M + k\nu + y(-\rho - \theta\nu) + x(\pi\nu - \sigma)$; je fais ensorte que $y(-\rho - \theta\nu) + x(\pi\nu - \sigma)$ soit un multiple de $\nu y + x$; ce qui donne $\frac{-\rho - \theta\nu}{\nu} = -\sigma + \pi\nu$; équation d'où l'on tirera deux valeurs de ν, que j'appelle ν & ν'; savoir

(E) . . . . $\nu = \frac{\sigma - \theta + \sqrt{(\sigma - \theta)^2 - 4\pi\rho}}{2\pi}$

(F) . . . . $\nu' = \frac{\sigma - \theta - \sqrt{(\sigma - \theta)^2 - 4\pi\rho}}{2\pi}$:

Faisant à présent $x + \nu y = u$, $x + \nu' y = u$, on aura

(G) . . . . . $ddu = [M + k\nu + (\pi\nu - \sigma)u]dt^2$

(H) . . . . $ddu' = [M + k\nu' + (\pi\nu' - \sigma)u]dt^2$;

d'où l'on tire par les méthodes connues,

(I) . . . . . . $u = \frac{M + k\nu}{\sigma - \pi\nu}(1 - \text{cos}.\, t\sqrt{\sigma - \pi\nu})$

$$(K) \ldots\ldots u' = \frac{M + k\nu'}{\sigma - \pi\nu'}\left(1 - \text{cof. } t\sqrt{\sigma - \pi\nu'}\right);$$

& les deux équations $x + \nu y = u$, $x + \nu' y = u'$, donneront

$$(L) \ldots\ldots y = \frac{u - u'}{\nu - \nu'}$$

$$(M) \ldots\ldots x = \frac{\nu' u - \nu u'}{\nu' - \nu};$$

ainſi le Problême eſt reſolu.

COROLLAIRE I.

Suppoſons d'abord que les deux valeurs de ν ſoient finies, réelles & inégales ; il faut en ce cas, pour que la ſolution précédente ſoit bonne, que $\sigma - \pi\nu$ & $\sigma - \pi\nu'$ ſoient toutes deux des quantités poſitives, ou au moins ne ſoient pas négatives. Sans cela $\sqrt{\sigma - \pi\nu}$, ou $\sqrt{\sigma - \pi\nu'}$, ou l'une & l'autre quantité feroient imaginaires ; alors les quantités cof. $t\sqrt{\sigma - \pi\nu}$, & cof. $t\sqrt{\sigma - \pi\nu'}$ feroient, ſuivant l'expreſſion connue des coſinus,

$$\frac{c^{\sqrt{(\pi\nu - \sigma)}\,t} + c^{-\sqrt{(\pi\nu - \sigma)}\,t}}{2};$$

$$\& \ \frac{c^{t\sqrt{\pi\nu' - \sigma}} + c^{-t\sqrt{\pi\nu' - \sigma}}}{2};$$

quantités qui ne renferment point d'imaginaires, ou dont l'une au moins n'en renferme pas, & qui croiſſent en même-tems que t ; d'où l'on voit que dans ce cas les oſcillations du corps ne feroient pas infiniment petites, ce qui eſt contre l'hypothèſe.

Ainſi, lorſque ν' & ν ſont toutes deux finies, réelles & inégales, il faut que $\sigma - \pi\nu > o$ & $\sigma - \pi\nu' > o$, pour que les oſcillations du corps ſoient infiniment petites; mettant donc à la place de ν & de ν' leurs valeurs tirées des équations (E) & (F), on aura pour le cas dont il s'agit, $\sigma + \theta > + \sqrt{(\theta - \sigma)^2 - 4\pi\rho}$, & $\sigma + \theta > - \sqrt{(\theta - \sigma)^2 - 4\pi\rho}$; par conſéquent il faut, 1°. que $\theta\sigma > - \pi\rho$; 2°. que $\sigma + \theta$ ſoit poſitif; 3°. que $(\theta - \sigma)^2$ ſoit plus grand que $4\pi\rho$, puiſqu'on ſuppoſe ici que les racines ne ſont point imaginaires. Donc ſuppoſant Ω, ω, ϖ des quantités poſitives quelconques, il faut que $\sigma + \theta = \Omega$; $\theta\sigma - \omega = - \pi\rho$; $(\theta - \sigma)^2 = 4\pi\rho + \varpi$.

COROLLAIRE II.

Lorſqu'un corps eſt en équilibre ſur un fluide, & qu'on le déplace un peu de cet état, on peut voir par les calculs précédens, ſi l'état d'équilibre étoit *ferme*, comme l'appelle M. Daniel Bernoulli, c'eſt-à-dire, ſi le corps reviendra de lui-même à cet état. Car il n'y a qu'à examiner ſi les oſcillations du corps doivent être très-petites, ou ſi elles ne le ſeront pas. Dans le premier cas le corps reviendra, ou tendra à revenir à ſon premier état; dans le ſecond il culbutera. V. l'Ouvrage cité, Art. 125, & le *Traité de Dyn.* Art. 147. ſeconde Edit.

COROLLAIRE III.

Suppoſons à préſent que les valeurs de ν & ν' ſoient imaginaires, enforte que $\nu = A + B\sqrt{-1}$, & $\nu' = A - B\sqrt{-1}$; fubftituant ces valeurs, & faifant

$M + kA$ . . . . $= \delta$

kB . . . . $= \varepsilon$

$\sigma - \pi A$ . . . . $= \varphi$

$-\pi B$ . . . . $= \gamma$

$\sqrt{\sigma - \pi A - \pi B\sqrt{-1}}$, ou, ce qui revient au même, $\sqrt{\varphi + \gamma\sqrt{-1}} =$ . . . . $\alpha + \beta\sqrt{-1}$ (*), on aura d'abord

$$u = \frac{\delta + \varepsilon\sqrt{-1}}{\varphi + \gamma\sqrt{-1}} \times [1 - \text{cof.}\, t\,(\alpha + \beta\sqrt{-1})];$$

or $\text{cof.}\, t\,(\alpha + \beta\sqrt{-1}) =$ par les formules connues $\text{cof.}\,\alpha t.\ \text{cof.}\, t\beta\sqrt{-1} - \text{fin.}\,\alpha t.\ \text{fin.}\, t\beta\sqrt{-1}$; de plus, $\text{cof.}\, t\beta\sqrt{-1} = \frac{c^{-\beta t} + c^{+\beta t}}{2}$, & $\text{fin.}\, t\beta\sqrt{-1} = \frac{c^{-\beta t} - c^{+\beta t}}{2\sqrt{-1}}$; donc multipliant par $\varphi - \gamma\sqrt{-1}$, le haut & le bas de la valeur de u, on aura

$u = [\delta\varphi + \varepsilon\gamma + (\varepsilon\varphi - \gamma\delta)\sqrt{-1}] \times [1 - \text{cof.}\,\alpha t \left(\frac{c^{\beta t} + c^{-\beta t}}{2}\right) + \frac{\text{fin.}\,\alpha t\,(c^{\beta t} - c^{-\beta t})}{2\sqrt{-1}}\Big)]$ divifé par $\varphi\varphi + \gamma\gamma$; & on aura de même

$u' = [\delta\varphi + \varepsilon\gamma + (\delta\gamma - \varepsilon\varphi)\sqrt{-1}] \times [1 - \text{cof.}\,\alpha t$

(*) Les quantités α & β fe trouveront par la méthode que j'ai donnée dans les Mémoires de Berlin 1746.

$$\left(\frac{c^{\beta t}+c^{-\beta t}}{2}\right)-\text{fin. } \alpha t\left(\frac{c^{\beta t}-c^{-\beta t}}{2\sqrt{-1}}\right)\Big]$$

divisé par $\varphi\varphi+\gamma\gamma$; donc

$$y=\frac{\epsilon\varphi-\gamma\delta}{B(\varphi\varphi+\gamma\gamma)}\times\left[1-\text{cof. } \alpha t\left(\frac{c^{\beta t}+c^{-\beta t}}{2}\right)\right]$$

$$+\frac{+\delta\varphi+\epsilon\gamma}{-B(\varphi\varphi+\gamma\gamma)}\text{ fin. } \alpha t\left(\frac{c^{\beta t}-c^{-\beta t}}{2}\right);$$

& $x=\left[\frac{(\epsilon\varphi-\gamma\delta)A-B(\delta\varphi+\epsilon\gamma)}{-B(\varphi\varphi+\gamma\gamma)}\right]\times\Big[1-\text{cof. } \alpha t$

$\left.\frac{(c^{\beta t}+c^{-\beta t})}{2}\right]+\left[\frac{(\delta\varphi+\epsilon\gamma)A+(\epsilon\varphi-\gamma\delta)B}{B(\varphi\varphi+\gamma\gamma)}\right]$

$\times \text{ fin. } \alpha t\left(\frac{c^{\beta t}-c^{-\beta t}}{2}\right)$.

COROLLAIRE IV.

Il eſt viſible que dans ce cas les valeurs de y & de x ne ſont plus très-petites, puiſque $c^{\beta t}$ croît à meſure que t croît; ainſi, 1°. la ſolution n'eſt pas bonne dans le cas où les deux valeurs de ν ſont imaginaires; 2°. dans ce même cas, l'état d'équilibre d'où le corps a été dérangé, n'étoit pas un état d'équilibre ferme, & le corps doit culbuter.

COROLLAIRE V.

Si $\pi=o$, la valeur de ν devient infinie, & celle de $\nu'=\frac{o}{o}$. Pour trouver ce qui doit arriver dans

ce

ce cas-là, ſuppoſons π infiniment petite, nous aurons $\sqrt{(\sigma-\theta)^2-4\pi\rho}=\sigma-\theta-\frac{2\pi\rho}{\sigma-\theta}$; d'où $\nu=\frac{\sigma-\theta}{\pi}$; $\nu'=\frac{\rho}{\sigma-\theta}$: donc

$u=\frac{k\nu}{\theta}(1-\text{cof.}\, t\sqrt{\theta})$, en négligeant la quantité M qui eſt nulle par rapport à la quantité infinie $k\nu$; $u'=\frac{M+\frac{k\rho}{\sigma-\theta}}{\sigma}(1-\text{cof.}\, t\sqrt{\sigma})$; donc y, ou $\frac{u}{\nu}=\frac{k}{\theta}(1-\text{cof.}\, t\sqrt{\theta})$; & $x=\frac{\nu' u-\nu u'}{\nu'-\nu}=\frac{\frac{\nu' u}{\nu}-u'}{\frac{\nu'}{\nu}-1}=u'-\frac{\nu' u}{\nu}=\frac{M+\frac{k\rho}{\sigma-\theta}}{\sigma}(1-\text{cof.}\, t\sqrt{\sigma})-\frac{\rho k}{(\sigma-\theta)\theta}(1-\text{cof.}\, t\sqrt{\theta})$, qui ſe réduit à $\frac{M}{\sigma}(1-\text{cof.}\, t\sqrt{\sigma})$, parce que quand $\pi=0$, on a auſſi $\rho=0$. Ces deux valeurs de y & de x peuvent au reſte ſe trouver directement, en effaçant dans les équations (*C*) & (*D*) les termes ρy & πx, & en intégrant ſéparément à l'ordinaire chacune de ces équations, qui ne contient plus alors qu'une ſeule inconnue x ou y.

Dans ce cas les oſcillations ſeront fort petites, & l'état d'équilibre ſera ferme, ſi σ & θ ſont toutes deux poſitives.

COROLLAIRE VI.

Si les deux valeurs de ν & de ν' ſont égales, alors

$v - v' = o$, & $u = u'$; & les formules de x & de y ne font rien connoître ; pour trouver quelle doit être alors leur valeur, je ſuppoſe que les valeurs de v différent d'une quantité infiniment petite α, enſorte que $v' = \alpha + v$, & j'aurai $\frac{M + kv'}{\sigma - \pi v'} = \frac{M + kv}{\sigma - \pi v} + \frac{k\alpha}{\sigma - \pi v}$

$$+ \frac{\pi\alpha(M + kv)}{(\sigma - \pi v)^2} = \frac{M + kv}{\sigma - \pi v} + \frac{k\alpha\sigma + \pi\alpha M}{(\sigma - \pi v)^2};$$

$$\text{coſ.}\, t\sqrt{\sigma - \pi v'} = \text{coſ.}\left[t\sqrt{\sigma - \pi v} - \frac{t\pi\alpha}{2\sqrt{\sigma - \pi v}}\right]$$

$$= \text{coſ.}\, t\sqrt{\sigma - \pi v} + \frac{t\pi\alpha}{2\sqrt{\sigma - \pi v}}\, \text{ſin.}\, t\sqrt{\sigma - \pi v};$$

donc mettant pour v' ſa valeur $\alpha + v$, & pour u' ſa valeur réſultante des expreſſions qu'on vient de trouver, on aura $y = \frac{M + kv}{\alpha(\sigma - \pi v)} \times \frac{t\pi\alpha}{2\sqrt{\sigma - \pi v}}\, \text{ſin.}\, t\sqrt{\sigma - \pi v}$

$$\frac{-k\alpha\sigma - \pi\alpha M}{-\alpha(\sigma - \pi v)^2}\left(1 - \text{coſ.}\, t\sqrt{\sigma - \pi v}\right)$$

$$= \frac{(-M - kv)\pi t\, \text{ſin.}\, t\sqrt{\sigma - \pi v}}{2(\sigma - \pi v)^{\frac{3}{2}}} + \frac{k\sigma + \pi M}{(\sigma - \pi v)^2} \times$$

$$\left(1 - \text{coſ.}\, t\sqrt{\sigma - \pi v}\right); \;\&\; x = \left[\frac{M + kv}{\sigma - \pi v}\right.$$

$$\left. - \frac{v(k\sigma + \pi M)}{(\sigma - \pi v)^2}\right] \times \left(1 - \text{coſ.}\, t\sqrt{\sigma - \pi v}\right)$$

$$+ \frac{v(M + kv)}{\sigma - \pi v} \times \frac{\pi t\, \text{ſin.}\, t\sqrt{\sigma - \pi v}}{2(\sigma - \pi v)^{\frac{3}{2}}}.$$

Si $\sqrt{\sigma - \pi v}$ étoit imaginaire, il n'y auroit pas plus de difficulté ; car alors coſ. $t\sqrt{\sigma - \pi v}$ ſeroit égal à la quantité exponentielle toute réelle $\frac{c^{t\sqrt{\pi\nu-\sigma}}+c^{-t\sqrt{\pi\nu-\sigma}}}{2}$

& $\frac{\text{fin.}\, t\sqrt{\sigma-\pi\nu}}{(\sigma-\pi\nu)^{\frac{1}{2}}}$ feroit $=\frac{c^{t\sqrt{\pi\nu-\sigma}}-c^{-t\sqrt{\pi\nu-\sigma}}}{2\sqrt{(\pi\nu-\sigma)}}$,

quantité qui eft auffi toute réelle.

Ainfi dans le cas où les deux valeurs de ν font égales, les valeurs de x & de y contiennent des arcs de cercle, & de plus des cofinus & des finus, fi $\sigma-\pi\nu$ eft pofitif; & des exponentielles ordinaires, fi $\sigma-\pi\nu$ eft négatif.

Donc dans l'un & l'autre cas, les ofcillations ne pourront être regardées comme infiniment petites, & l'état d'équilibre ne fera pas ferme. Il en faut excepter le cas où $\sigma-\pi\nu$ feroit pofitif, & dans lequel on auroit de plus $\pi=o$, ou $M+k\nu=o$; car alors les termes qui renferment l'arc t, difparoîtroient, & les autres ne renfermeroient que des cofinus d'angles.

COROLLAIRE VII.

Nous voici arrivés au feul cas qu'on ait confidéré jufqu'ici, celui du fynchronifme des deux vibrations, verticale & rotatoire.

Or il eft évident que ce fynchronifme aura lieu, fi l'une des valeurs de u, u', eft égale à zero; car alors pour un même t les deux valeurs de y & de x auront même rapport. Il faut donc que $M+k\nu$ foit $=o$, ou $M+k'\nu' =o$.

Donc, puifque l'on a en général $-\rho-\theta\nu=-\sigma$,

$+ \pi \nu \nu$, il s'ensuit qu'il y aura synchronisme dans les deux vibrations, lorsque $\frac{M}{k}$ sera égal à une des racines de l'équation $\frac{MM}{kk} + \frac{M}{k}\left(\frac{\sigma - \theta}{\pi}\right) = -\frac{\rho}{\pi}$.

REMARQUE I.

On pourroit croire aussi qu'une des valeurs de u seroit $= o$, lorsque $\sigma - \pi \nu$, ou $\sigma - \pi \nu'$ seroit $= o$; mais alors, comme il est aisé de le voir par la seule inspection des équations différentielles (G) & (H), la valeur de u ou celle de u' renfermeroit des arcs de cercle, à moins que $M + k \nu$ ne fût aussi $= o$; ce qui reviendroit au cas précédent.

REMARQUE II.

J'ai donné dans ma *Dynamique* (Art. 124 & suiv. seconde Edition) une méthode pour déterminer les cas où des vibrations de la nature de celle-ci seroient synchrones; mais ce détail me meneroit trop loin, & sans prétendre exclure les autres cas possibles, je me contenterai de dire que le synchronisme des vibrations aura encore lieu, si $\pi = o$, $\rho = o$, & $\sigma = \theta$, comme il est aisé de voir par l'intégration des équations (C) & (D) qui est alors très-facile; & on peut remarquer en passant que $\pi = o$ rend toujours $\rho = o$, puisque $\pi = o$ donne $b = a$, & que $b = a$ donne $\rho = o$. Au reste le cas de $\pi \neq o$, $\rho = o$, & $\sigma = \theta$, revient encore à celui de

$\frac{M^2}{k^2}\pi + \frac{M}{k}(-\theta + \sigma) = -\rho$; car cette équation aura lieu, $\frac{M}{k}$ étant tout ce qu'on voudra, si l'on a à la fois $\pi = o$, $\sigma = \theta$, & $\rho = o$.

COROLLAIRE VIII.

Donc en général les oscillations seront synchrones, si $\frac{M}{k}$ a la valeur déterminée par l'équation précédente. S'il y a encore d'autres cas possibles de synchronisme, on les déterminera par la méthode indiquée ci-dessus.

COROLLAIRE IX.

Supposons un corps pesant plongé dans un fluide, & en équilibre dans ce fluide, ensorte que N' soit sa partie enfoncée; on aura $\frac{N' \varrho}{\Delta M'} - 1 = o$, & $\zeta = o$.

Supposons à présent que le centre C s'éleve de la quantité α, & qu'en même-tems le corps se meuve circulairement de D vers O de la quantité ϵ; la partie enfoncée N deviendra $N' - \frac{k' \alpha (a+b)}{k' - a - b} - \frac{k' \epsilon (bb - aa)}{2(k' - a - b)}$, & l'on aura $\frac{N \delta}{\Delta M'} - 1 = - \frac{k' \alpha \delta (a+b)}{\Delta M' (k' - a - b)} - \frac{k' \epsilon \delta (bb - aa)}{2 \Delta (k' - a - b) M'} = R$; & par conséquent k, ou $\frac{2aR}{\theta'^2} = - \frac{k' \alpha \delta (a+b) . 2a}{\Delta M' (k' - a - b) \theta'^2} - \frac{2ak' \epsilon \delta (bb - aa)}{2 \Delta (k' - a - b) M' \theta'^2}$; la distance ζ du centre de gravité de la partie enfoncée, à la ligne verticale qui passe par le centre de gravité de la masse totale, sera $\varepsilon(e+f) - \frac{\alpha(b^2 - a^2)k'}{2N'(k' - a - b)}$ $- \frac{\varepsilon(bb - aa)^2}{4N'(k' - a - b)} - \frac{b^3 \varepsilon}{3N'} - \frac{a^3 \varepsilon}{3N'}$; & l'on aura $M = \frac{2aN'\delta}{\theta'^2 . \Delta . G} \times [\varepsilon(e+f) - \frac{\alpha(b^2 - a^2)k'}{2N'(k' - a - b)}$ $- \frac{\varepsilon(bb - aa)^2}{4N'(k' - a - b)} - \frac{b^3 \varepsilon}{3N'} - \frac{a^3 \varepsilon}{3N'}]$; donc $k = -\theta\alpha + \varepsilon\pi$; & $M = -\sigma\varepsilon - \alpha\rho$; donc les deux oscillations du corps seront synchrones, s'il y a entre α & ε le rapport indiqué par l'équation suivante

$$\left(\frac{\sigma\varepsilon + \alpha\varrho}{\theta\alpha - \varepsilon\pi}\right)^2 \pi + (\sigma - \theta)\left(\frac{\sigma\varepsilon + \alpha\varrho}{\theta\alpha - \varepsilon\pi}\right) = -\rho.$$

Si b & a sont exactement ou à-peu-près égales, alors $\pi = o$, $\rho = o$; & pour que l'équation précédente ait lieu, il faudra de plus que $\sigma = \theta$; donc on a pour lors l'équation $\frac{2a\delta}{\theta'^2 . \Delta . G} \times [\frac{2a^3}{3} - N'(e+f)]$ $= \frac{2a\delta}{\theta'^2 . \Delta . M'} \times \frac{2ak'}{k' - 2a}$; & par conséquent $\frac{2a^3}{3G}$ $- \frac{N' . \overline{e+f}}{G} = \frac{2ak'}{M'(k' - 2a)}$; équation qui doit avoir lieu, pour que les deux oscillations soient synchrones.

COROLLAIRE X.

Lorsque le corps fait des oscillations synchrones, telles qu'on vient de les déterminer, on a vû que x est à y en rapport constant : donc menant l'horizontale CP, si on prend $\frac{CP}{1} = \frac{y}{x}$, ce point *P* reſtera en repos ; car le mouvement de rotation de *P* ſuivant *P H*, ſera égal au mouvement *y* du centre *C.* Donc ce point *P* ſera le centre ſpontané de rotation du corps.

COROLLAIRE XI.

Le point *H* qui répond perpendiculairement au point *P*, a un mouvement vertical $= y$, & un mouvement circulaire $= x. CH$, & ce mouvement circulaire en produit deux autres, l'un vertical $= \frac{x \times CH \times CP}{CH} = x . CP$ $= y$, & en ſens contraire à *y*, c'eſt-à-dire, à *HP* ; l'autre horiſontal ſuivant *HB*, qui ſera égal $x . PH$. Ainſi le point *H* eſt bien à la vérité en repos dans le ſens vertical, mais nullement dans le ſens horiſontal. On auroit donc tort de regarder ce point *H* comme le vrai centre de rotation du corps, ainſi que M. Bouguer paroît l'avoir fait dans ſa *Manœuvre des Vaiſſeaux*, p. 260. On peut donc regarder la ſolution de ce ſavant Géometre comme incomplette & imparfaite, au moins à cet égard, puiſqu'on y fait abſtraction d'un mouvement horiſontal très-réel de ce point *H.*

J'ajouterai à cette occaſion que la ſolution de M. Bouguer eſt limitée, en ce qu'il ne conſidere que le cas où les deux oſcillations ſont ſynchrones. Il eſt vrai qu'il prétend qu'elles le doivent être, mais par une raiſon que les Mathématiciens trouveront bien peu ſatisfaiſante.

Si *les deux mouvemens*, dit-il, p. 259, *n'etoient pas exactement ſimultanés, ils ne ſe perpétueroient pas; il faut qu'ils s'accordent pour ne ſe pas détruire, & la néceſſité de cet accord fait que les plans de flottaiſon ſe coupent en quelque point H.* Certainement perſonne ne verra pourquoi ces mouvemens ſi indépendans l'un de l'autre, & ſi différens en quantité & en direction, doivent être ſimultanés pour ne ſe pas détruire. Il ne peut y avoir ici d'autres cauſes de deſtruction du mouvement, que la réſiſtance & la ténacité du fluide, dont on fait abſtraction, & qui doit auſſi empêcher les mouvemens ſynchrones de ſe perpétuer. Il eſt d'autant plus ſingulier que M. Bouguer ait été dans cette erreur, que dès 1752, cinq ans auparavant, j'avois donné dans mon *Eſſai ſur la reſiſtance des fluides*, la méthode de déterminer les deux mouvemens, ſoit dans le cas du ſynchroniſme, ſoit dans tout autre.

Je ne ſai pas au reſte ce que veut dire M. Bouguer quand il prétend, p. 260, que dans ce Problême, & en général dans les Problêmes de Méchanique, *le calcul fondé ſur quelque ſuppoſition fauſſe, demeure preſque toujours défectueux, à la différence des Problêmes de Géométrie, où l'on s'apperçoit du mécompte, en parvenant à des valeurs imaginaires.* On a vû au contraire par tout ce qui précéde, & on peut d'ailleurs s'aſſurer aiſément, que les fauſſes ſuppoſitions feront toujours corrigées par le dernier réſultat du calcul. Si on ſuppoſe, par exemple, que le centre monte au lieu qu'il deſcend, la valeur de de y sera négative : si le corps tourne dans un sens contraire à celui qu'on a supposé, la valeur de x sera négative : si les oscillations ne sont pas infiniment petites, les valeurs de x & de y l'indiqueront de même, & ainsi du reste.

COROLLAIRE XII.

Pour trouver en général la longueur du pendule simple isochrone au corps oscillant, on nommera CP, h', & on aura $x = \frac{y}{h'}$; donc l'équation (B) deviendra

$$ddy = \frac{2\,a\,d\,t^2}{\theta'^2}\left[R - \frac{\delta\,k'\,y\,(a+b)}{\Delta\,.\,M'\,(k'-a-b)} - \frac{\delta\,k'\,y\,(bb-aa)}{2\,h'\,\Delta\,.\,M'\,(k'-a-b)}\right]$$

; or appellant y l'arc parcouru par le pendule isochrone de longueur λ, on auroit $ddy = \frac{2\,a\,d\,t^2}{\lambda\,\theta^2} \times (K - y)$; & par conséquent

$$\frac{1}{\lambda} = \frac{\delta\,k'\,(a+b)}{\Delta\,.\,M'\,(k'-a-b)} + \frac{\delta\,k'\,(bb-aa)}{2\,h'\,\Delta\,.\,M'\,(k'-a-b)} ;$$

d'où il est aisé de conclure que la longueur du pendule simple cherché sera

$$\frac{\Delta\,.\,M'\,(k'-a-b)}{\delta\,k'\,(a+b) + \frac{\delta\,k'\,(bb-aa)}{2\,h'}} .$$

Et si on n'a point d'égard au mouvement du fluide, c'est-à-dire, si k' est infinie, cette longueur sera

$$\frac{2\,\Delta\,.\,M'\,h'}{2\,\delta\,h'\,(a+b) + \delta\,(bb-aa)} .$$

REMARQUE GÉNÉRALE.

Je n'ai point eu d'égard dans la solution des Problêmes précédens à la force centrifuge des parties du corps oscillant; mais il est facile de voir, que l'effet de ces forces doit être considéré comme nul, puisque la vitesse est infiniment petite, & que la force centrifuge est comme le quarré de la vitesse. D'ailleurs il est aisé de prouver que dans les oscillations d'une figure plane, ou d'un solide composé de deux parties égales, tel que nous venons de le supposer, la somme des forces résultantes des forces centrifuges est nulle, & que la somme des momens de ces forces l'est aussi. Donc &c.

§. II.

Des oscillations planes d'un corps irrégulier.

Nous supposons ici un corps irrégulier quelconque, avec cette seule condition, qu'il soit divisé en deux parties égales & semblables par le plan vertical dans lequel se trouvent le centre de gravité de la masse totale, & le centre de gravité de la partie enfoncée; conditions nécessaires, pour que les oscillations, tant rectilignes & verticales, que curvilignes, se fassent dans ce même plan, ainsi qu'on le suppose ici. Or cela posé, le Problême n'a aucune difficulté de plus que le précédent.

Soit donc *CBOD* (*fig.* 19.) le plan vertical qui passe par le centre de gravité *C* du corps, & par le centre de gravité G de la partie enfoncée, & soit $BYDZ$ (*fig.* 20.) la section horisontale du fluide & du corps; ensorte que les parties BZD, BYD soient égales & semblables. Ayant mené par le point A la ligne ZY perpendiculaire à BD, on nommera, comme ci-dessus,

La pesanteur . . . . p
Le corps enfoncé . . . . M'
La partie enfoncée au premier instant . . . . N
La densité du corps . . . . Δ
Celle du fluide . . . . δ
La surface du fluide . . . . K'
La portion de surface BYZ . . . . B
La portion DZY . . . . A
La distance AE du point A au centre de gravité E de la surface $BZDY$ . . . . R'
Le solide que formeroit la surface BZY, en tournant de la quantité infiniment petite x autour de ZAY . . . . $xq.b^3$
Le solide formé dans la même hypothèse par la partie ZDY . . . . $xp.a^3$
La distance du centre de gravité du premier de ces solides à la ligne ZY . . . . r
La distance du centre de gravité du second à la même ligne . . . . s
La somme des produits des particules par le quarré de leur distance à un axe horizontal passant par C . . . . G
Et le reste comme ci-dessus; on aura

$$(N) \ldots ddx = \frac{2\,a\,dt^2}{\theta'^2} \times \frac{\delta}{\Delta . G} \times \Big[N\mathsf{G} - \frac{y(A+B)R'K'}{K'-A-B} - xqb^3r - xpa^3s - \frac{xqb^3R'(A+B)}{K'-A-B}$$

$$+ \frac{xpa^3(A+B)R'}{K'-A-B} + Nx(e+f) \Big].$$

$$(O) \ldots ddy = \frac{2\,a\,dt^2}{\theta'^2} \Big[R - \frac{\delta K'y(A+B)}{\Delta . M'(K'-A-B)}$$

$$- \frac{K'x(qb^3-pa^3)\delta}{(K'-A-B)\Delta . M'} \Big].$$

On intégrera ces équations, comme on a fait ci-devant les équations (L), (M); & on en tirera des conclusions semblables; il n'y aura à cela aucune difficulté nouvelle.

REMARQUE I.

Si on nomme h la distance du centre de gravité de la partie A à ZY, & l la distance du centre de gravité de la partie B à ZY, on aura par les propriétés connues du centre de gravité $(A+B)R' = B.l - A.h$; $xqb^3 = xB.l$; $xpa^3 = x.Ah$; & par conséquent $qb^3 = B.l$; $pa^3 = A.h$, & $qb^3 - pa^3 = (A+B).R'$. On peut substituer ces valeurs dans les équations précédentes (N), (O).

REMARQUE II.

Pour avoir la quantité r, on prendra la somme des produits des ordonnées ut de la partie BZY par la partie infiniment petite $\theta\lambda$ de l'abscisse, & par le quarré de

$A\theta$, & on divisera ce produit par $q \cdot b^3$; on fera de même pour avoir s dans la partie $Z\,D\,Y$.

COROLLAIRE I.

Si la distance $A\,E$ est fort petite, on pourra alors supposer $R' = o$, & effacer dans les équations (N), (O), les termes où R' se rencontre.

COROLLAIRE II.

Si de plus les parties $B\,Z\,Y$, $Z\,D\,Y$, sont à très-peu-près égales & semblables, on pourra mettre B au lieu de A, r au lieu de s, & $q\,b^3$ au lieu de $p\,a^3$; ce qui simplifiera encore les équations.

COROLLAIRE III.

Les deux cas précédens auront lieu à la fois, si le corps qui oscille, est un solide de révolution dont l'axe soit presque vertical. C'est pourquoi ou aura dans ce cas

$$(P) \ldots\ldots ddx = \frac{2\,a.\,d\,t^2}{\theta.'^2} \times \frac{\delta}{\Delta\,.\,G} \times [NG - 2\,r\,x\,.\,h\,A + N\,x\,(e + f)].$$

$$(Q) \ldots\, ddy = \frac{2\,a\,d\,t^2}{\theta'^2} \times \left[R - \frac{2\,\delta\,K'\,y\,A}{\Delta\,M\,(K' - 2\,A)}\right].$$

§. III.

Des oscillations d'un corps solide quelconque de figure irréguliere.

Quoique j'aie aussi traité ce sujet dans l'Ouvrage déja

cité, & que j'aie donné tous les principes pour réſoudre le Problême, je crois cependant qu'on ne ſera pas fâché d'en voir ici l'application, & la ſolution même rendue à certains égards plus générale & plus facile. Je ſuppoſerai d'abord que le fluide a une ſurface infinie, & par conſéquent n'a aucun mouvement avec le corps; au reſte après ce que nous avons dit ci-deſſus, il eſt facile, ſi l'on veut, d'avoir égard à cette circonſtance, qui rend le calcul plus compliqué, ſans rendre le Problême plus difficile. J'aurai ſoin de plus, ce qui n'a pas été exactement obſervé dans les figures de mon Ouvrage, d'y placer les différens points d'une maniere conforme au diſcours.

Soit donc *BZDY* (*fig.* 21.) la commune ſection du corps flottant, & de la ſurface du fluide au premier inſtant du mouvement, *A* le point de cette ſurface *BZDY*, ſur lequel tombe la perpendiculaire ou verticale menée du centre de gravité du corps, *BAD* une ligne menée *à volonté* par ce point *A*; je dis *à volonté*, ce qu'il faut bien remarquer, parce que nous ſerons les maîtres dans la ſuite de donner à cette ligne la poſition que nous jugerons la plus propre à ſimplifier le Problême; ſoit enfin *ZAY* perpendiculaire à cette ligne.

Imaginons préſentement que du centre de gravité de la partie enfoncée au premier inſtant du mouvement, on tire une ligne verticale qui tombe au point *G* de la ſurface *BZDY*; cette verticale doit être très-peu éloignée de la verticale qui paſſe par le centre de gravité du corps, puiſqu'on ſuppoſe que le corps ne fait que de très-petites oſcillations. Ainſi tirant les lignes $\mathfrak{C} I$, $\mathfrak{C} \delta$ perpendiculaires à *A B*, *A Y*, ces lignes ſeront fort petites.

Pour embraſſer la queſtion de la maniere la plus générale, & ſous un point de vûe qui pourroit même être utile dans d'autres occaſions, je pourrois ſuppoſer que le centre décrivît une courbe quelconque à double courbure. Mais je prouverai rigoureuſement dans la ſuite, ce qui eſt d'ailleurs aſſez clair par ſoi-même, que le centre de gravité ne doit réellement avoir qu'un mouvement vertical; je ſuppoſerai d'abord qu'il ait en effet ce ſeul mouvement, & je ferai voir que ma ſuppoſition eſt légitime. De plus les parties du corps tournent en même-tems autour de ce centre; & pour repréſenter leur mouvement de la maniere la plus générale, voici de quelle maniere je m'y prends.

J'imagine d'abord un plan vertical *B Q D H* (*fig.* 22.) qui paſſe par le centre de gravité *C* du corps, par la verticale *C A*, & par la ligne *B A D*; je tire dans ce plan l'horizontale $C\pi$, & dans le même plan *à volonté* la ligne Cp qui faſſe un très-petit angle avec $C\pi$; & je ſuppoſe que ce plan tourne autour de la verticale *Q A*, tandis que la ligne Cp tourne elle-même autour du point *C*, en reſtant dans ce même plan. Je ſuppoſe enfin, que durant ce double mouvement, un plan perpendiculaire à Cp ſe meuve outre cela autour de Cp d'un mouvement angulaire; par le moyen de ce triple mouvement on repréſentera, comme il eſt évident, & de la maniere la plus générale, tous les mouvemens que peuvent avoir autour du centre de gravité *C* les parties du corps flottant. Voyez *le Mémoire précédent*, §. I & II.

Je ſuppoſe enfin, comme dans les *Recherches ſur la préceſſion des Equinoxes*, afin de pouvoir adapter à la queſtion préſente les formules de cet Ouvrage, que le mouvement angulaire du plan *BQDH* autour de *CA* (*fig.* 22.) ſe faſſe de *D* vers *Y* (*fig.* 20.); que le mouvement angulaire de la ligne *Cp* (*fig.* 22.) ſe faſſe de *p* vers π; qu'enfin le mouvement angulaire du plan perpendiculaire à *Cp*, autour de cette ligne *Cp*, ſe faſſe de maniere que la partie *BZD* (*fig.* 20.) s'enfonce, & que la partie *BYD* ſe releve.

Cela poſé, ſoient γ, γ', les centres de gravité des ſolides infiniment petits que forment les parties *ZDY*, *ZBY*, en tournant infiniment peu autour de *ZY*; *R*, *S*, les centres de gravité des ſolides infiniment petits que forment les parties *BYD*, *BZD*, en tournant autour de *BD*; enfin *a* le centre de gravité de l'aire totale *BZDY*; ſoient à préſent nommées les données & les inconnues de la maniere ſuivante:

La peſanteur . . . . *g*
La partie enfoncée au premier inſtant . . . . *N*
Le corps entier . . . . *M*.
La denſité du corps . . . . Δ
Celle du fluide . . . . δ
BA . . . . *b*

AD. .

AD . . . . a

La distance *CA* (*fig.* 22.) du centre de gravité à *BD* . . . . e

La distance de la surface *BZDY* (*fig.* 21.) au centre de gravité de la partie enfoncée *N* . . . . f

AI . . . . ε

Iε . . . . ζ

L'espace que le centre *C* (*fig.* 22.) parcourt verticalement pendant le tems t . . . . y

L'espace que parcourt circulairement dans le même tems & dans le plan *BQDH* un point quelconque à la distance 1 du centre *C* x

L'espace que parcourt circulairement autour de l'axe *Cp* un point quelconque à la distance 1 de l'axe *Cp* de rotation . . . . *P*

L'angle de rotation du plan *BQDH* autour de *CA* . . . ι

Les solides très-petits que forment *ZBY* (*fig.* 21.) *ZDY* par leur rotation autour de *ZY* . . . $x.q.b^3$ & $x.p.a^3$

Les solides très-petits que forment *BZD*, *BYD* en tournant autour de *BD* . . . . . $P.p'.AZ^3$ & $P.q'AY^3$

La somme des produits des particules du corps par le quarré de leurs distances à *Cp* (*fig.* 22.), ou, ce qui revient au même, à l'horizontale $C\pi$ . . . . *K*

La somme des produits des mêmes particules par le quarré de leurs distances à un plan passant par *C* & perpendiculaire à *Cp* ou $C\pi$ . . . . M''

La somme des produits des mêmes particules par le produit de leurs distances à deux plans, l'un horizontal passant par $C\pi$, l'autre vertical & perpendiculaire à $C\pi$ . . . . Ω

La ſomme des produits des mêmes particules par le produit de leurs diſtances à un plan horizontal paſſant par $C\pi$, & à un plan vertical paſſant par la même ligne $C\pi$. Σ

La ſomme des produits des mêmes particules par le produit de leurs diſtances à un plan vertical paſſant par $C\pi$, & à un plan vertical perpendiculaire à $C\pi$. . Θ

Enfin la ſomme des produits des particules par le quarré de leurs diſtances à un plan horizontal paſſant par $C\pi$ . . . . Ξ

Toutes ces dénominations poſées, il eſt aiſé de voir dans la fig. 21. par la méthode employée & détaillée dans l'*Eſſai ſur la réſiſtance des fluides*;

1°. Que le centre de gravité de la partie enfoncée après le tems t, aura parcouru dans le ſens de AI l'eſpace $x(e+f) - uA . \frac{x . q . b^3}{N} - \frac{VA . x . p . a^3}{N} + \frac{P . z' A . p' . AZ^3}{N} - \frac{P . q' . yA . AY^3}{N} - \frac{Y . BZDY . Ab}{N}$; à quoi il faut ajouter $AI = \mathfrak{G}$, pour marquer ce que la diſtance AI eſt devenue à la fin du tems t.

2°. On trouvera de même que le chemin du centre de gravité de la partie enfoncée, ſuivant $I\mathfrak{G}$, eſt $P(e+f) - \frac{P . q' . AY^3 . yR}{N} - \frac{P . p' . AZ^3 . SZ'}{N} + \frac{x . u\gamma' . q' . b^3}{N} - \frac{x . V\gamma . p . a^3}{N} + \frac{Y . BZDY . ba}{N}$. De plus il faudra ajouter à cette quantité la ligne $I\mathfrak{G} = \zeta$, pour avoir l'expreſſion de cette diſtance à la fin du tems t.

Enfin la partie enfoncée à la fin du tems t, sera $N - y . BZDY + x . p . a^3 - x . q . b^3 - AY^3 . P . q' + AZ^3 . P . p'$.

Cela fait, & nous servant ici des formules du Mémoire précédent sur les mouvemens d'un corps de figure quelconque, on considérera que dans l'hypothèse présente;

1°. $\Psi =$ au produit de la densité δ du fluide par la partie enfoncée, moins le poids du corps.

2°. $\gamma = o$, & $\varphi = o$; donc par les formules (G) & (H) du Mém. précéd. le centre n'a qu'un mouvement vertical.

3°. $- \Psi \nu' =$ au produit de $g \delta N$ par ce que devient ζ à la fin du tems t.

4°. $- \Psi \mu' =$ au produit de $g \delta N$ par ce que devient ζ à la fin du tems t.

De plus, comme on a nommé ici y ce qui a été nommé q dans le Mémoire cité, x ce qui a été nommé n, ϵ ce qui a été nommé e, & g ce qui a été nommé p; on aura les équations $M' . \Delta ddy = \frac{2adt^2}{\theta'^2} \times \frac{\Psi}{g}$;

$$\Delta ddx (M'' + \Xi) + \Delta ddP . \Theta - \Delta dd\epsilon . \Sigma + \frac{2 \Psi a \nu' dt^2}{g \theta'^2} = o.$$

$$\Delta ddx \times - \Sigma + ddP . \Delta \Omega - \Delta dd\epsilon [K - \Xi - M''] = o.$$

$$\Delta ddx . \Theta + \Delta ddP (K) - \Delta dd\epsilon . \Omega + \frac{2 a \Psi \mu' dt^2}{\theta'^2 g} = o.$$

Mettant dans ces équations à la place de $- \Psi \nu'$ & $- \Psi \mu'$ leurs valeurs déja trouvées en x, y, P & en conſtantes, & mettant pour $dd\epsilon$ dans la ſeconde & la quatriéme équation ſa valeur en ddx & ddP tirée de la troiſiéme, enfin faiſant enſorte que la ſeconde équation ne contienne que ddx, & la quatriéme que ddP, ce qui ſe fera en chaſſant ddP de la ſeconde équation, & ddx de la quatriéme; on aura des équations de la forme ſuivante;

$$ddy + (A + Bx + Cy + D.P)\,dt^2 = o$$
$$ddx + (A' + B'x + C'y + D'.P)\,dt^2 = o$$
$$ddP + (A'' + B''x + C''y + D''.P)\,dt^2 = o,$$
$$\& \ \epsilon = \frac{\Omega.P - x.\Sigma}{K - \Xi - M''}.$$

Or j'ai donné dans les Mémoires de l'Académie des Sciences de Pruſſe, année 1748, des méthodes pour intégrer les trois premieres équations. Donc le Problême eſt réſolu.

Si le corps qui oſcille eſt à-peu-près ſphérique, ayant d'ailleurs une figure irréguliere quelconque, on aura $\Omega = o$, $\Sigma = o$, $\Theta = o$, $\Xi = \frac{K}{2}$; les équations précédentes ſe ſimplifieront beaucoup, & l'on aura $\epsilon = o$; & $M'\Delta\,ddy = \frac{2\,a\,dt^2.\Psi}{\theta'^2\,g}$; $\Delta\,ddx\,(2\,M'' + K) + \frac{4\Psi\,a\,\nu'\,dt^2}{g\,\theta'^2} = o$; $\Delta\,ddP.K + \frac{2\,a\,\Psi\,\mu'\,dt^2}{g\,\theta'^2} = o$.

De plus il eſt aiſé de voir que dans ce cas on aura $ab = o$, $Ab = o$, $AZ = AY$; $SZ' = yR$; $a = b$; $u\gamma' = V\gamma = o$; $uA = VA$; $AZ' = Ay$; $q = p$; $q' = p'$; & $q = q'$; donc on aura $\Psi = (\delta.N - \delta y.BZDY$

$- \Delta : M') g; - \Psi \nu' = g \delta N [\text{б} + x (e + f) - \frac{2 VA . p . a^3 x}{N}]; - \Psi \mu' = g \delta N [\zeta + P (e + f) - \frac{2 P . q' . y R . AY^3}{N}]$; & par conſéquent $M' \Delta ddy = \frac{2 a dt^2}{\theta'^2} \times [\delta N - \Delta M' - \delta y . BZDY]$; $\Delta ddx (2 M'' + K) = \frac{4 a dt^2}{g \theta'^2} \times g \delta N [\text{б} + x (e + f) - \frac{2 VA . p . a^3 x}{N}]$; $\Delta . K ddP = \frac{2 a dt^2}{g \theta'^2} \times g \delta N [\zeta + P (e + f) - \frac{2 P . q' . y R . AY^3}{N}]$.

Dans ce cas on voit encore que $VA = yR$, & $AY = a$, ou AD, puiſqu'il s'agit d'un ſolide à-peu-près ſphérique, & que $BYDZ$ eſt par conſéquent à-très-peu-près un cercle, dont A eſt le centre ; de plus on a dans ce même cas $M = \frac{K}{2}$; & par conſéquent $2 M + K = 2 K$; ainſi on trouvera par l'intégration des équations précédentes, que P & x ſeront à-peu-près entr'elles, dans la raiſon conſtante de ζ à б ; d'où il eſt aiſé de conclure que les oſcillations du corps, pour tourner autour de ſon centre, ſe feront dans un plan vertical paſſant par la ligne Aб qui joindroit les points A, б dans la figure 21.

Si ſans regarder le corps comme à-peu-près ſphérique, on ſuppoſe ſa figure telle que l'on ait à la fois $\Omega = 0$, $\Sigma = 0$, $\Theta = 0$, $\Xi = \frac{K}{2}$, comme nous l'avons ſupposé pour simplifier le calcul dans l'*Essai sur la résistance des fluides*, on aura les mêmes équations qu'on a trouvées ci-dessus pour le cas de la figure à-peu-près sphérique; $M' \Delta ddy = \frac{2adt^2 \Psi}{\theta'^2 g}$; $\Delta ddx (M'' + \frac{K}{2}) + \frac{2 \Psi a \nu' dt^2}{g \theta'^2} = 0$; $\Delta . KddP + \frac{2 a \Psi \mu' dt^2}{\theta'^2 g} = 0$.

Supposons présentement $\frac{2aN\delta}{\theta'^2 M' \Delta} - \frac{2a}{\theta'^2} = k$; $\frac{2a\delta . BZDY}{\theta'^2 \Delta . M'} = \theta$; $\frac{(p . a^3 \delta - q . b^3 \delta) 2a}{\Delta . M' . \theta'^2} = \pi$; $\frac{P . p' . \delta . AZ^3 - P . q' . \delta AY^3}{\delta . M' . \theta'^2} \times 2a = \chi$; $\frac{2aN\delta\zeta}{\Delta . K . \theta'^2} = A$; $\frac{2aN\delta(e+f)}{\Delta . K . \theta'^2} - \frac{q' . y R . AY^3}{N} \times \frac{2a\delta . N}{\Delta . K . \theta'^2} - \frac{2a\delta N}{\Delta . K , \theta'^2} \times \frac{p' . S Z' . A Z^3}{N} = B$; $\frac{2a\delta}{\Delta . K . \theta'^2} (u \gamma' q . b^3 - V \gamma . p . a^3) = C$; $\frac{2a\delta}{\Delta . K . \theta'^2} \times BZDY . ab = D$; $\frac{2aN\delta \mathrm{6}}{(\frac{K}{2} + M'')\theta'^2 \Delta} = M$; $\frac{2aN\delta}{\frac{K}{2} + M''} \times \frac{e+f}{\Delta . \theta'^2} - \frac{2a\delta . uA . q . b^3}{(\frac{K}{2} + M'')\theta'^2 \Delta} - \frac{2a\delta . VA . pa^3}{(\frac{K}{2} + M'') . \Delta . \theta'^2} = \upsilon$; $\frac{2a\delta . BZDY . Ab}{(\frac{K}{2} + M'') . \Delta . \theta'^2} = \rho$; enfin $\frac{2a\delta . Z' A . p' . AZ^3}{(\frac{K}{2} + M'') . \Delta \theta'^2} - \frac{2a\delta . y A . q' . AY^3}{(\frac{K}{2} + M'') \Delta . \theta'^2} = \Psi$; & on aura les trois équations suivantes;

$(B') \ldots\ldots ddx = (M - \rho y + \sigma x - \Psi P)\, dt^2$

$(C') \ldots\ldots ddy = (k - \theta y + \pi x + \chi . P)\, dt^2$

$(D') \ldots\ldots ddP = (A + B . P + Cx + Dy)\, dt^2.$

J'ai donné dans plusieurs Ouvrages (entr'autres dans les Mémoires de l'Académie de Berlin de 1748 & 1750), la méthode pour intégrer ces sortes d'équations; & je laisse au Lecteur le détail de l'intégration de celles-ci.

REMARQUE I.

J'observerai encore, que comme la ligne BAD a une position arbitraire par l'hypothèse, je puis la supposer placée de maniere qu'elle passe par le centre de gravité a de l'aire $BZDY$, & qu'ainsi $ab = o$, & par conséquent $D = o$. On peut donc simplifier toujours l'équation (D') en effaçant le terme $+ Dy$, quelle que soit la figure du corps.

REMARQUE II.

De plus, si la figure $BZDY$ est composée de deux parties égales & semblables, & que la ligne Aa tirée par le centre de gravité a, partage, ou exactement, ou à-peu-près, cette figure en ces deux parties, on aura $uy' = o$; $Vy = o$; & par conséquent $C = o$; par la même raison $\chi = o$, & $\Psi = o$; ainsi on aura

$(E') \ldots ddP = (A + B . P)\, dt^2$, équation facile à intégrer.

$(F') \ldots\ldots ddy = (k - \theta y + \pi x)\, dt^2$;

$(G') \ldots\ldots ddx = (M - \rho y + \sigma x)\, dt^2$; deux équations très-faciles à intégrer par les méthodes rappellées ci-dessus.

Si le solide est divisé, ou exactement, ou à-peu-près en deux parties égales & semblables par un plan vertical passant par l'axe $C\pi$, en ce cas l'on a $\Sigma = o$, & $\Theta = o$; on aura donc les trois équations $M'\Delta ddy = \frac{2adt^2}{\theta'^2} \times \frac{\Psi}{g}$; $\Delta ddx(M'' + \Xi) + \frac{2\Psi a\nu' dt^2}{\theta'^2 g} = o$; $ddP\left(\Delta.K - \frac{\Omega\Omega\Delta}{K - \Xi - M''}\right) + \frac{2a\Psi\mu'.dt^2}{\theta'^2 g} = o$. Et $\epsilon = \frac{P.\Omega}{K - \Xi - M''}$. Donc conservant les noms donnés ci-dessus, excepté qu'au lieu de $\frac{K}{2} + M''$ on mettra $\Xi + M''$, & au lieu de $\Delta.K$, la quantité $\Delta.K - \frac{\Omega\Omega\Delta}{K - \Xi - M''}$, on aura les mêmes équations E', F'; G' qu'on a trouvées ci-dessus.

Ce cas est celui des oscillations des Navires, dont on peut par conséquent déterminer le tangage & le roulis par l'intégration des trois équations dont on vient de parler. C'est sur quoi il ne paroît pas nécessaire d'entrer dans un plus grand détail; mais on doit voir maintenant qu'il ne reste plus de difficulté dans la solution de tous les Problêmes qu'on peut proposer sur cette matiere.

Fin du troisiéme Mémoire.

QUATRIÉME

QUATRIÉME MÉMOIRE.

Remarques sur les Loix du mouvement des fluides.

I.

Soit *ABFE* (*fig.* 23.) un vase que nous considérerons d'abord comme plan, & dans lequel soit renfermé un fluide homogene; soit $CP = x$, $PM = y$, $PO = z$; θ une fonction indéterminée du tems t écoulé depuis le commencement du mouvement; Q la vitesse du fluide parallèlement à CP; P sa vitesse parallèlement à PM; j'ai démontré, Art. 148 de mon *Essai sur la résistance des fluides*, que $Q = \theta q$, $P = \theta p$, q & p étant des fonctions de x & de z. Ces équations sont fondées sur cette considération, que le rapport de Q à P ne doit point renfermer le tems t, lorsque $z = y$; car puisque le fluide contigu aux parois BMF coule le long de ces parois, on doit avoir alors $\frac{Q}{P} = \frac{dx}{dy} =$ à une fonction de x & de y. Donc lorsque $z = y$, on a $\frac{Q}{P} =$ à une fonction de x & de y, quel que soit t; ce qui ne sauroit être, à moins que l'on n'ait $Q = q\,\theta$, & $P = p\,\theta$. A la vérité cette équation n'auroit pas lieu, s'il n'y avoit point de vase, & si le fluide étoit indéfini *en tout sens*. Mais cette supposition n'a point lieu dans la nature.

J'ai démontré outre cela dans l'Ouvrage cité, que si on suppose $d(\theta q) = q\,T\,dt + \theta\,A\,dx + \theta\,B\,dz$, & $d(\theta p) = p\,T\,dt + \theta\,A'\,dx + \theta\,B'\,dz$, on aura; 1°. $B' = -A$, ou $\frac{dp}{dz} = -\frac{dq}{dx}$; 2°. (en nommant g la gravité) $\frac{d(g - B\theta p - A\theta q - qT)}{dz} = \frac{d(-\theta q A' - \theta p B' - pT)}{dx}$; or comme cette équation doit être identique, les parties $\frac{d(-qT)}{dz}$ du premier membre, & $\frac{d(-pT)}{dx}$ du second doivent être égales séparément du reste; on aura donc $\frac{dq}{dz} = \frac{dp}{dx}$; & par conséquent $A' = B$; & cette équation, avec celle qu'on a trouvée ci-dessus, $B' = -A$, satisfait au reste de l'équation $\frac{d(g - B\theta p - A\theta q)}{dz} = \frac{d(-\theta q A' - \theta p B')}{dx}$, comme il est aisé de s'en assurer par le calcul. Donc puisque $\frac{dp}{dx} = \frac{dq}{dz}$, & $\frac{dp}{dz} = -\frac{dq}{dx}$, il s'ensuit que $p\,dz + q\,dx$ & $p\,dx - q\,dz$ sont des différentielles complettes. Ce qui s'accorde parfaitement & sans restriction avec ce qui a été trouvé dans l'Ouvrage cité.

II.

Donc, par la méthode expliquée Art. 58 du même Ouvrage, si on fait $x + z\sqrt{-1} = u$, $x - z\sqrt{-1} = v$, on aura $p = \frac{\phi u + \Delta v}{2}$, $q = \frac{\phi u - \Delta v}{2\sqrt{-1}}$, ϕu & Δu exprimant des fonctions quelconques de u & de v. Donc $p\,dx - q\,dz$ sera $= \frac{du\,\phi u + dv\,\Delta v}{2}$ & $q\,dx + p\,dz$ sera $= \frac{du\,\phi u - dv\,\Delta v}{2\sqrt{-1}}$. Donc l'intégrale de la premiere quantité sera $\Gamma u + \Xi v$, Γu & Ξv exprimant aussi des fonctions quelconques de u & de v. Et l'intégrale de la seconde sera $\frac{\Gamma u - \Xi v}{\sqrt{-1}}$.

III.

Lorsque $PO = PM$, c'est-à-dire, lorsque $z = y$, on a $dx : dz :: q : p$, puisque le fluide contigu aux parois du vase, se meut suivant ces parois. Donc alors $p\,dx - q\,dy = o$. Donc l'équation de la courbe BMF est $\Gamma u + \Xi v = M$, M étant une constante, & u étant égal à $x + y\sqrt{-1}$, comme v à $x - y\sqrt{-1}$.

IV.

Lorsque la ligne CP divise le vase en deux parties égales & semblables, les points du fluide placés dans cette ligne, n'ont de vitesse que dans le sens vertical

CP, & n'en ont aucune dans le fens horizontal. Donc $p = o$; donc lorfque $z = o$, on a $\varphi(x + z\sqrt{-1}) + \Delta(x - z\sqrt{-1}) = o$; donc $\Delta . x = -\varphi x$; donc $\Delta(x - z\sqrt{-1}) = -\varphi(x - z\sqrt{-1})$. Donc l'équation de la courbe *BMF* fera pour lors $\Gamma u - \Gamma v = M$.

V.

Ainfi le Problême ne pourra être réfolu, toutes les fois qu'on ne pourra donner à l'équation de la courbe *BMF* la forme $\Gamma u - \Gamma v = M$; & par conféquent on voit déja qu'il y a un très-grand nombre de cas où le Problême ne peut être réfolu analytiquement & rigoureufement, quoiqu'un grand Géometre ait prétendu (*) qu'il pouvoit toujours l'être, & qu'on pouvoit toujours trouver deux quantités Γu & Γv, telles, que $\Gamma u - \Gamma v$ fût $= M$.

Pour faire fentir par un exemple très-fimple la vérité de ce que nous avançons, foit, par exemple, $x + y = a$, l'équation de la courbe *BMF*, qui fera pour lors une ligne droite ou portion de ligne droite, inclinée vers l'axe *CD* à un angle de 45 degrés; on aura en fubftituant pour x & y leurs valeurs $\frac{u+v}{2}$ & $\frac{u-v}{2\sqrt{-1}}$; l'équation $u\left(\frac{1}{2} + \frac{1}{2\sqrt{-1}}\right) + v\left(\frac{1}{2} - \frac{1}{2\sqrt{-1}}\right) = a$; qui ne peut être réduite à cette forme $\Gamma u - \Gamma v = M$,

(*) Voyez les Mémoires de Berlin 1755, p. 359 & fuiv.

puisqu'il faudroit qu'on eût $u\left(\frac{1}{2}+\frac{1}{2\sqrt{-1}}\right)+v$ $\left(\frac{-1}{2}-\frac{1}{2}\sqrt{-1}\right)=a$.

V I.

Pour trouver la fonction θ qui doit multiplier les quantités q & p, voici comment on s'y prendra. Soit l'origine des x & des z en C (*fig.* 24.), & soit $CB=A$; il faudra qu'en faisant $x=o$, on ait $\Gamma(x+y\sqrt{-1})-\Gamma(x-y\sqrt{-1})=\Gamma A\sqrt{-1}-\Gamma-A\sqrt{-1}$; d'où l'on voit que l'équation de la courbe BMF est en général $\Gamma(x+y\sqrt{-1})-\Gamma(x-y\sqrt{-1})=\Gamma A\sqrt{-1}-\Gamma-A\sqrt{-1}$. Or nommant Cb, β, soit imaginée la courbe bmf analogue à BMF, & dont l'équation soit en général $\Gamma(x+z\sqrt{-1})-\Gamma(x-z\sqrt{-1})=\Gamma\beta\sqrt{-1}-\Gamma-\beta\sqrt{-1}$; il est clair que les particules du fluide suivront toujours chacune de ces courbes bmf; car il est évident que dans ces courbes bmf on a $\frac{dx}{dz}=\frac{q}{p}=\frac{\theta q}{\theta p}$; d'où l'on voit encore que le rapport des vitesses verticale & horizontale, en un point quelconque m, dépendra uniquement de la position de ce point, & non du tems; & que ce rapport sera toujours le même pour chaque point m.

Cela posé, si on fait $C\beta$ infiniment petite, & qu'on imagine la courbe $\beta\mu\varphi$ infiniment proche de l'axe CD; nommant $C\beta$, α, on aura $\Gamma\alpha\sqrt{-1}-\Gamma-\alpha\sqrt{-1}$

$= \Gamma(x + z\sqrt{-1}) - \Gamma(x - z\sqrt{-1})$; & puisque z est ici infiniment petite, & que $d\Gamma x = dx\varphi x$, comme on l'a supposé plus haut, on aura $\Gamma(x + z\sqrt{-1}) = \Gamma x + z\sqrt{-1}.\varphi x$; & de même $\Gamma(x - z\sqrt{-1}) = \Gamma x - z\sqrt{-1}.\varphi x$. Donc l'équation de la courbe $\mathfrak{C}\mu\varphi$ sera $\Gamma a\sqrt{-1} - \Gamma - a\sqrt{-1} = 2z\sqrt{-1}\,\varphi x$. De plus on a par la même raison q ou $\frac{\varphi(x + z\sqrt{-1})}{2\sqrt{-1}}$ $+ \frac{\varphi(x - z\sqrt{-1})}{2\sqrt{-1}} = \frac{\varphi x}{\sqrt{-1}}$; d'où l'on voit que chaque ordonnée $\omega\mu$ ou z de la courbe $\mathfrak{C}\mu\varphi$ est en raison inverse de la vitesse θq du point ω suivant ωD, & qu'ainsi le fluide se meut dans l'espace $DC\mathfrak{C}\varphi$, comme il feroit dans un vase infiniment étroit.

Or quand une masse donnée de fluide $C\mathfrak{C}\varphi D$ se meut dans un tel vase, & qu'après le tems t elle parvient de la situation $C\mathfrak{C}\varphi D$ dans la situation $C'\mathfrak{C}'\varphi' D'$, on peut avoir facilement par les méthodes que j'ai expliquées dans mon *Traité des Fluides*, Art. 100 & 101, une équation entre t, & CC' que je nomme ξ; de plus on a par l'équation de la courbe BMF, la valeur de Γx; par conséquent celle de φx; par conséquent celle de q en $\varphi\xi$; par conséquent celle de q en t, puisqu'on a la valeur de ξ en t; enfin on a $dt = \frac{d\xi}{\theta q}$, ou $\theta = \frac{d\xi}{q\,dt}$; donc substituant pour ξ sa valeur en t, dans le second membre de cette équation, on aura la quantité cherchée θ, au moins par les quadratures.

VII.

Puisque $dt = \frac{dx}{q\theta}$, on aura $\theta\, dt = \frac{dx}{q}$; c'est pourquoi cherchant sur les courbes $\mathfrak{b}\mu\varphi$, bmf, BMF &c. les points $\mathfrak{b}'$, K, R &c. où la quantité $\int \frac{dx}{q}$ soit la même, on aura la courbe $C'KR$ que la surface du fluide forme à chaque instant ; & l'équation de cette courbe $C'KR$ sera $\int \frac{dx}{q} = \int \theta\, dt$.

Pour avoir cette équation exprimée en coordonnées rectangles CN, x, & NK, s, on mettra dans q, au lieu de z sa valeur exprimée par x & par la constante Cb, qu'on a appellée $\mathfrak{b}$; cette valeur se tirera de l'équation de la courbe bmf, qui est $\Gamma(x + z\sqrt{-1}) - \Gamma(x - z\sqrt{-1}) = \Gamma\mathfrak{b}\sqrt{-1} - \Gamma - \mathfrak{b}\sqrt{-1}$: on intégrera ensuite la quantité $\int \frac{dx}{q}$, en regardant $\mathfrak{b}$ comme constant, & x comme variable ; enfin dans l'intégrale on remettra au lieu de $\mathfrak{b}$ sa valeur en x & en z ; & à la place de z on mettra s qui lui est égale, & qui n'en differe qu'en ce que s représente l'ordonnée NK dans la courbe $C'KR$, & z la même ordonnée NK dans la courbe bKF ; ainsi on aura l'équation de la courbe $C'KR$, dont le premier membre sera une fonction connue de x & de s, & le second sera $= \int \theta\, dt$, & par conséquent $=$ à une fonction de t ; ensorte que t pourra être ici regardé comme le parametre de la courbe $C'KR$, laquelle change de place & de forme à chaque instant.

VIII.

Mais cette courbe $C'KR$ doit avoir encore une autre propriété; c'est que la force perdue par chaque particule K doit être perpendiculaire à cette courbe en K; d'où l'on tire, comme il résulte de l'Art. 152 de l'Ouvrage cité, l'équation $-\frac{ds}{dx}=\frac{g-qT-Aq\theta-Bp\theta}{-pT-A'q\theta-B'p\theta}$, T étant supposé $=\frac{d\theta}{dt}$; & par conséquent (si on met pour B sa valeur A' ou $\frac{dp}{dx}$, & pour A' sa valeur B ou $\frac{dq}{dz}$, enfin pour A & pour B' leurs valeurs $\frac{dq}{dx}$ & $\frac{dp}{dz}$) on aura $gdx=T(pds+qdx)+\theta$ $\left(\frac{qdq}{dx}dx+\frac{pdp}{dx}dx+\frac{qdq}{dz}ds+\frac{pdp}{dz}ds\right)$. Donc comme z est ici égal à s, on aura $gx+\vartheta=T\int pds$ $+qdx+\frac{\theta}{2}(qq+pp)$, ϑ étant une fonction indéterminée de t; on remarquera de plus, que la quantité $\int pds+qdx$ est intégrable (§. I.), & peut être représentée par une fonction de x & de s, puisque $pdz+qdx$ est intégrable, comme on l'a vû ci-dessus.

Pour trouver la fonction ϑ, on observera qu'au point C' on a $z=o$, & par conséquent $s=o$, $x=\xi$, & $\xi=$ à une fonction connue de t; c'est pourquoi mettant dans l'équation l'équation ci-dessus (après avoir intégré $p\,ds + q\,dx$), au lieu de x la valeur de ξ en t, & effaçant les termes où s se trouve, on aura la valeur de ϑ exprimée en t.

IX.

Il faut que cette nouvelle équation de la surface courbe $C'KR$ s'accorde avec celle qui a été trouvée précédemment §. VII. Si elles sont différentes, & si l'une ne peut être réduite à l'autre, c'est une marque que la solution analytique du Problême est impossible.

Ce n'est pas tout; ce que nous avons dit de la surface supérieure, doit avoir lieu de même pour la surface inférieure; nouvelles conditions qui limitent encore davantage la solution du Problême.

Enfin, il faut encore que les forces perdues soient dirigées de haut en bas dans la surface supérieure, & de bas en haut dans l'inférieure, pour que l'équilibre soit possible.

On voit par-là qu'il y a bien peu de cas où l'on puisse trouver analytiquement & rigoureusement le mouvement d'un fluide dans un vase, même en faisant abstraction du frottement & de la ténacité des parties du fluide. On peut donc s'en tenir, ce me semble, dans le plus grand nombre des cas, à la méthode que j'ai donnée dans mon *Traité des Fluides*, laquelle fournit des résultats assez conformes à l'expérience, quoiqu'elle ne soit pas dans la rigueur Mathématique.

X.

Dans le §. I. ci-dessus, nous avons fait voir que l'équation $\frac{d(qT)}{dz} = \frac{d(pT)}{dx}$, devoit avoir lieu; & qu'ainsi $A' = B$; il n'y a qu'un seul cas où cette équation ne soit pas indispensable, c'est celui où T seroit $= \theta$, c'est-à-dire ou θ seroit $= ac^t$, a étant une quantité quelconque; car alors faisant disparoître les quantités θ & T de l'équation $\frac{d(g - B\theta p - A\theta q - qT)}{dz} = \frac{d(-\theta q A' - \theta p B' - pT)}{dx}$, & simplifiant d'ailleurs cette équation, on auroit $\frac{d(Bp + Aq + q)}{dz} = \frac{d(A'q + B'p + p)}{dx}$: d'où l'on tire $\frac{pdq}{dz}dx + \frac{qdq}{dx}dx + qdx + \frac{qdp}{dx}dz + \frac{pdp}{dz}dz + pdz$ = à une différentielle complette; & retranchant de cette quantité $\frac{qdq}{dx}dx + \frac{qdq}{dz}dz + \frac{pdp}{dx}dx + \frac{pdp}{dz}dz$ qui est aussi une différentielle complette, on aura $(pdx - qdz)\left(\frac{dq}{dz} - \frac{dp}{dx}\right) + qdx + pdz$ = à une différentielle complette. De plus, comme $B' = -A$, on a aussi $pdx - qdz$ = à une différentielle complette.

X I.

De-là il s'ensuit, que quand le tems t entre dans l'expression de la vitesse du fluide, le seul cas où il ne soit pas nécessaire que $p\,dz + q\,dx$ soit une différentielle en même-tems que $p\,dx - q\,dz$ (qui l'est toujours nécessairement) est celui où θ seroit $= a\,c^{t}$; or ce cas ne peut jamais avoir lieu que dans l'hypothèse où le fluide auroit reçu une impulsion primitive; car dans tout autre cas, où le fluide se mouvroit par sa seule pesanteur, ou par d'autres forces accélératrices quelconques, sa vitesse seroit $= o$ lorsque t seroit $= o$; ainsi θ ne pourroit être $= a\,c^{t}$.

Il ne suffit pas que l'impulsion donnée soit telle que $\theta = a\,c^{t}$; il faut encore que les quantités p & q soient telles, que $p\,dx - q\,dz$ & $(p\,dx - q\,dz)\left(\frac{dq}{dz} - \frac{dp}{dx}\right) + p\,dz + q\,dx$, soient l'une & l'autre des différentielles complettes.

Il faut de plus que les autres conditions énoncées dans les §. VII, VIII & IX. soient observées; ce qui limite encore le nombre des cas où l'équation $A' = B$, n'a pas nécessairement lieu, & ce qui rendra peut-être ces cas absolument impossibles, si toutes les conditions énoncées ci-dessus ne peuvent avoir lieu à la fois; question de pur calcul que je laisse à examiner à d'autres.

XII.

Il est au moins certain par tout ce qu'on vient de dire, que toutes les fois qu'un fluide sera mû par la seule impulſion de ſa peſanteur, ce qui eſt le cas le plus ordinaire, il faudra néceſſairement que $pdx - qdz$, & $pdz + qdx$ ſoient chacune des différentielles complettes, pour que le mouvement du fluide puiſſe être ſoumis au calcul analytique.

Lorſque le fluide a une maſſe finie & un mouvement progreſſif, il eſt évident que le tems t doit entrer dans l'expreſſion de ſa viteſſe, puiſque la viteſſe de chaque particule dépendra non-ſeulement de ſa ſituation, mais encore du tems qu'il y a que le fluide eſt en mouvement. Si le fluide étoit indéfini, & qu'on ſuppoſât ſon mouvement arrivé à un état conſtant, alors t n'entreroit plus dans l'expreſſion de la viteſſe; mais on ſent bien que l'hypothèſe d'un fluide indéfini, qui ſe meut dans un vaſe de figure donnée, n'a point lieu dans la nature, & qu'ainſi cette hypothèſe eſt plus Mathématique que Phyſique.

Il n'y a donc que le cas où le fluide ſe meut ſuivant une ligne qui rentre en elle-même, ſans être animé par aucune force accélératrice, dans lequel on puiſſe ſuppoſer que t n'affecte point l'expreſſion de la viteſſe. Dans ce cas $\theta = 1$, $T = o$; & l'on aura $\frac{d(Bp + Aq)}{dz} = \frac{d(A'q + B'p)}{dx}$; d'où l'on tire par la même méthode que ci-deſſus $(pdx - qdz) + \left(\frac{dq}{dz} - \frac{dp}{dx}\right) =$ à une différentielle complette. Or on a déja $pdx - qdz =$ à une différentielle complette Kdb, b étant ſuppoſé le parametre de chaque courbe, & K une fonction de b; donc $Kdb\left(\frac{dq}{dz} - \frac{dp}{dx}\right)$ doit être une différentielle complette; donc $\frac{dq}{dz} - \frac{dp}{dx}$ doit être une fonction de b. D'où l'on voit que le parametre b étant constant pour chaque courbe que les particules du fluide décrivent, on doit avoir pour chacune de ces courbes $d\left(\frac{dq}{dz}\right) = d\left(\frac{dp}{dx}\right)$. Or si on suppose que $\omega = \alpha$ soit l'équation générale de ces courbes; on aura $p\,dx - q\,dz = o$ pour la différentielle de cette équation; & par conséquent $p = \frac{d\omega}{dx}$, & $q = \frac{-d\omega}{dz}$; donc $\frac{dd\omega}{dx^2} = \frac{dp}{dx}$; & $\frac{-dd\omega}{dz^2} = \frac{dq}{dz}$; donc $d\left(\frac{dd\omega}{dx^2}\right) = d\left(\frac{-dd\omega}{dz^2}\right)$; & cette équation doit appartenir à la même courbe que l'équation $\omega = \alpha$; sinon la solution du Problême est impossible.

Pour trouver les cas où les équations $\omega = \alpha$, & $d\left(\frac{dd\omega}{dx^2}\right) = d\left(\frac{-dd\omega}{dz^2}\right)$ appartiendront à la même courbe, on considérera que la premiere donne $\frac{d\omega}{dx}dx + \frac{d\omega}{dz}dz = o$, & que la seconde donne (*) $\frac{d^3\omega}{dx^3}dx + \frac{d^3\omega}{dx^2dz}dz + \frac{d^3\omega}{dz^3}dz + \frac{d^3\omega}{dz^2dx}dx$

(*) Dans cette équation & dans la suivante $\frac{d^3\omega}{dx^3}$ est le coëfficient

$= o$; donc mettant pour dx & dz dans les numérateurs leurs proportionnelles $\frac{-d\omega}{dz}$, $\frac{d\omega}{dx}$, on aura l'équation en termes finis $\frac{-d^3\omega}{dx^3} \times \frac{d\omega}{dz} + \frac{d^3\omega}{dx^2dz} \times \frac{d\omega}{dx} + \frac{d^3\omega}{dz^3} \times \frac{d\omega}{dx} - \frac{d^3\omega}{dz^2dx} \times \frac{d\omega}{dz} = 0$: or cette équation doit être nécessairement identique, c'est-à-dire, telle que tous les termes se détruisent mutuellement; car si cela n'étoit pas, cette équation ne pourroit s'accorder, comme il est nécessaire, avec l'équation $\omega = \alpha$; 1°. parce que cette derniere équation renferme le parametre variable b qui n'est point dans l'autre; 2°. parce que si l'équation trouvée n'étoit pas identique, elle donneroit pour chaque x une valeur de z déterminée, & non pas variable, comme il est nécessaire; donc la condition qu'on cherche, est renfermée dans l'*identité* de l'équation qu'on vient de trouver, c'est-à-dire dans la destruction mutuelle de tous les termes de cette équation.

Personne, que je sache, n'avoit encore remarqué, que le cas où le fluide se meut suivant des lignes rentrantes en elles mêmes, est le seul où l'équation $A' = B$ n'ait

---

de dx^3 dans la différentielle $d^3\omega$; $\frac{d^3\omega}{dx^2dz}$ est le coëfficient de dx^2dz dans la même différentielle, $\frac{d\omega}{dz}$ est le coëfficient de dz dans la différentielle $d\omega$, &c. & ainsi du reste.

pas lieu. Dans mon *Essai sur la résistance des fluides*, je n'ai fait mention que des cas où $A' = B$, parce que je ne considérois alors que le mouvement progressif des fluides. Personne n'avoit remarqué non plus, que dans le cas où A' n'est point nécessairement $= B$, on a toujours nécessairement $dA' = dB$, ni assigné les cas où cette équation est possible.

XIII.

Donc en général, quand un fluide se meut dans un vase quelconque, il faut, pour pouvoir réduire le mouvement de ce fluide à un calcul analytique; 1°. que $\frac{dp}{dz} = \frac{-dq}{dx}$, & cette condition a lieu dans tous les cas possibles; 2°. que $\frac{dp}{dx} = \frac{dq}{dz}$, ou que $d\left(\frac{dp}{dx}\right) = d\left(\frac{dq}{dz}\right)$. Cette derniere condition $d\left(\frac{dp}{dx}\right) = d\left(\frac{dq}{dz}\right)$, n'a lieu que dans le cas où le fluide se meut suivant des courbes rentrantes en elles-mêmes, & n'est point sollicité à ce mouvement par des forces accélératrices, ensorte que la vitesse de chaque particule ne dépend absolument que de sa position.

Il est à remarquer de plus, & c'est une suite de toute la théorie précédente, que dans les cas où l'équation $\frac{dp}{dx} = \frac{dq}{dz}$ doit avoir lieu, cette équation doit être identique, c'est-à-dire que les deux membres doivent être parfaitement semblables; au lieu que l'équation $d\left(\frac{dp}{dx}\right) = d\left(\frac{dq}{dx}\right)$ ne doit point être nécessairement identique, mais seulement doit se rapporter à la même courbe que l'équation $p\,dx - q\,dz = o$, qui est l'équation de chacune des courbes décrites par les particules du fluide. D'où il s'ensuit, comme on l'a vû, que l'équation $d\left(\frac{dp}{dx}\right) = d\left(\frac{dq}{dz}\right)$ transformée en $\frac{d^2 p}{dx^2}.q + \frac{d^2 p}{dx\,dz}.p = \frac{d^2 q}{dx^2}.q + \frac{d^2 q}{dx\,dz}.p$, ou, ce qui est encore la même chose, $q\frac{dd(p-q)}{dx^2} + p\frac{dd(p-q)}{dx\,dz} = o$, doit être identique.

XIV.

Voilà pour ce qui concerne le mouvement d'un fluide dans un vase; passons à ce qui regarde le mouvement des fleuves, ou en général des fluides qui coulent sur une surface donnée. Je supposerai pour plus de simplicité, que le fluide soit indéfini, que son mouvement soit parvenu à un état permanent, & que ce mouvement se fasse dans un même plan; cela posé, si on nomme q la vitesse verticale, & p la vitesse horizontale, on aura, comme ci-dessus, & par les mêmes raisons, $\frac{dp}{dz} = \frac{-dq}{dx}$; & $p\,dx - q\,dz = o$ sera, ou devra être l'équation de la surface sur laquelle le fluide coule, &

& celle de toutes les courbes que les particules du fluide décrivent. On trouvera de plus, comme ci-dessus, que l'équation $\frac{q\,d^2 p}{d x^2} + \frac{p\,d^2 p}{d x\, d z} = \frac{q\,d^2 q}{d x^2} + \frac{p\,d^2 q}{d x\, d z}$ doit être identique.

Telles sont les équations qui représentent le mouvement du fluide, dans l'hypothèse purement mathématique, que le fluide soit indéfini; car si on suppose, ce qui est plus conforme à la nature, que ce fluide reçoive son mouvement d'un réservoir placé à une certaine distance, & entretenu toujours à la même hauteur; alors, comme la vitesse du fluide à la surface du réservoir est nulle, on prouvera par une méthode précisément semblable à celle dont nous nous sommes servis p. 46 de notre *Essai sur la résistance des fluides*, que $\frac{d p}{d z} = \frac{d q}{d x}$; ainsi la condition que $p\, d x - q\, d z$, & $p\, d z + q\, d x$ soient des différentielles complettes, aura encore lieu ici.

Mais quand on voudroit se borner à la seule condition, que $p\, d x - q\, d z$ soit une différentielle complette, & que $\frac{q\, d\, d\, p}{d x^2} + \frac{p\, d\, d\, p}{d x\, d z} = \frac{q\, d\, d\, q}{d x^2} + \frac{p\, d\, d\, q}{d x\, d z}$ soit une équation identique; il y auroit encore une autre condition à remplir; savoir que la force perdue soit perpendiculaire à la surface du fluide; pour cela, nommant x & y les coordonnées AP & PM (*fig.* 25.), on remarquera que la force perdue verticalement est $g - pB - Aq$, & que la force perdue horizontalement suivant

PM ou MR eſt $-pB'-Aq'$; mais comme cette force doit être ici dirigée de M vers P, afin que la force perdue ſoit perpendiculaire à la ſurface CM, il faudra la ſuppoſer $=pB'+A'q$; & la condition de la perpendicularité donnera $\frac{dy}{dx}=\frac{g-pB-Aq}{+pB'+A'q}$, ou $\frac{pdp}{dy}dy + \frac{qdq}{dy}dy + \frac{pdp}{dx}dx + \frac{qdq}{dx}dx = gdx$; d'où l'on tire $A+2gx=pp+qq$. Dans cette équation $pp+qq$ exprime le quarré de la viteſſe à la ſurface, & l'on voit que le quarré de cette viteſſe eſt $=A+2gx$, c'eſt-à-dire, qu'elle eſt la même que ſi chaque particule deſcendoit librement ſur cette ſurface en vertu de ſa peſanteur. C'eſt d'ailleurs ce qu'on peut voir aiſément *à priori*; car la force perdue étant toujours perpendiculaire à la courbe, chaque particule du fluide deſcend de la même maniere que ſi elle deſcendoit librement ſur une ſurface ſolide.

Il faut que l'équation $A+2gx=pp+qq$ ſe rapporte à la même courbe que l'équation $pdx-qdy=0$. Ainſi les conditions qui doivent déterminer les quantités p & q ſont; 1°. que $pdx-qdz$, & $pdz+qdx$ ſoient des différentielles complettes; 2°. qu'en faiſant $z=y$, les équations $pdx-qdy=0$, & $gdx=pdp+qdq$, appartiennent à la même courbe.

X V.

Nous avons ſuppoſé juſqu'ici que le fluide ſe mouvoit dans un plan; mais s'il se meut suivant des surfaces courbes quelconques, en ce cas on supposera que θq soit sa vitesse verticale, θp & $\theta \omega$ ses deux vitesses horizontales, perpendiculaires l'un à l'autre; (car on peut démontrer, par un raisonnement semblable à ceux de la théorie précédente, que telles doivent être les expressions des vitesses, q étant une fonction de x, z & s, ainsi que p & ω). On trouvera de plus, par une méthode exactement semblable à celle de l'Ouvrage déja cité, en considérant des parallélépides rectangles au lieu de parallélogrammes rectangles, & supposant

$$dq = A\,dx + B\,dz + C\,ds$$
$$dp = A'\,dx + B'\,dz + C'\,ds$$
$$d\omega = A''dx + B''dz + C''ds;$$

1°. que $A + B' + C'' = o$, ou, ce qui est la même chose, $\frac{dq}{dx} + \frac{dp}{dz} + \frac{d\omega}{ds} = o$; 2°. que $\frac{d(g - \theta Aq - B\theta p - qT)}{dz}$ $= \frac{d(-\theta A'q - \theta pB' - pT)}{dx}$; d'où l'on tire, comme dans le §. I. ci-dessus, $\frac{dq}{dz} = \frac{dp}{dx}$, ou $B = A'$; & cette condition, avec celle qui vient d'être trouvée $A + B' + C'' = o$, satisfera au reste de l'équation; on trouvera de même $\frac{d(g - \theta Aq - \theta C\omega - qT)}{ds} = \frac{d(-\theta A''q - \theta C''\omega - \omega T)}{dx}$; d'où l'on tire par un raisonnement semblable $A'' = C$; enfin on aura par la même raison $B'' = C'$; donc $\frac{dp}{dx}$

$= \frac{dq}{dz}$; $\frac{d\omega}{dx} = \frac{dp}{ds}$; $\frac{d\omega}{dz} = \frac{dq}{ds}$; donc $p\,dx + q\,dz + \omega\,ds$ est une différentielle complette.

Donc on aura les trois équations

$$dp = A\,dx + B\,dz + C\,ds$$
$$dq = B\,dx + B'\,dz + C'\,ds$$
$$d\omega = C\,dx + C'\,dz - A\,ds - B'\,ds.$$

Il faudra de plus, lorsque z devient y, que $p\,dx - q\,dy = o$; $p\,ds - \omega\,dy = o$; $q\,ds - \omega\,dx = o$.

Voilà les équations qui serviront à déterminer le mouvement du fluide, & qui sont susceptibles de remarques analogues à celles qui ont été faites précédemment pour le cas de $\omega = o$, $C = o$, & $C' = o$, lorsque le fluide se meut dans un plan.

XVI.

Il est aisé de voir par toute la théorie expliquée dans ce Mémoire, que le mouvement des fluides peut rarement être soumis à un calcul analytique rigoureux, si même il y a des cas où il le puisse être. Mais on peut toujours démontrer la conservation des forces vives dans une masse fluide, qui se meut suivant une loi quelconque. En effet dans le cas où les particules du fluide se meuvent suivant des lignes courbes invariables, on peut regarder le fluide, contenu entre deux quelconques de ces lignes courbes infiniment proches l'une de l'autre, comme s'il se mouvoit dans un tuyau isolé, de figure quelconque & infiniment étroit; or les principes établis dans notre *Traité des fluides*, suffisent pour faire voir très-aisément que la conservation des forces vives aura lieu pour le fluide contenu dans un pareil tuyau.

Si les particules du fluide ne décrivent pas des courbes invariables, en ce cas qu'on imagine depuis la surface supérieure du fluide *CK* (*fig.* 26.) jusqu'à l'inférieure *LO*, une suite de points infiniment proches, dont les vitesses forment par leurs directions une courbe continue *KGO*: soient imaginées de plus des perpendiculaires *Gg* à cette courbe, lesquelles soient entr'elles en raison inverse de la vitesse en chaque point *G*; il est certain qu'on pourra, au moins dans cet instant, regarder le fluide comme s'il se mouvoit dans le tuyau infiniment mince *KGOok*; ainsi la conservation des forces vives pourra encore se démontrer dans cette hypothèse par les mêmes principes. En effet faisant abstraction (pour simplifier le calcul) de toute force accélératrice, & nommant *KG*, s, la vitesse en *G*, v, & *Gg*, z; on aura $\int ds\, dv = o$, ou $\int z\, ds \,.\, v\, dv = o$; & comme rien n'empêche de supposer que la masse $z\, ds$ de chaque particule du fluide ne demeure la même pendant tout le tems du mouvement, quoique cette masse change ou puisse changer à chaque instant de figure & de tuyau, il s'ensuit &c.

Cette derniere Proposition est démontrée d'une autre maniere dans mon *Traité de l'Equilibre & du mouvement des fluides*, Liv. II. Chap. 2; mais on y suppose que la vitesse verticale soit la même dans tous les points d'une même tranche horizontale, & qu'on n'ait aucun égard à la viteſſe horizontale de ces mêmes points. Or ces deux ſuppoſitions n'étant pas rigoureuſement vraies, quoique les conſéquences qui en réſultent ſoient aſſez conformes à l'expérience, j'ai cherché depuis une méthode plus rigoureuſe pour déterminer les loix du mouvement des fluides; c'eſt la méthode expoſée dans cet Ecrit. J'en envoyai un eſſai à l'Académie des Sciences de Pruſſe, à la fin de 1749, & je le publiai depuis en 1752, dans mon *Eſſai ſur la réſiſtance des fluides*, long-tems avant que perſonne eût rien donné de ſemblable. De très-grands Géometres ont fait aſſez de cas de cette méthode pour l'appliquer à la même recherche. Ils ont cherché à la généraliſer, ce qui étoit, j'oſe le dire, très-facile, après les Eſſais que j'en avois publiés. Ils paroiſſent de plus avoir cru que les équations que j'ai données du mouvement des fluides, étoient trop limitées; je crois avoir prouvé le contraire dans cet Ecrit, & je me flatte même d'avoir tiré de ma théorie d'autres conſéquences qui ont échappé à ces Géometres, ou ſur leſquelles ils me ſemblent avoir été dans l'erreur.

XVII.

Si un fluide ſe meut dans un tuyau de figure quelconque *ABFE* (*fig.* 23.); nous avons déja obſervé qu'il falloit que la courbure des parois *AE*, *BF*, fût exprimée par une certaine équation, pour que le mouvement de ce fluide pût être aſſujetti aux loix analytiques. C'eſt aussi dans cette seule hypothèse qu'on peut déterminer analytiquement la pression que le fluide exerce en un point quelconque *N* des parois du vase; car nommant *AN*, *s*, φ la force accélératrice en *N*, & *v* la vitesse, on aura $\int ds\,(\varphi - \frac{dv}{dt})$ pour la pression exercée au point *N* perpendiculairement à la courbe *AN*; nous avons donné dans le Chap. III. de notre *Essai sur la résistance des fluides*, Paris 1752, la méthode de trouver pour chaque point *N* cette pression, que je nomme *P*. Or cette pression produira dans le sens horizontal, suivant *PN*, une force $=\int P\,dx$; & dans le sens vertical une force $=\int P\,dy$. On trouvera la même chose pour l'autre paroi *BMF*; d'où l'on voit que si les forces verticale & horizontale, résultantes des pressions contre les deux parois, ne se détruisent pas mutuellement, la pression du fluide contre les parois du vase tendra à mouvoir le vase dans le sens vertical, ou dans le sens horizontal, ou dans tous les deux à la fois.

C'est pourquoi si un vase est formé, par exemple, de deux parois qui soient concaves toutes les deux d'un même côté en forme de tuyau recourbé, il est aisé de voir qu'on pourra déterminer géométriquement l'action du fluide sur le vase pour le mouvoir dans un certain sens; mais cela ne se pourra que quand la courbure des parois sera assujettie à une équation telle qu'elle a été fixée dans les recherches précédentes. Or quand un fluide s'échappe horizontalement d'un vase vertical par une ouverture verticale faite à l'un des parois de ce vase; il est certain qu'on peut regarder ce fluide, ou une grande partie du moins de ce fluide, comme se mouvant dans une espece de tuyau recourbé; mais la figure de ce tuyau ne pouvant être assujettie aux loix ci-dessus, il paroît s'ensuivre qu'on ne peut déterminer par la théorie que d'une maniere fort imparfaite la pression qu'un pareil fluide exerce sur la partie du vase opposée à celle par laquelle il sort.

XVIII.

A l'occasion de cette pression que les fluides exercent horizontalement contre les vases dans lesquels ils coulent, je dirai ici un mot de leur pression verticale, dont j'ai parlé dans mon *Traité des fluides*, Art. 146 & suiv. J'ai observé dans l'Art. 149, que quand la valeur de cette pression est négative, M. Daniel Bernoulli prétend qu'elle se change en suction, c'est-à-dire, que les parois du vase sont pressés de dehors en dedans; j'ai proposé là-dessus mes objections, qui sont bien simples, & qui sont même sans replique, lorsqu'on fait abstraction de la pression de l'air environnant, comme je le faisois alors. On prétend que M. Bernoulli, dans l'endroit de son Hydrodynamique qui est l'objet de cette remarque, ne fait pas la même abstraction que moi; en ce cas nous avons raison tous deux; mais ce qui m'a fait croire que M. Bernoulli n'avoit point pensé à l'air environnant, c'est que dans l'endroit dont il s'agit, il n'en parle point; il il dit simplement, *latera canalis introrsùm premuntur*, sans ajouter *ab aere ambiente*, ce qui auroit levé toute équivoque.

Il y a plus; au lieu de ces trois mots qui eussent expliqué son idée avec la plus grande clarté, il ajoute une réfléxion qui ne fait, ce me semble, que l'obscurcir; *la pression*, dit-il, *se change en suction, c'est-à-dire, les parois du vase sont pressées de dehors en dedans; ce qu'il faut entendre de la même maniere, que si au lieu d'une colomne qui peseroit de haut en bas, il y avoit dans une branche verticale contigue au tuyau, une colomne d'eau suspendue, dont l'effort pour descendre fût arrêté par l'eau qui coule dans le tuyau*; il me semble que cette espece de comparaison est beaucoup moins nette & moins juste que les trois mots que M. Bernoulli a omis, & qui, à mon avis, étoient essentiels en cet endroit, pour ne point exposer les Lecteurs à prendre le change.

Quoi qu'il en soit, je n'ai jamais combattu ni pensé à combattre les expériences qu'il rapporte à ce sujet, parce que ces expériences s'expliquent très-aisément, dans ma théorie comme dans la sienne, par la pression de l'air environnant; & qu'en admettant cette pression, il n'y a plus aucune difficulté entre nous, du moins si on suppose que l'air qui environne le tuyau, soit tranquille. Car si cet air est en mouvement, comme il l'est en effet, alors ce mouvement altérant la pression de l'air sur les parois extérieures du vase, elle pourra n'être plus la même que si l'air étoit absolument tranquille;

il feroit même fort difficile de déterminer affez exactement cette preffion par la théorie. Cependant je crois qu'en général, & à l'exception peut-être de quelques cas finguliers, la preffion de l'air contre le vafe fera à-peu-près la même que fi l'air étoit tranquille; par la raifon que la portion d'air qui eft en mouvement autour du vafe, eft très-petite par comparaifon à la maffe totale de l'atmofphere.

Je devois à mes Lecteurs cet éclairciffement fur les théories que M. Daniel Bernoulli & moi avons données de la preffion des fluides en mouvement, & qui font parfaitement d'accord, lorfqu'on aura égard à la preffion de l'air qui environne le vafe.

Il n'en eft pas de même de l'application du principe de la confervation des forces vives au mouvement des fluides; nous différons effentiellement fur ce point M. Bernoulli & moi. Je crois avoir montré dans mon *Traité des fluides*, que ce principe ne s'applique pas indiftinctement à tous les cas, mais qu'il a lieu feulement dans ceux où la viteffe du fluide & de fes parties change à chaque inftant par degrés infiniment petits, & non dans ceux où cette viteffe acquiert en un inftant une valeur finie. *Voyez* les Art. 94, 123 & 143 du *Traité des fluides* déja cité.

XIX.

Je finirai ces recherches fur le mouvement & la preffion des fluides, par quelques réflexions fur la maniere de déterminer l'action des rames. La plûpart des Auteurs qui en ont traité, les rapportent à des leviers de différente espéce ; en quoi il semble qu'ils n'ont pas envisagé la question par ses vrais principes ; puisqu'il n'y a pas réellement de levier, où il n'y a pas de point d'appui absolument fixe & immobile. Voici donc quelle idée on doit se former de l'action des rames, d'après nos principes de Dynamique. Pour envisager la question dans toute sa généralité, nous supposerons que le vaisseau, la rame & la puissance motrice soient mûs suivant une loi quelconque. Cela posé, la force perdue à chaque instant par le vaisseau, jointe à la pression du fluide contre le vaisseau, doit être en équilibre avec la force perdue à chaque instant par la puissance motrice, & avec la force perdue par la rame, jointes à la résistance de l'eau à la rame. Or pour cela, il faut ; 1°. que la force perdue à chaque instant par la puissance motrice, la force perdue par la rame, & enfin la résistance de l'eau à la rame, se réduisent à une seule & unique force dont la direction passe par le point où la rame est attachée au vaisseau ; car si la direction de cette force résultante passoit par un autre point de la rame, alors elle pourroit mouvoir la rame autour du point par lequel la rame est attachée au vaisseau, & il n'y auroit pas d'équilibre ; ce qui est contre l'hypothèse. 2°. Cette force résultante, ou plutôt la résultante des deux forces qui passent par le point d'appui de chaque rame, des deux côtés du vaisseau, doit être en équilibre avec la force perdue par le vaisseau, & avec la pression de l'eau sur la surface du vaisseau; c'est-à-dire, que la résultante de ces deux dernieres forces doit être égale & directement opposée à la résultante des deux autres forces. Tel est le principe par lequel on peut se faire une idée nette & précise de l'action des rames, & de la maniere dont elles servent à mouvoir les navires.

Pour fixer les idées sur cette matiere, je regarde le vaisseau comme une ligne *AB* (*fig.* 27.), & la rame *FCG* comme une autre ligne, mobile autour du point fixe *C*. Cela posé, considérons d'abord le navire au premier instant de son mouvement. Je regarde la main appliquée en *F* comme un corps *M* qui tend à se mouvoir avec la vitesse a, mais qui ayant le vaisseau & la rame à mouvoir, ne gardera réellement que la vitesse z; de sorte que $M(a - z)$ sera la force perdue par la main. Maintenant si on suppose que la main se meut de *F* vers *A*, le vaisseau, ainsi que le point *C* de la rame, se mouvra de *B* vers *A* avec une vitesse $= u$, & le point *F* de la rame se mouvra vers *A* avec une vitesse $= z$. Donc si on imprime à tout le systême du vaisseau & de la rame, des mouvemens égaux & contraires, il faudra que ces mouvemens fassent équilibre avec la force $M \times (a - z)$ perdue par la force motrice. Donc si on nomme g la somme des produits des parties de la rame par leurs distances à *C*, h le cosinus de l'angle *FCO* (*CO* étant perpendiculaire à *AB*), *G* la somme des produits des parties de la rame par le quarré de leurs distances à C, μ la masse du vaisseau, m celle de la rame; on aura les deux équations suivantes pour le premier instant du mouvement;

$$1^{o}.\ M(a-z)\times FC - \frac{G.z}{FC} - g.u.h = o;$$

$$2^{o}.\ M(a-z)h - \frac{z.g.h}{FC} - m.u = \mu.u;$$

Soit $FC = r$, $CG = p$, on aura les équations $g = \frac{r^2 - p^2}{2}$; $G = \frac{r^3 + p^3}{3}$; & substituant ces valeurs, il viendra deux équations qui donneront les valeurs de u & de z, au premier instant du mouvement.

Dans les instans suivans on suppose que le vaisseau soit parvenu à une vitesse uniforme; & on demande quelle est la loi de la vitesse de la puissance F, pour entretenir le vaisseau dans cette vitesse.

Soit X l'espace parcouru par la puissance F depuis le commencement du mouvement; la vitesse instantanée de cette puissance, ou plutôt de la masse M, sera $\frac{dX}{dt}$; soit de plus $M.p'$ l'accroissement instantané que doit recevoir la force F pour maintenir le vaisseau dans son mouvement uniforme; on aura donc $M.p' - \frac{MddX}{dt^2}$ pour la force qui doit être perdue à chaque instant au point F, c'est-à-dire, qui doit être en équilibre avec les autres forces dont nous allons parler.

Si on nomme ρ la distance de chaque point de la rame

au point *C*, on trouvera que $-\frac{ddX.\varrho}{rdt^2}$ ſera la force perdue à chaque inſtant par chaque point de la rame.

Enfin, comme le point *C* où la rame eſt attachée, a le même mouvement que le vaiſſeau, & que la rame ſe meut outre cela d'un mouvement de rotation autour de *C*, chaque point de la partie *CG* de la rame frappe l'eau à chaque inſtant avec la viteſſe $= u$ ſuivant *BA*, & de *G* vers *B* avec une viteſſe de rotation $= \frac{\varrho dX}{rdt}$.

Soit donc γ la réſiſtance de l'eau contre la rame, γ' le moment de cette réſiſtance par rapport au point *C*, & λ la réſiſtance de l'eau contre le vaiſſeau; on aura les deux équations ſuivantes;

$$\left(Mp' - \frac{MddX}{dt^2}\right)h - \frac{ghddX}{rdt^2} + \gamma h = \lambda$$

$$\left(Mp' - \frac{MddX}{dt^2}\right)r - \frac{GddX}{rdt^2} - \gamma' = 0.$$

Pour faire uſage de ces équations, il eſt à remarquer; 1°. que la réſiſtance λ eſt donnée par la connoiſſance que l'on a de la viteſſe u; & qu'on peut ſuppoſer cette réſiſtance λ égale à une certaine maſſe μ animée d'une certaine force accélératrice π; 2°. que ſi on nomme *A* l'angle *FCO* au premier inſtant, on aura $h =$ coſinus $\left(A + \frac{X}{r}\right)$; 3°. que chaque point de la partie *CG* de la rame frappe l'eau avec une viteſſe $= \frac{\varrho dX}{rdt} - uh$; d'où il réſulte une réſiſtance ſur chaque point, laquelle eſt proportionnelle à $d\rho\left(\frac{\rho\, d\, X}{r\, d\, t} - u\, h\right)^2 \times \delta$, δ étant la densité de l'eau; de maniere que $\gamma = \int \delta\, d\rho \times \left(\frac{\rho\, d\, X}{r\, d\, t} - u\, h\right)^2$; 4°. enfin que le moment de chaque effort par rapport au point C est $\rho\, d\rho \times \delta \times \left(\frac{\rho\, d\, X}{r\, d\, t} - u\, h\right)^2$; d'où il s'ensuit que $\gamma' = \int \delta\, \rho\, d\rho \times \left(\frac{\rho\, d\, X}{r\, d\, t} - u\, h\right)^2 = \frac{\delta\, d\, X^2}{r^2\, d\, t^2} \times \frac{p^4}{4} - \frac{2\, \delta\, d\, X}{r\, d\, t} \times \frac{p^3\, u\, h}{3} + \frac{u^2\, h^2\, \delta\, p^2}{2}$, en supposant que la rame soit dans l'eau jusqu'au point C, ou assez près de ce point.

On fera ces différentes substitutions; après quoi chassant l'inconnue p', on aura une équation différentielle du second ordre, dans laquelle il n'y aura que X de variable, & dont l'intégration donnera la valeur de X. Cette valeur étant connue, on aura celle de p' par l'une des deux équations.

Je ne m'étends pas davantage sur cette matiere, parce qu'elle a été savamment traitée par M. Euler dans les Mémoires de Berlin de 1747. Je n'ai voulu que montrer ici comment mon principe de Dynamique s'y applique. Il est visible aussi que les équations ne seroient pas plus difficiles à trouver par le même principe, si la vitesse du vaisseau, au lieu d'être uniforme, étoit variable.

J'ajouterai que dans le calcul de la résistance de l'eau contre les rames, il faudra (si l'on veut faire ce calcul exactement) avoir égard à une remarque que j'ai déja faite ailleurs sur la résistance de l'eau contre les aubes des moulins. Voyez le *Traité de l'Equilibre & du mouvement des fluides*, Paris 1754, p. 370 & 371, Art. 367 & 368. Au reste on n'aura pas besoin de cette considération, si on regarde la rame comme une surface de peu de largeur, perpendiculaire à l'extrémité de la rame; car alors ρ sera $=p$, & si on nomme k la surface de la pale, on trouvera $\gamma = \delta\, k \left(\frac{p\, dX}{r\, dt} - uh\right)^2$; & $\gamma' = \delta\, p\, k \left(\frac{p\, dX}{r\, dt} - uh\right)^2$, ce qui rendra les équations plus simples; on pourra de plus, si l'on veut, substituer dans ces équations, à la place de dX & de ddX, leurs valeurs en h tirées de l'équation $\frac{dX}{r} = \frac{-dh}{\sqrt{1-hh}}$. Mais après toutes ces simplifications, l'intégration finale restera encore très-difficile.

Fin du quatriéme Mémoire.

CINQUIÉME

CINQUIÉME MÉMOIRE.

Démonstration du principe de la composition des Forces.

M. Daniel Bernoulli a fait voir dans les Mémoires de l'Académie de Petersbourg, Tome I, que le Problême de la composition des forces se réduisoit à prouver, qu'un corps poussé suivant deux directions quelconques par des forces égales, décriroit la diagonale d'un rhombe, dont les côtés seroient les directions de ces forces, & leur seroient proportionnels. C'est donc cette derniere Proposition seule que nous nous attacherons à démontrer. Ce n'est pas que M. Daniel Bernoulli n'ait aussi prouvé à sa maniere cette même Proposition. Mais la méthode qu'il a suivie, quoique bonne & ingénieuse, ne nous paroît, ni aussi simple, ni aussi rigoureuse que celle que nous allons donner. 1°. L'Auteur se sert d'un calcul analytique, qui rend quelques-unes de ses démonstrations assez compliquées, sur-tout celle de sa Proposition VII; au lieu que toutes nos démonstrations seront très-courtes, sans calcul analytique, & fondées sur la

Géométrie la plus simple. 2°. Le rhombe duquel il part, est le quarré ; ce qui exige un Théorême de plus, pour prouver qu'un corps poussé par deux puissances égales qui font un angle droit, doit décrire la diagonale ; au lieu que le rhombe dont nous partirons, est celui de 120 degrés, dont la démonstration se fait, pour ainsi dire, à l'œil & par la seule inspection de la figure. 3°. M. Bernoulli démontre bien en rigueur la Proposition dont il s'agit pour tout rhombe dont l'angle sera à 90 degrés comme nombre à nombre ; mais il ne le démontre pour le cas où cet angle seroit incommensurable, qu'en supposant la division à l'infini. Or quoique cette maniere de démontrer puisse être admise en Géométrie, on sent aisément qu'elle n'est pas aussi rigoureuse qu'on pourroit le desirer.

L'écrit qu'on va lire, n'a donc d'autre mérite que de démontrer d'une maniere plus simple & plus rigoureuse, la composition des forces dans le cas du rhombe ; & je ne me suis déterminé à publier cette démonstration, que par la considération de l'utilité dont elle peut être.

PROPOSITION I.

Si trois puissances égales agissent suivant les lignes *AB*, *AC*, *AE* (*fig.* 28.), qui fassent entr'elles des angles de 120°, il y aura équilibre. Cela est évident, puisqu'il n'y a point de raison pour qu'une des puissances l'emporte sur l'autre, étant toutes trois disposées absolument de la même maniere entr'elles.

COROLLAIRE.

Donc la puissance AD résultante de AB & AC doit être égale à AB ou AC; car cette puissance doit être égale & directement contraire à AE. Or l'angle BAC étant de 120°. (*hyp.*), $AD = AB$ est la diagonale du rhombe $BADC$. Donc deux puissances faisant entr'elles un angle de 120°. équivalent à une seule représentée par la diagonale.

PROPOSITION II.

Si deux puissances égales représentées par AB, AC (*fig.* 29.), font parcourir la diagonale AD du rhombe fait sur les côtés AB, AC; je dis que si on divise les angles BAG, GAC en deux également par les lignes Ab, Ac, deux autres puissances représentées par Ab & par Ac feroient parcourir la même diagonale AD.

Car supposons qu'elles fissent parcourir une ligne $AO > AD$: soit fait le rhombe $ALbl$, & soit pris $AI : Ab :: Ab : AO$; il est visible, 1°. que AI sera $< AL$; car puisque les rhombes $ALbl$, $AbDc$ sont semblables, on aura $AL : Ab :: Ab : AD$; or $AD < AO$ (*hyp*); donc AL ou $\frac{Ab^2}{AD} > \frac{Ab^2}{AO}$; donc $AL > AI$. 2°. Si on prend $Ao = AI$, il est visible que la puissance Ab équivaudra aux deux puissances AI, Ao, puisque (*hyp*) AO équivaut à $A\ddot{o}$ & Ac; donc au lieu de Ab on peut substituer les deux puissances AI, Ao; & par conféquent au lieu de Ab, Ac, on peut fubftituer les deux puiffances égales AI, AK, & une puiffance $= 2\,Ao$; or les deux puiffances AI, AK équivalent à la puiffance $2\,Ai$, puifque (*hyp.*) AB, AC, équivalent à $2\,AG$ ou AD. Donc les puiffances Ab, Ac, équivalent à $2\,Ai + 2\,Ao$. Or il eft vifible que lb étant $= AL$, & par conféquent $> AI$, on a $lG > Ai$; de plus $Ao = AI$ eft $< AL$, & par conféquent que Al; donc $2\,Ai + 2\,Ao$ eft évidemment $< 2\,Al + 2\,lG$, c'eft-à-dire, $< AD$. Donc les deux puiffances Ab, Ac feroient tout-à-la-fois équivalentes à une puiffance $AO > AD$, & à une puiffance $2\,Ai + 2\,Ao < AD$; ce qui eft abfurde.

Si AO étoit $< AD$, on trouveroit alors par un raifonnement femblable, que $2\,Ai + 2\,Ao$ feroit $> AD$; & ainfi la puiffance réfultante de Ab & Ac feroit encore tout-à-la fois plus petite & plus grande que AD; ce qui eft abfurde. Donc AO eft $= AD$; & en effet il n'y a plus alors aucune contradiction; car les points I & o tombent en L & en l, & on a $2\,Ai + 2\,Ao = AD$.

COROLLAIRE I.

Donc fi deux puiffances quelconques égales entr'elles, agiffent fuivant les directions Ab, Ac; la force qui en réfultera, fera repréfentée par la diagonale d'un rhombe dont les côtés feroient proportionnels à ces puiffances.

COROLLAIRE II.

Donc auffi, & par la même raifon, cette Propofition

sera vraie pour deux puissances égales qui formeront entr'elles un angle $= \frac{bAc}{2}$; & de même pour $\frac{bAc}{4}$, & en général pour $\frac{BAC}{2^n}$, n étant un nombre entier positif quelconque.

COROLLAIRE III.

Donc (Coroll. Propos. précéd.) deux puissances égales faisant entr'elles un angle $= \frac{120}{2^n}$, donneront toujours la diagonale.

PROPOSITION III.

Si la force qui résulte de deux puissances égales, agissant suivant AB, AC (*fig.* 30.), est représentée par la diagonale AD ; que la force qui résulte de deux puissances égales, dirigées suivant deux autres lignes quelconques Ab & Ac, soit de même représentée par la diagonale du rhombe fait sur ces côtés ; qu'enfin faisant l'angle $b'AB = bAB$, la diagonale AB représente de même la force résultante de Ab & de Ab' ; je dis que si on fait l'angle $gAc' = gAb'$, les deux forces Ab', Ac' donneront aussi la diagonale.

Car (*hyp.*) la force AB équivaut à Ab & Ab' ; & par conséquent AB, AC, équivalent à Ab, Ac, Ab', Ac' ; or (*hyp*) Ab, Ac, équivalent à la diagonale $2Ag$; donc puisque AB, AC équivalent à la diagonale AD, qui est $= 2Ag + 2gG$, Ab', Ac', doivent équivaloir à $2gG$; or $gG = Ag'$, puiſque (conſtr.) Ab' & Bb ſont égales & parallèles. Donc Ab', Ac' équivalent à $2Ag'$, c'eſt-à-dire, à la diagonale du rhombe formé ſur les côtés Ab', Ac'.

Corollaire I.

Donc en général, ſi deux puiſſances égales quelconques, formant un angle quelconque A, donnent la diagonale, & qu'il en ſoit de même de deux puiſſances égales quelconques, formant un angle b, & auſſi de deux puiſſances égales quelconques formant un angle $A - b$; il en ſera de même auſſi de deux puiſſances égales quelconques formant l'angle $A + b$, ou $A + A - b$, c'eſt-à-dire, $2A - b$.

Corollaire II.

Donc puiſque l'angle de $120°$ & de $\frac{120°}{2}$ donne la diagonale, il s'enſuit que l'angle de $\frac{3 \cdot 120}{2}$ la donnera auſſi; de même & par la même raiſon $\frac{4 \cdot 120}{2}$, & en général $\frac{p \cdot 120}{2}$; de même puiſque $\frac{120}{2^{n-1}}$ & $\frac{120}{2^n}$ donnent la diagonale, $\frac{3 \cdot 120}{2^n}$ la donnera, ainſi que $\frac{4 \cdot 120}{2^n}$ &c.; & en général $\frac{p \cdot 120}{2^n}$ la donnera toujours; p étant un nombre entier poſitif quelconque, ainſi que n.

PROPOSITION IV.

Si deux puiſſances αE, αe (*fig.* 31.), égales entr'elles, ſont auſſi égales chacune à deux autres puiſſances $\alpha\beta$, $\alpha\chi$, & font entr'elles un plus petit angle; je dis que la force réſultante des deux premieres, ſera plus grande que la force réſultante des deux autres. Car ſoient prolongées αE & αe, de maniere que $\alpha E' = \alpha E$, & $\alpha e' = \alpha e$; la force réſultante des forces égales $\alpha E'$, $\alpha\chi$, diviſera l'angle $E'\alpha\chi$ en deux également, & par conſéquent tombera dans l'angle $E'\alpha Q$, puiſque $E'\alpha Q > Q\alpha\chi$ (*hyp.*); & il en ſera de même de la force réſultante de $\alpha e'$ & de $\alpha\beta$, qui tombera dans l'angle $O\alpha e'$. Donc la force réſultante de ces deux réſultantes, qui ſont évidemment égales entr'elles, ſera dirigée ſuivant αP. Donc la force qui réſulte de $\alpha E'$ & $\alpha e'$, & qui agit ſuivant αP, eſt plus grande que celle qui eſt dirigée ſuivant $\alpha\beta$, $\alpha\chi$, & qui agit ſuivant αp dans une direction contraire. Donc la force qui réſulte de αE & αe, eſt auſſi plus grande que celle qui réſulte de $\alpha\beta$ & $\alpha\chi$.

PROPOSITION V.

Un angle quelconque $\beta\alpha\chi$ étant donné, on peut toujours trouver un angle $\frac{p \cdot 120}{2^n}$, ou qui lui ſoit égal, ou qui en differe moins que d'un angle donné k, ſi petit qu'on voudra.

Car il eſt évident; 1°. qu'on peut rendre le dénominateur 2^n si grand, que $\frac{120}{2^n}$ soit $< k$: cela posé, multiplions par un nombre q l'angle $\frac{120}{2^n}$; de maniere que $(q+1) \times \frac{120}{2^n}$ soit $> \beta\alpha\chi$; & que $\frac{q \times 120}{2^n}$ soit $< \beta\alpha\chi$; ce qui est évidemment possible: on aura $(q+1)\left(\frac{120}{2^n}\right) - \frac{q \cdot 120}{2^n} > \beta\alpha\chi - \frac{q \cdot 120}{2^n}$; c'est-à-dire, $\frac{120}{2^n} > \beta\alpha\chi - \frac{q \cdot 120}{2^n}$: donc à plus forte raison (puisque $k > \frac{120}{2^n}$), on aura $\beta\alpha\chi - \frac{q \cdot 120}{2^n} < k$. De même, puisque $\frac{q \cdot 120}{2^n} < \beta\alpha\chi$, on aura $(q+1)\left(\frac{120}{2^n}\right) - \beta\alpha\chi < (q+1)\left(\frac{120}{2^n}\right) - \frac{q \cdot 120}{2^n}$; c'est-à-dire, $(q+1)\left(\frac{120}{2^n}\right) - \beta\alpha\chi < \frac{120}{2^n}$, & à plus forte raison $< k$.

COROLLAIRE I.

Donc on peut toujours trouver (*fig.* 32.) un angle $E\alpha e < \beta\alpha\chi$, ou un angle $F\alpha f > \beta\alpha\chi$, qui differe de $\beta\alpha\chi$ moins que d'un angle donné si petit qu'on voudra, & qui soit $= \frac{p \cdot 120}{2^n}$, p & n étant deux nombres entiers & positifs.

COROLLAIRE II.

Donc si $\alpha\delta$ est la diagonale du rhombe fait sur les côtés $\alpha\beta$, $\alpha\chi$, & qu'on fasse αE & $\alpha F = \alpha\beta$, on pourra toujours

toujours supposer que la diagonale faite sur αE, αe, differe de $\alpha \delta$ aussi peu qu'on voudra, ainsi que la diagonale faite sur αF, αf, les angles $E \alpha e$, $F \alpha f$ étant des multiples de $\frac{120}{2^n}$.

PROPOSITION VI.

Deux puissances égales $\alpha\beta$, $\alpha\chi$ (*fig.* 32.) formant un angle quelconque, donneront toujours pour la résultante la diagonale $\alpha \delta$. Car supposons d'abord qu'elles donnassent αR, c'est-à-dire, plus que la diagonale; & soient supposées les puissances αE, αe, égales à $\alpha \beta$, $\alpha \chi$, & formant entr'elles un angle $\frac{p \cdot 120}{2^n} < \beta \alpha \chi$, & tel que la diagonale surpasse $\alpha \delta$ d'une quantité moindre que δR (ce qui est toujours possible par la Propos. V.); il s'ensuivroit donc que la force résultante de αE, αe, seroit moindre que la résultante de $\alpha \beta$ & $\alpha \chi$; ce qui est contre la Propos. IV.

Si αR étoit supposé $< \alpha \delta$; alors en supposant $F \alpha = \alpha \beta = f \alpha$, & l'angle $F \alpha f = \frac{p \cdot 120}{2^n}$ & $> \beta \alpha \chi$, on démontreroit de même que αR ne sauroit être $< \alpha \delta$.

COROLLAIRE.

Donc deux puissances égales, formant un angle quelconque, équivalent toujours à une seule puissance représentée par la diagonale du rhombe formé sur des côtés proportionnels à ces puissances, & faisant entre eux le même angle. Donc, comme M. Daniel Bernoulli l'a démontré, deux puissances quelconques, égales ou inégales, faisant entr'elles un angle quelconque, équivalent à une seule représentée par la diagonale du parallèlogramme dont les côtés seroient comme ces puissances, & feroient le même angle. En effet M. Daniel Bernoulli a démontré d'une maniere très-rigoureuse & très-élégante (*Voyez* Mém. de Petersbourg, *Tome I*, pag. 135 & 136), qu'un corps poussé par deux forces qui font entr'elles un angle droit, doit décrire une ligne *égale* à la diagonale. Or de-là & des Propositions précédentes, il est aisé de conclure que cette ligne doit être la diagonale même. Car soient *AB*, *AC* (*fig.* 33.), les deux forces qui font entr'elles un angle droit; & soient deux autres forces *AB*, *AD*, égales à celles-là, & faisant aussi un angle droit; il est clair, que comme les forces *AC*, *AD* se détruisent, le chemin du corps en vertu de ces quatre forces, sera 2 *AB*. De plus si les lignes *Ae*, *Ae'* (égales chacune à la diagonale *AE*) sont le chemin du corps en vertu des forces *AB*, *AC*, & *AB*, *AD*, il est évident que les deux forces *Ae*, *Ae'* doivent faire parcourir au corps le même chemin que les quatre forces *AB*, *AC*, *AB*, *AD*, dont elles sont les résultantes; par conséquent ces forces *Ae*, *Ae'*, doivent faire décrire la ligne 2 *AB*. Or par les Théorêmes précédens les forces *Ae*, *Ae'*, font parcourir 2 *Af*. Donc *Af* = *AB*. Donc les lignes *Ae*, *Ae'*, doivent tomber ſur les diagonales *AE*, *AE'*. Donc la diagonale eſt le chemin du corps dans le cas où les deux forces font un angle droit.

Lorſque l'angle *BAC* (*fig.* 34.) n'eſt pas droit, il eſt aiſé de réduire ce cas au précédent; car au lieu de *AB* on peut ſubſtituer les forces rectangulaires *AF*, *AG*; ainſi au lieu des forces *AB*, *AC*, on aura les forces *AG*, *AC*, *AF*, ou, ce qui revient au même, à cauſe de *DC*=*AF*, les forces rectangulaires *AG*, *AD*, qui feront parcourir la diagonale *AE* du rectangle *AGED*. Or cette diagonale eſt la même que celle du parallèlogramme *BACE*.

Fin du Cinquième Mémoire.

SIXIÉME MÉMOIRE.

Sur les Logarithmes des quantités négatives.

EN 1747 & 1748, j'eus avec le célébre M. Euler une dispute par Lettres, sur les Logarithmes des quantités négatives, que ce grand Géometre prétendoit être imaginaires, & que je croyois être réels, ou du moins pouvoir être supposés tels. J'ai lû depuis dans une Dissertation de M. Euler sur ce sujet, imprimée en 1751 dans les Mém. de l'Académie Royale des Sciences de Prusse pour l'année 1749, que cette même question avoit été autrefois agitée entre Messieurs Leibnitz & Bernoulli; j'ai appris par l'Ecrit de M. Euler, que M. Bernoulli soutenoit le même sentiment que moi, & s'appuyoit en partie sur les mêmes raisons; ce que j'ignorois absolument, les Lettres que cite M. Euler de ces deux grands hommes, ne m'étant tombées entre les mains qu'après la lecture du Mémoire de M. Euler, & après toutes les réflexions que j'avois déja faites sur ce sujet. Mais outre les difficultés de M. Bernoulli, sur lesquelles je m'étois rencontré avec ce savant Mathématicien, j'en avois encore proposé à M. Euler plusieurs autres, qui me paroissoient assez fortes. M. Euler essaie dans son Mémoire de résoudre quelques-unes de ces objections, & laisse les autres sans réponse, ne les jugeant peut-être pas assez solides.

La lecture du Mémoire de M. Euler a rappellé mes idées sur les Logarithmes des quantités négatives, & j'ai cru devoir exposer ici les difficultés dont cette matiere me paroît susceptible; cependant je m'abstiens de prononcer; je me borne à faire voir que la question n'est pas aussi décidée qu'on pourroit le croire.

On appelle Logarithmes une suite de nombres en progression Arithmétique *quelconque*, répondans à une suite de nombres en progression Géométrique *quelconque*.

On suppose pour plus de facilité (car cette supposition est arbitraire) que le nombre qui représente l'unité dans la progression Géométrique, ait zero pour Logarithme. Du reste la progression Arithmétique est absolument à volonté, & peut suivre telle loi que l'on veut.

Non-seulement la progression Arithmétique qui répond à une progression Géométrique proposée (par exemple, 1, 2, 4, 8 &c.) est arbitraire, puisqu'il n'y a aucune liaison nécessaire entre ces deux progressions; mais encore, & par la même raison, la progression Géométrique qui répond à une progression Arithmétique proposée (comme o, n, $2n$, $3n$ &c.) est arbitraire aussi. Par exemple, ces nombres 1, — 2, 4, — 8, 16, — 32 &c.

qui sont en progression Géométrique, peuvent être supposés avoir pour Logarithmes, les nombres de la progression *o*, *n*, 2 *n*, 3 *n* &c.

Il est de plus évident, qu'en imaginant une progression Arithmétique quelconque, dont le premier terme soit zéro, & dont les termes répondent à ceux d'une progression Géometrique quelconque, on pourra trouver les Logarithmes de tous les nombres compris ou sous-entendus dans cette progression; par exemple, si la progression Géométrique est une progression de nombres entiers quelconques, comme 1, 2, 4, 8 &c. on pourra trouver les Logarithmes de tous les nombres moyens proportionnels à l'infini entre 1 & 2, 2 & 4, 4 & 8 &c. Car ces nombres peuvent être censés appartenir à une progression Géométrique continue.

C'est d'après cette théorie des Logarithmes, que les Géometres ont imaginé une courbe *BMN* (*fig.* 35.) qu'ils appellent Logarithmique, & dans laquelle les ordonnées *AB*, *PM*, *ZN*, *TV* &c. étant supposées en progression Géométrique, les abscisses correspondantes *AP*, *AZ*, *AT* &c. sont en progression Arithmétique; *AB* étant supposée 1, & l'abscisse qui lui répond en *A* étant $=o$. On a trouvé que cette courbe avoit une soutangente constante *PR*; & le Logarithme du rapport de *NZ* à *AB* est égal au nombre qui est désigné par le rapport de l'abscisse *AZ* à la soutangente *PR*.

Soit $AP=x$, $PM=y$; l'équation $y=c^x$ est celle que les Géometres donnent pour la Logarithmique;

elle signifie que si on nomme b la soutangente, a la ligne que l'on prend pour l'unité, & c l'ordonnée à laquelle répond une abscisse $= b$, on aura $\frac{y}{a} = \frac{c^{\frac{x}{b}}}{c^{\frac{x}{b}}}$; qui se change en $y = c^x$, en faisant $a = 1$, & $b = 1$.

Pour entamer présentement la question des Logarithmes des quantités négatives; voici à quoi elle se réduit. Soit imaginée la suite de tous les nombres naturels, depuis zéro jusqu'à l'infini, tant positifs que négatifs, $-\infty \ldots -2. -1.0.1.2.3$.&c.....∞; & soient imaginés au-dessous des nombres 1, 2, 3, &c. leurs Logarithmes, 0, p, q, &c. lesquels formeront une suite quelconque. Il est d'abord évident que le Logarithme de ∞ sera infini, & que le Logarithme de o sera égal au Logarithme infini de ∞ pris négativement. Mais quels seront les Logarithmes des nombres négatifs -1, -2, &c. ou, ce qui revient au même, que deviendra la serie des Logarithmes, répondante par son milieu à zéro, & se terminant de part & d'autre à deux nombres infinis, l'un positif & l'autre négatif? J'exposerai d'abord les raisons purement Métaphysiques, qui autorisent à penser que les Logarithmes des quantités négatives peuvent être regardés comme réels. A ces raisons j'en joindrai d'autres purement Géométriques, & qui me paroissent démonstratives; enfin je répondrai aux objections.

En premier lieu, il paroît difficile de concevoir comment une ſerie terminée de part & d'autre par ∞ & — ∞ peut paſſer du réel à l'imaginaire, lorſque x n'a qu'une ſeule valeur en y, comme on le ſuppoſe dans la Logarithmique; du moins ce paſſage ne peut avoir lieu dans les courbes Géométriques (*a*). J'avoue que la Logarithmique n'étant pas une courbe Géométrique, cette concluſion ne peut pas s'y appliquer en toute rigueur; mais elle ſuffit au moins pour faire préſumer qu'une quantité, telle que la repréſente l'abſciſſe de cette courbe, ne ſauroit paſſer bruſquement de — ∞ à l'imaginaire. Il eſt bien plus ſimple de penſer, que la ſerie des Logarithmes qui exprime les différentes valeurs de x, & qui devient — ∞ lorſque $y = o$, revient ſur ſes pas lorſque y devient négative; & qu'elle repaſſe de — ∞ à — 100... — 3, — 2, — 1, 0, 1, 2, 3 &c. & de-là à ∞, tandis que la ſerie qui exprime à l'infini les différentes valeurs négatives de y, ſavoir, — 1, — 2, — 3 &c. parcourt de ſon côté ſucceſſivement tous les nombres négatifs poſſibles depuis 0 juſqu'à — ∞. Cette ſuppoſition n'a rien que de fort naturel. En effet; 1°.

(*a*) Car pour que x n'ait qu'une ſeule valeur en y, il faut que la valeur de x exprimée en y, n'enferme aucun radical pair. Or cela poſé, la valeur de x ne deviendra pas imaginaire en faiſant y négative. Il ne peut donc y avoir de courbes Géométriques ſemblables à la Logarithmique, telle que la ſuppoſent ceux qui regardent les Logarithmes des nombres négatifs comme imaginaires; c'eſt-à-dire, qu'il ne peut y avoir de courbe Géométrique, dans laquelle faiſant $y = \infty$ on ait $x = \infty$, & faiſant $y = o$, on ait $x = -\infty$, dans laquelle enfin x n'ait jamais qu'une ſeule valeur en y, & cependant devienne imaginaire lorſque y ſera négative.

puisque les Logarithmes répondans à une progression de nombres quelconques, sont arbitraires, qui peut empêcher de supposer que les deux progressions — 1 — 2 — 3 — 4 &c.

1 2 3 4 &c.

considérées comme des progressions différentes & indépendantes l'une de l'autre, ont les mêmes Log. o, p, q &c ?
2°. Dans la serie des nombres naturels

$$-\infty \ldots -2, -1, o, 1, 2 \ldots \infty$$

soient pris les nombres 1 & -1, on aura $1 : -1 :: - : 1 : 1$; donc $-1^2 = 1^2$; donc 2 Log. $-1 = 2$ Log. $1 = o$; donc Log. $-1 = o$; or si Log. $-1 = o$, il s'ensuit, selon M. Euler même, (& cela est très-facile à prouver) que les Logarithmes des nombres négatifs sont réels, ou peuvent être supposés réels. Tout se réduit donc à bien établir que Log. $-1 =$ ou peut être supposé $= o$. La preuve que nous venons d'en donner, paroît fort simple & sans réplique; je tâcherai de faire voir dans la suite de cet Ecrit, le peu de solidité des réponses qu'on a voulu faire à cette preuve; mais avant d'examiner ces réponses, je vais discuter une objection à laquelle je ne sache pas qu'on ait pensé, & qui mérite cependant quelqu'examen.

La progression des nombres naturels 1, 2, 3 &c. pourra-t-on dire, n'est censée avoir des Logarithmes qu'en vertu de ce qu'on peut toujours regarder ces nombres 1, 2, 3 &c. comme appartenans à une progression Géométrique, dans laquelle on a omis les termes intermédiaires. Or une telle progression ne sauroit s'étendre aude-là des limites, *o* d'une part, & ∞ de l'autre ; elle ne passera jamais au négatif, & aucun de ses termes ne peut être supposé avoir —. Donc &c.

Ce raisonnement est facile à réfuter. En effet supposons qu'on demande une courbe, dans laquelle les abscisses *étant en progression Géométrique*, les ordonnées soient entr'elles comme les quarrés de ces abscisses ; on prouveroit par la même raison que cette courbe ne pourroit avoir d'ordonnées réelles répondantes aux abscisses négatives. Car, diroit-on, dès qu'on suppose que les abscisses forment une progression Géométrique, on ne sauroit les supposer successivement positives & négatives ; donc la courbe ne s'étendra que du côté des x & des y positives. Cependant cette courbe seroit la parabole ordinaire $y = x^2$, dans laquelle x négatif rend y positif & réel. Il en est de même d'une infinité d'autres cas.

On dira peut-être, qu'en changeant l'énoncé du Problême, alors on voit que la courbe $y = x^2$, a des ordonnées réelles du côté positif & négatif des x ; par exemple, si on propose le Problême ainsi ; *les abscisses étant en progression Arithmétique, trouver la courbe dans laquelle les ordonnées soient comme les quarrés des nombres qui représentent ces abscisses*. Mais en ce cas on pourroit aussi énoncer le Problême de la Logarithmique, de la maniere suivante. *Trouver une courbe dans laquelle les abscisses étant en progression Arithmétique ou en progression quelconque, les ordonnées soient comme les Logarithmes de ces abscisses, ou plutôt en général comme les aires correſpondantes* $\int \frac{dy}{y}$.

Un pareil énoncé fera entiérement diſparoître la difficulté tirée de l'impoſſibilité des quantités négatives dans la progreſſion Géométrique, *o*, 1, 2, 4 &c. Difficulté d'ailleurs illuſoire, puiſque les ordonnées de la Logarithmique formant une ſuite continue & non interrompue depuis *o* juſqu'à l'infini, ne conſtituent pas plus une progreſſion Géométrique, qu'une autre progreſſion quelconque.

Il n'eſt donc nullement néceſſaire que la progreſſion ∞. . . . 3, 2, 1, 0, — 1, — 2 &c. appartienne à une progreſſion Géométrique continue : il ſuffit que *o*, dernier terme de la progreſſion poſitive, ſoit le commencement d'une autre progreſſion *o*, — 1, —2, — 3 &c. qui revient, pour ainſi dire, en ſens contraire ſur la premiere, & qui eſt comme *le complément* de cette progreſſion Géométrique. Car ſi on cherche une moyenne proportionnelle entre 1 & 4, par exemple, on trouvera également le nombre 2 de la progreſſion poſitive, & le nombre — 2 de la progreſſion négative. D'où l'on voit; 1°. que la progreſſion négative eſt *le complément* de la poſitive, puiſque ces deux progreſſions enſemble donnent toutes les moyennes proportionnelles poſſibles; 2°. que le Logarithme de 2 & le Logarithme de — 2 doivent être les mêmes, puiſque faiſant Log. 1 = *o*, & Log. 4 = *p*, on aura Log. 2 & Log. — 2 = $\frac{p}{2}$.

L'objection propoſée ne prouve donc rien contre l'opinion dont nous tâchons d'expofer ici les preuves; & même cette objection approfondie devient elle-même une preuve de notre opinion. Mais comme l'équation $y = x^2$ donne la figure entiere de la parabole, voyons fi l'équation $x = \int \frac{a\,dy}{y}$, ou $dx = \frac{a\,dy}{y}$ de la Logarithmique, pourra nous fournir quelques argumens en faveur des Logarithmes réels des quantités négatives. C'eft ici où commencent nos preuves directes & Géométriques.

Pour cela fuppofons en général $dx = \frac{a^n\,dy}{y^n}$; n étant un nombre entier pofitif impair : il eft certain qu'on pourra conftruire la courbe à laquelle cette équation appartient.

Il faut d'abord tracer (*fig.* 36.) les hyperboles OPV, GFK, dans lefquelles l'abfciffe $AN = y$, & l'ordonnée $PN = \frac{a^n}{y^n}$; il faut enfuite chercher l'aire $\int \frac{a^n\,dy}{y^n}$ répondante à une abfciffe quelconque AR, en fuppofant que cette aire foit $= o$, lorfque $y = AN$; la courbe dont les ordonnées feront proportionnelles à ces aires, fera la courbe cherchée.

Or l'on trouvera facilement qu'à une abfciffe quelconque y, pofitive ou négative, il répond la même valeur de l'aire. Car foit $An = AN$, & $Ar = AR$; l'aire répondante à l'abfciffe Ar fera $NPOA + AnpG + npfr$. Or les aires $AnpG$, $npfr$ étant négatives par rapport à l'aire $NPOA$, qui eft négative elle-même par rapport à l'aire $NPSR$; il s'enfuit que l'aire répondante à l'abscisse négative Ar, c'est-à-dire, l'ordonnée x répondante à cette abscisse, équivaut à la quantité suivante $-NPOA+NPOA+NPSR=NPSR$; d'où il s'ensuit qu'à deux valeurs de y égales & de différens signes, il répond une même valeur de x. Donc toute courbe dans laquelle $dx=\frac{a^n dy}{y^n}$, n étant un nombre impair entier quelconque, a deux branches égales, semblables & semblablement situées de part & d'autre de la ligne des x. C'est aussi ce qui se reconnoît par l'intégration de cette équation, comme M. Euler en convient.

Il est vrai que dans le cas de $n=1$, l'intégration n'a pas lieu. Mais la méthode que nous venons de donner pour construire la courbe $dx=\frac{a^n dy}{y^n}$, par la quadrature d'une hyperbole, dont les ordonnées soient $=\frac{a^n}{y^n}$, leve toute difficulté. Car l'hyperbole ordinaire, dont les ordonnées sont $\frac{a}{y}$, est précisément dans le même cas que les autres; & il est impossible de rien établir sur les aires répondantes aux abscisses de celles-ci, qui ne convienne également à l'hyperbole ordinaire.

L'exemple apporté par M. Euler, de la courbe $y=\sqrt{ax}+\sqrt[4]{[a^3(b+x)]}$, qui perd subitement un diametre dans le cas de $b=o$, ne conclud rien pour ce cas-ci; puisque l'on voit clairement dans cet exemple la raison pour laquelle la courbe perd son diametre; & qu'au contraire la construction précédente, tirée de la considération des aires hyperboliques, prouve démonſtrativement que la courbe $dx = \frac{a^n\, dy}{y^n}$ doit conſerver ſon diametre dans tous les cas. D'ailleurs il n'eſt pas inutile de remarquer que ſi la courbe $y = \sqrt{ax} + \sqrt[4]{a^3 (b + x)}$ perd ſon diametre dans le cas où $b = 0$, ce n'eſt pas parce que y, ſuppoſée négative, donne x imaginaire, comme M. Euler prétend que cela doit arriver à la Logarithmique; c'eſt parce que l'équation du huitiéme degré qui réſulte de $y = \sqrt{ax} + \sqrt[4]{a^3 + (b + x)}$, ſe diviſe alors en deux équations rationnelles du quatriéme, & que par conſéquent l'équation appartient alors réellement au ſyſtême de deux courbes différentes, mais réelles, rapportées au même axe. Ainſi ce qu'on pourroit tout au plus conclure de cet exemple, c'eſt que pour avoir les Logar. des quantités négatives, il faudroit tracer au-deſſous de l'axe *AT* (*fig.* 35.) une autre Logarithmique, ſemblable & égale à la premiere, qui à la vérité ne formeroit pas avec elle une ſeule & même courbe, mais qui n'en repréſenteroit pas moins les Logarithmes des quantités négatives, Logarithmes qu'il ſeroit impoſſible en ce cas d'exprimer autrement, qu'en ſuppoſant deux courbes différentes. En un mot, il s'enſuivroit tout au plus de l'exemple apporté par M. Euler, que l'équation générale qui renfermeroit les Logarithmes des nombres, tant poſitifs que négatifs, appartiendroit au ſyſtême de deux courbes différentes; mais il n'en ſeroit pas moins vrai que les Logarithmes des quantités négatives ſeroient ou pourroient être supposés réels. Ainsi dans l'équation $x=y\pm\sqrt{aa+yy}$, si on fait y négative, x demeurera réelle; mais les deux équations $x=y\pm\sqrt{aa+yy}$, & $x=-y\pm\sqrt{aa+yy}$, appartiendront au systême de deux courbes différentes.

Mais nous n'avons pas besoin d'avoir recours à cette considération; & il me paroît démontré, par les aires de l'hyperbole équilatere Apollonienne, que les deux Logarithmes, qui représentent, selon moi, les Logarithmes des quantités positives & négatives, appartiennent à un même systême, à une même courbe & à une même équation, & que la Logarithmique est réellement composée de deux branches égales & semblables, semblablement placées au-dessus & au-dessous de son axe ou asymptote.

Voici une nouvelle preuve de cette Proposition. Que l'on considere l'équation $y=c^x$ de la Logarithmique, dans laquelle la soutangente est supposée $=1$, & qu'on prenne $\frac{x}{1}=\frac{n}{2m}$, n & m exprimant des nombres impairs quelconques; on aura certainement deux valeurs pour c^x, l'une positive, l'autre négative; car alors $y=\pm\sqrt{c^{\frac{n}{m}}}$. D'où il s'ensuit qu'il y a du moins une infinité de valeurs de x, à laquelle répondent deux valeurs de y égales & de signes contraires; & qu'ainsi, comme on le voit (*fig.* 37.), la Logarithmique doit au moins avoir au-dessous de son axe une infinité de points conjugués aussi près les uns des autres que l'on voudra;

c'eſt auſſi de quoi M. Euler eſt convenu dans une de ſes Lettres.

Or je demande ſi une ſuite de tels points conjugués ne repréſente pas bien une courbe continue ? On dira peut-être que les deux valeurs de y n'ont pas lieu dans tous les cas, parce que $y = c^3$, ou $c^{\frac{1}{3}}$, par exemple, ne donne qu'une valeur réelle de y, & ainſi de pluſieurs autres. A cela on peut répondre, que dans l'équation $y = c^x$, c doit être ſuppoſé avoir deux valeurs égales, l'une poſitive, & l'autre négative. Car c eſt le nombre dont le Logarithme eſt l'unité : or il y a, ſelon moi, deux nombres, l'un poſitif, l'autre négatif, qui ont 1 pour Logarithme. On auroit tort de dire que je ſuppoſe ici ce qui eſt en queſtion ; je me propoſe ſeulement de montrer qu'en ſuppoſant deux valeurs à c, on ſauvera la contradiction, qu'une courbe compoſée d'une infinité de points conjugués, dont la diſtance eſt moindre qu'aucune ligne donnée, ne ſoit pas une courbe continue. Du reſte j'ai expoſé ci-deſſus les preuves directes qu'on peut apporter pour la réalité des Logarithmes des quantités négatives, & par conſéquent pour les deux valeurs de c.

On peut confirmer ces réfléxions par une autre. Soit Q (*fig.* 38.) un point quelconque pris dans l'axe ou aſymptote de la Logarithmique ; je dis qu'il répondra toujours à ce point deux ordonnées égales & de ſigne contraire QS, QR. Car ayant pris à volonté ſur l'axe les parties AQ, QP égales entr'elles, & tiré les ordonnées BA, PM ; il eſt clair que l'ordonnée au point Q ſera moyenne proportionnelle

proportionnelle entre BA & PM; or cette moyenne proportionnelle eſt également $+\sqrt{BA.PM}=QS$, & $-\sqrt{BA.PM}=-QS$ ou QR. Donc &c. C'eſt ainſi que dans une Parabole, l'ordonnée, qui eſt toujours moyenne proportionnelle entre le parametre & l'abſciſſe, eſt également poſitive & négative.

M. Euler objecte dans la Lettre dont j'ai parlé ci-deſſus, que la courbe dont l'équation eſt $y=-2^x$, ou en général $=-a^x$, eſt compoſée d'une infinité de points conjugués infiniment proches, & que cependant cette courbe n'eſt pas continue, puiſque, par exemple, l'ordonnée eſt imaginaire lorſque $x=\frac{1}{2}$.

Je réponds que $y=-a^x$, n'eſt l'équation que d'une partie de la courbe. Car $y=-a^x$ donne $ly=xl.-a$; or $l-a$ & $l+a$ étant égaux, il s'enſuit que l'on a également $ly=xl.-a$, & $ly=xla$; par conſéquent $ly=xl\pm a$; ainſi l'équation de la courbe entiere eſt $y=\pm a^x$. On n'eſt pas plus en droit de prendre $y=a^x$, ou $y=-a^x$, pour l'équation de toute la courbe, qu'on ne le feroit de prendre $y=+\sqrt{x}$, ou $y=-\sqrt{x}$ pour l'équation d'une Parabole entiere.

Voilà les raiſons qu'on peut apporter en faveur des Logarithmes réels des quantités négatives; raiſons qui donnent, ce me ſemble, beaucoup de poids à celles de M. Bernoulli; il ne ſera pas inutile d'examiner d'une maniere plus particuliere les preuves apportées par ce grand Géometre, & les réponſes qu'on y a faites.

A la premiere raiſon de M. Bernoulli, tirée de ce que

$\frac{-dx}{-x} = \frac{dx}{x}$, & que par conſéquent $l. -x = lx$; on objeĉte que par la même raiſon on prouveroit que $L.2x = L.x$, & en général que $L.nx = L.x$. J'en conviens; mais je ne vois pas ce que cette conſéquence peut avoir de choquant.

En effet qu'eſt-ce que $L.x$, en regardant x comme l'ordonnée d'une Logarithmique? C'eſt le Logarithme du rapport de x à une ordonnée b que l'on prend pour l'unité. Qu'eſt-ce que le Log. de nx? C'eſt en général le Logarithme du rapport de nx à une ligne quelconque c que l'on prend pour l'unité. Si on fait $c = b$, on trouvera aiſément que Log. $\frac{nx}{c} = l\frac{x}{b} + l\frac{n.b}{b}$, ou $l.nx = lx + ln$; mais ſi on fait $c = nb$, on aura $l\frac{nx}{nb} = l\frac{x}{b} = lx$. En général il eſt évident que ſi on prend $L.n$ pour zero, ou, ce qui revient au même, ſi on prend n pour repréſenter l'unité, $l.nx$ ſera égal au Logarithme de x. Pourquoi donc en prenant -1 pour repréſenter l'unité, c'eſt-à-dire, pour le nombre dont le Log. $= o$, n'auroit-on pas $L.nx = L.-x = L.x$? D'ailleurs on peut obſerver; 1°. qu'en faiſant $l.nx = lx$, on ne donne point une infinité de branches à la Logarithmique, comme le croit M. Euler; puiſque $l.nx$ & $l.x$ ſuppoſés égaux, appartiennent à la même Logarithmique, dont l'origine eſt ſuppoſée ſeulement en différens points; de même que $yy = ax \pm b$ repréſente, à proprement parler, une seule & unique Parabole, dans laquelle l'origine des abscisses est plus ou moins avancée. 2°. Que quand $l.nx$ & lx, supposés égaux, appartiendroient à des Logarithmiques différentes; il ne s'ensuivroit pas pour cela qu'il en fût de même de lx & de $l.-x$; puisque nous avons prouvé par la construction des aires de l'hyperbole équilatere, que lx & $l.-x$ donnent à la Logarithmique deux branches égales & semblablement situées par rapport à l'axe.

Quant à ce qu'objecte M. Euler, que si Log. -1 étoit $=o$, on auroit aussi Log. $\sqrt{-1}=o$, & Log. $\frac{-1+\sqrt{-3}}{2}=o$; ce qui renverse, selon lui, toute la doctrine des imaginaires; je ne vois point en quoi cette conséquence seroit absurde.

En effet tout systême de Logarithmes est arbitraire en soi; & il est clair que o, o, o, o &c. formant une progression Arithmétique, je puis au-dessus d'une progression Géométrique quelconque, imaginer une suite de zeros qui seront chacun les Logar. du nombre qui leur répond. Ainsi posant o pour le Logarithme de 1 & de -1, j'aurai o pour le Logarithme de $\sqrt{-1}$ & de $\frac{-1+\sqrt{-3}}{2}$.

D'ailleurs on peut prouver par la Logarithmique même, que les Logarithmes des quantités imaginaires peuvent être réels. En effet (*fig.* 38.) la moyenne proportionnelle entre AB & la négative QR est imaginaire, & cette moyenne proportionnelle a pour Logar. $AO=\frac{AQ}{2}$.

Mais, dira-t-on, que deviendra donc alors cette Proposition, que le rayon eſt à la circonférence comme $\sqrt{-1}$ eſt à $4\,l\sqrt{-1}$? Je réponds, que ſi dans cette Propoſition $l\sqrt{-1}$ n'eſt pas $= o$, mais imaginaire, cela vient du ſyſtême de Logarithmes que l'on ſuppoſe dans l'équation entre les arcs de cercle z & leurs ſinus x. En effet $dz = \frac{dx}{\sqrt{1-xx}}$, donne $dz = \frac{dx\sqrt{-1}}{\sqrt{xx-1}}$ $= \frac{-dx}{\sqrt{-1}\cdot\sqrt{xx-1}}$; d'où l'on tire $z = \frac{1}{\sqrt{-1}}$ Log. $\frac{\sqrt{-1}}{x+\sqrt{xx-1}}$. Cette équation appartient à un ſyſtême de Logarithmes, tel 1°. que la ſoutangente de la Logarithmique qui le repréſente, ſoit $\frac{1}{\sqrt{-1}}$, c'eſt-à-dire, imaginaire; 2°. que le Logarithme de $\frac{\sqrt{-1}}{x+\sqrt{xx-1}}$ ſoit imaginaire, en donnant à x toutes les valeurs poſſibles, depuis o juſqu'à l'unité. C'eſt un ſyſtême de Logarithmes particulier, qui n'a rien de commun avec l'équation de la Logarithmique $x = ly$, dans laquelle la ſoutangente eſt réelle, & dans laquelle y eſt ſuppoſée toujours réelle. Voilà donc, ce me ſemble, la contradiction ſauvée.

Avant que d'aller plus loin, j'obſerverai que les réductions des Logarithmes en ſeries ne peuvent rien prouver, ni pour, ni contre les Logarithmes réels des quantités négatives; 1°. parce que ces réductions ne donnent point toutes les valeurs poſſibles de la quantité qu'on développe de la ſorte ; 2°. parce que la ſerie eſt ſouvent divergente, & par conſéquent fautive.

Il faut maintenant paſſer aux preuves poſitives, par leſquelles M. Euler tâche d'établir que les Logarithmes des quantités négatives ſont imaginaires. Ces preuves ſont fondées ſur ce que $l.\overline{1+\omega}^n = n\omega$ repréſente, ſelon lui, tous les Logarithmes ; ſuppoſition qui me paroît pouvoir être contredite ; car ω étant infiniment petit, & n infiniment grand, comme il le ſuppoſe, $\overline{1+\omega}^n$ ne ſauroit repréſenter que des nombres poſitifs.

D'ailleurs, en admettant même cette ſuppoſition, il me paroît évident que l'équation $1+\frac{y}{n} =$ coſinus $\frac{2\lambda-1}{n}.\Pi \pm \sqrt{-1}.$ ſin. $\frac{2\lambda-1}{n}.\Pi$, à laquelle parvient M. Euler, & dans laquelle $\Pi = 180^\circ$, $y =$ Log. -1, & λ un nombre entier quelconque, donne non-ſeulement $y = \pm(2\lambda-1)\Pi\sqrt{-1}$, comme le veut M. Euler, mais encore $y = o$; puiſqu'en ſuppoſant $y = o$ & $n = \infty$ dans l'équation $1+\frac{y}{n}$ &c. on a $1 = 1$. De plus dans cette équation même $1+\frac{y}{n} =$ coſ. $\frac{\overline{2\lambda-1}.\Pi}{n}$ $\pm\sqrt{-1}$ ſin. $\frac{2\lambda-1}{n}.\Pi$, ſoit $\lambda = n = \infty$, on aura $1+\frac{y}{n} =$ coſ. $2\Pi \pm \sqrt{-1}.$ ſin. 2Π, ou $1+\frac{y}{n} = 1$; donc $y = o$. Ainſi $y = o$, eſt une des valeurs de y que donne l'équation $1 + \frac{y}{n} =$ &c. trouvée par M. Euler.

Enfin il me ſemble que M. Euler ne répond pas d'une maniere ſatisfaiſante, p. 163, à l'objection tirée de ce que $2\,l. + a = 2\,l. - a$. Cette formule ſignifie (ou il faut renoncer à toutes les dénominations analytiques) que le double du Logarithme de $+a$ eſt égal au double du Logarithme de $-a$, & non que la ſomme de deux différens Logarithmes de $+a$, eſt égale à la ſomme de deux différens Logarithmes de $-a$. En effet : ſoient 1 & a^2 deux nombres poſitifs & réels, qui ayent o & p pour Logarithmes; il eſt évident, comme nous l'avons déja dit, que la moyenne proportionnelle entre 1 & a^2 ſera également a & $-a$, & que le Logarithme correſpondant ſera $\frac{p}{2}$. Donc $\frac{p}{2} = l. + a$, & $\frac{p}{2} = l. - a$. Il n'y a point d'argument ni de calcul, quelque ſubtil qu'il puiſſe être, qui ſoit capable de renverſer une Propoſition ſi ſimple.

De toutes ces réfléxions il s'enſuit, ce me ſemble, qu'on peut ſuppoſer indifféremment, ou réels, ou imaginaires, les Logarithmes des quantités négatives. Tout dépend uniquement du ſyſtême de Logarithmes qu'on choiſira. Mais je ne crois pas qu'on ſoit fondé à ſoutenir excluſivement & en général, que les Logarithmes de toutes les quantités négatives ſoient imaginaires; comme on ne pourroit pas ſoutenir en général, ni que le Logarithme de 1 eſt néceſſairement = *o*, ni que le Logarithme d'une quantité poſitive & réelle eſt toujours néceſſairement un nombre poſitif. Car on peut ſuppoſer une ſuite de nombres imaginaires en progreſſion Arithmétique, qui répondent à des nombres poſitifs & réels en progreſſion Géométrique, & qui par conſéquent ſoient les Logarithmes de ces nombres. Il n'y a aucune liaiſon néceſſaire entre une ſuite de nombres, & la ſuite des Logarithmes qui leur répondent. Mais quelque ſuite de Logarithmes qu'on ſuppoſe, les propoſitions fondamentales de la théorie des Logarithmes y feront toujours vraies ; ſavoir, que ſi on fait Log. $1 = o$, $la = p$, $lb = q$, on aura Log. $ab = la + lb = p + q$, $l. \frac{a}{b} = la - lb = p - q$, & ainſi du reſte.

Je comptois terminer ici ces recherches, lorſque le *Commercium Philoſophicum & Mathematicum* de Meſſieurs Leibnitz & Bernoulli (imprimé à *Lauſanne* 1745), m'eſt tombé entre les mains ; & j'y ai lû avec ſoin toutes les Lettres qui roulent ſur cette queſtion, Tome II, pag. 269 & ſuivantes. Outre les remarques judicieuſes de M. Euler ſur ces Lettres, remarques qui ſont renfermées dans ſon Mémoire de 1749, & auxquelles je renvoye, voici quelques obſervations que cette lecture m'a fait naître.

I.

M. Leibnitz, qui prétend que le rapport de 1 à − 1

eſt imaginaire, parce que, ſelon lui, le Logarithme de — 1 eſt imaginaire, auroit dû, ce me ſemble, obſerver au contraire, que ſuivant les notions les plus communes de l'Algebre, le rapport de 1 à — 1 eſt exprimé par le quotient de 1 diviſé par — 1, & que par conſéquent ce rapport eſt = — 1, c'eſt-à-dire, eſt une quantité réelle. Ce ſeroit une grande erreur de penſer que les Logarithmes expriment les rapports; ce ſeroit comme ſi on diſoit que $\frac{\sqrt{2}}{1}$ ou $\sqrt{2} = \frac{1}{2}$ Log. 2, ou en général que $\frac{a}{b} = la - lb$. Rien ne ſeroit plus faux qu'une telle idée; il ne faut pour le ſentir, qu'un peu de connoiſſance de la théorie des Logarithmes. Il eſt vrai que pluſieurs Géometres, entr'autres M. Cotes, ont regardé les Logarithmes comme la meſûre des rapports; mais par cette expreſſion (qu'on auroit tout auſſi-bien fait de ne pas adopter) ils n'ont apparemment voulu dire autre choſe, ſinon que les rapports étant égaux, les Logarithmes ſont égaux, & nullement que le Logarithme d'un rapport peut être pris pour le rapport même. En effet le cas de l'égalité des rapports eſt le ſeul où les Logarithmes ſoient entr'eux comme les rapports. Ainſi on peut dire que le Logarithme de $\frac{1}{2}$ eſt à celui de $\frac{2}{4}$ comme $\frac{1}{2}$ eſt à $\frac{2}{4}$; mais on ne dira jamais qu'en tout autre cas $\frac{a}{b} : \frac{c}{d} :: la - lb : lc - ld$. En général on feroit beaucoup mieux, comme je viens de le dire, de ne point ſe ſervir de cette maniere d'exprimer ou de repréſenter

repréſenter les rapports par des Logarithmes, à cauſe des erreurs dans leſquelles elle peut induire. Quoi qu'il en ſoit, il eſt au moins certain que le rapport de 1 à — 1 eſt = — 1, ſuivant toutes les régles reçues, & n'eſt pas imaginaire. Je prie les Lecteurs de me pardonner à cette occaſion une eſpèce de digreſſion dont ils pourront tirer quelque utilité.

Qu'il me ſoit donc permis de remarquer, combien eſt fauſſe l'idée qu'on donne quelquefois des quantités négatives, en diſant que ces quantités ſont au-deſſous de zero. Indépendamment de l'obſcurité de cette idée envisagée métaphyſiquement, ceux qui voudront la réfuter par le calcul, pourront ſe contenter de conſidérer cette proportion, $1 : -1 :: -1 : 1$; proportion réelle, puiſque le produit des extrêmes eſt égal au produit des moyens, & que d'ailleurs $\frac{1}{-1} = -1$, & $\frac{-1}{1} = -1$. Cependant ſi on regardoit les quantités négatives comme au-deſſous de zero, 1 ſeroit > -1, & $-1 < 1$; ainſi il ne pourroit y avoir de proportion. Il eſt vrai que M. Leibnitz prétend que — 1 n'eſt pas moyen proportionnel entre 1 & 1, non plus que — 2 entre 1 & 4, quoiqu'il avoue que $-2 \times -2 = 1 \times 4$; parce que les quantités négatives, dit-il, entrent dans le calcul, ſans entrer dans les rapports, & que des fractions ne ſont pas la même choſe que des rapports. J'avoue que je ne ſens point la force ni la vérité de cette raiſon : elle tendroit à renverſer toutes les notions Algébriques par des limitations inutiles & forcées ; & elle ne feroit jufte d'ailleurs, qu'en fuppofant que les quantités négatives font au-deffous de zero, ce qui n'eft pas. Les quantités négatives font tout auffi réelles que les pofitives : elles n'en different que par le figne qui les précéde ; & ce figne ne fert qu'à indiquer & à corriger une fauffe fuppofition qui a été faite, ou dans l'énoncé du Problême ou dans la folution qu'on en a donnée.

Par exemple, fi je demande une quantité qui étant ajoutée à 20, donne une fomme égale à 10, j'écrirai, pour réfoudre ce Problême, $20 + x = 10$, d'où $x = -10$; ce qui me montre que j'aurois dû énoncer le Problême ainfi : *Trouver une quantité qui étant retranchée de* 20, (& non ajoutée), *le refte foit égal à* 10. Cette idée fe vérifie par l'application de l'Algebre à la Géométrie, où l'on voit que les quantités négatives n'ont d'autre différence d'avec les quantités pofitives, que de fe prendre du côté oppofé.

M. Leibnitz auroit-il prétendu que l'ordonnée négative d'une Parabole n'eft pas moyenne proportionnelle, auffi-bien que l'ordonnée pofitive, entre le parametre & l'abfciffe? Non certainement. C'eft que le figne — que porte l'expreffion Algébrique de cette ordonnée, n'indique que fa pofition, & n'influe nullement fur fa quantité. Or ce n'eft que par fa quantité, qu'elle eft moyenne proportionnelle entre le parametre & l'abfciffe. Les grandeurs n'ont entr'elles de rapports que par leur quantité. Il ne peut y avoir de rapport entre $-a$ & b, qu'autant qu'on compare la grandeur de a à celle de b; le ſigne — n'eſt qu'une dénomination, & n'indique qu'une fauſſe poſition ou une maniere d'être particuliere; ce ſigne n'ôte aucune réalité à la quantité qu'il affecte; & ſi le ſigne — ſe rencontre dans le quotient de $-a$ diviſé par b, ce ſigne n'influe non plus en rien ſur la quantité du quotient; il en eſt ſeulement la dénomination; il indique que le quotient de $\frac{a}{b}$, au lieu d'être ajouté aux quantités avec leſquelles il ſe combine dans le calcul, doit en être retranché. En un mot toute quantité par elle-même a le ſigne $+$; elle ne porte le ſigne — que relativement à une autre, exprimée ou ſouſentendue. Car ſuppoſons, par exemple, qu'un Problême ſoit réduit à l'équation $xx - bx - ab = 0$, dont les

$$\quad\;\; + ax$$

racines ſont, comme l'on ſait, $x = b$, $x = -a$; le ſigne — de la quantité a indique qu'elle doit être retranchée des quantités auxquelles b ſera ou pourra être ajoutée. En effet, ſi au lieu de regarder x comme l'inconnue du Problême, on eût pris pour cette inconnue une autre quantité z qui fût égale à $x + 2a$, on auroit trouvé pour lors deux valeurs réelles & poſitives de z, ſavoir $2a + b$, & a ou $2a - a$; où l'on voit que des deux valeurs de x, l'une, ſavoir b, eſt ajoutée à $2a$, & l'autre, ſavoir a, en eſt retranchée : & en général, ſi au lieu de $2a$ on prend $c > a$ pour la grandeur exprimée ou ſouſentendue, à laquelle les valeurs de x doivent être ajoutées, on verra clairement que la valeur négative de x indique une ſouſtraction.

C'eſt le calcul, il faut l'avouer, qui a induit certains Géometres en erreur ſur la valeur des quantités négatives. Ils ont remarqué que $a < 2a$, donnoit $a - 2a < 0$, ou $-a < 0$; d'où ils ont conclu que les quantités négatives étoient au-deſſous de zero. Mais ils ne ſeroient pas tombés dans cette erreur, s'ils avoient conſidéré qu'une quantité au-deſſous de zéro eſt une choſe abſurde, & que $-a < 0$ ne ſignifie autre choſe que $B - a < B$, B étant une quantité quelconque ſouſentendue & plus grande que a. La ſimplicité & la commodité des expreſſions Algébriques, conſiſte à repréſenter à la fois & comme en racourci un grand nombre d'idées; mais ce Laconiſme d'expreſſion, ſi on peut parler ainſi, en impoſe quelquefois à certains eſprits, & leur donne des notions fauſſes (*a*).

(*a*) A l'occaſion de cette remarque ſur les quantités négatives, j'en ferai ici une autre qui eſt purement élémentaire, mais qui pourra ſervir à répandre un grand jour ſur la théorie de ces quantités, juſqu'à préſent aſſez mal développée par les Algébriſtes. Soit $by = \overline{a - x}^2$, l'équation d'une courbe; il eſt évident que tant que x eſt plus petit que a, $a - x$ eſt poſitif, & par conſéquent auſſi $\overline{a - x}^2$; mais pourquoi $\overline{a - x}^2$ reſte-t-il poſitif quand x eſt $> a$, & que par conſéquent $a - x$ eſt négatif? En voici la vraie raiſon. C'eſt que l'équation $by = \overline{a - x}^2$, n'eſt autre choſe que $by = aa - 2ax + xx$. Or que x ſoit $<$ ou $>$ a, $aa - 2ax + xx$ eſt toujours une quantité poſitive; dans le premier cas elle eſt le quarré de la quantité poſitive $a - x$; & dans le ſecond cas elle eſt le quarré de la

II.

M. Bernoulli, p. 276, entreprend de prouver d'après l'équation $dy = \frac{dx}{x}$, que la Logarith. a deux branches égales & semblables; comme l'hyperbole, dit-il, a deux branches opposées. Pour prouver la similitude des branches de la Logarithmique, il se sert, p. 294, comme je l'ai fait, de l'argument tiré des aires hyperboliques, qui me paroît décisif sur cette matiere, & que j'avois

---

quantité positive $x - a$; ainsi l'équation $by = \overline{a - x}^2$, ou $by = aa - 2ax + xx$ en renferme proprement deux autres, savoir $by = \overline{a - x}^2$ quand x est $< a$, & $by = \overline{x - a}^2$, quand $x > a$. Ce qui s'accorde avec ce que nous avons dit, que les quantités négatives indiquent une fausse supposition; car l'équation $by = \overline{a - x}^2$, quand x est $> a$, est proprement une fausse équation; la véritable est $by = \overline{x - a}^2$. Pourquoi donc les quantités $+b$ & $-b$, ont-elles toutes deux b^2 pour quarré? C'est qu'on peut toujours regarder b comme la différence $a - c$ de deux quantités, dont la seconde c est plus petite que la premiere a, si b est positif, & plus grande, si b est négatif; or dans le premier cas le quarré de b ou $a - c$ est $aa - 2ac + cc$; & si on suppose que c croisse tant qu'on voudra, cette quantité $aa - 2ac + cc$ reste toujours positive, & devient enfin le quarré de $c - a$ au lieu de celui de $a - c$. Ainsi la raison pour laquelle le quarré de $-b$ est b^2, c'est que si on regarde $-b$ comme représentant une quantité $a - c$ qui est devenue de positive négative, le quarré $aa - 2ac + cc$, reste toujours positif, soit que l'on ait $c < a$, ou $c > a$; donc le quarré de b reste toujours positif, soit que b soit positif, ou non; & quand b devient négatif, ou que a est $< c$, alors le quarré de $-b$ est proprement celui de $c - a$ ou de $+b$; puisque ce quarré est toujours $aa - 2ac + cc$.

auſſi apporté à M. Euler, ſans avoir encore aucune connoiſſance de ce que M. Bernoulli avoit penſé ſur ce ſujet. Mais il me ſemble que M. Bernoulli ne s'eſt point ſervi, comme l'a cru M. Euler, de l'argument tiré de l'équation $dx = \frac{dy}{y^n}$. Je crois être le premier qui l'aye employé. J'avoue au reſte que cet argument n'auroit pas beaucoup de force, ſi on ſe bornoit à l'intégration de l'équation; mais ſi on joint, comme je l'ai fait, à cette intégration, la conſtruction de la courbe par le moyen de l'aire hyperbolique qui a pour ordonnée $\frac{1}{y^n}$, il me ſemble que l'argument qui en réſulte par rapport aux Logarithmes des quantités négatives, devient ſans réplique.

I I I.

M. Leibnitz, p. 278, prétend que la Logar. ne peut avoir d'ordonnées négatives, par la raiſon, dit-il, que les ordonnées poſitives ne ſont jamais $= o$, & qu'une quantité poſitive ne paſſe au négatif qu'en paſſant par zéro. Mais pour ſentir le peu de ſolidité de cet argument, il ſuffit de conſidérer l'hyperbole $y^2 = \frac{1}{x}$, qui eſt abſolument dans le cas dont il eſt queſtion ici, ayant deux branches égales & ſemblables des deux côtés de ſon axe, ſans que l'ordonnée y devienne jamais zéro.

Mille autres exemples prouvent qu'il n'eſt point du tout néceſſaire que quelqu'une des ordonnées poſitives ſoit $=o$, pour que la courbe ait des ordonnées négatives. Par exemple, dans l'hyperbole ordinaire rapportée à ſon ſecond axe, on a $y=\pm\sqrt{aa+xx}$ & la valeur poſitive de y ne devient jamais zéro. C'eſt l'exemple qu'apporte M. Bernoulli. Il auroit pû ajouter, que même une ordonnée poſitive peut paſſer quelquefois au négatif, ſans paſſer par zéro, comme dans la courbe $y=\frac{1}{a-x}$, où y devient négative lorſque $x>a$, & infinie lorſque $x=a$.

Toutes ces réflexions n'échapperont pas ſans doute aux perſonnes verſées dans la Géométrie; mais j'ai cru devoir les expoſer ici en faveur des Mathématiciens moins exercés, entre les mains deſquels ce Mémoire pourra tomber.

I V.

M. Leibnitz avoit objecté, que ſi le Logarithme de -2 eſt réel, celui de $\sqrt{-2}$ devroit en être la moitié. M. Bernoulli nie cette conſéquence, & il me ſemble qu'en cela il ſe trompe; car dès qu'on ſuppoſe le Log. de $1=o$, & le Logarithme de $-2=p$, le Logarithme de $\sqrt{-2}$ ſera $=\frac{p}{2}$. M. Bernoulli appuye ſon ſentiment ſur ce que $\sqrt{-2}$ n'eſt pas moyen proportionnel entre -1 & -2, ce qui eſt vrai. Mais $\sqrt{-2}$, comme l'obſerve M. Leibnitz, & comme il eſt aiſé de le voir, eſt moyen proportionnel entre 1 & -2; & par conſéquent ſon Logarithme eſt la moitié du Logarithme de — 2, en ſuppoſant celui de 1 *o*.

M. Leibnitz ajoute, p. 288, un raiſonnement Métaphyſique, auquel je ne répondrai pas, & que je me contenterai de rapporter, faute de l'avoir pû bien comprendre. L'élévation des nombres à un expoſant, dit-il, répond à la multiplication dans les Logarithmes; n^e répond à $e \times$ Log. *n*. La multiplication dans les nombres répond à l'addition dans les Logarithmes; $n \times K$ répond à Log. *n* + Log. *K*. La ſimple poſition dans les nombres répond à la ſimple poſition des Logarithmes; *n* répond à Log. *n*. Au contraire, continue toujours M. Leibnitz, l'extraction des racines dans les nombres répond à la diviſion dans les Logarithmes; $\sqrt[e]{n}$ répond à $\frac{\text{Log. } n}{e}$. La diviſion répond à la ſouſtraction; $\frac{n}{K}$ répond à Log. *n* — Log. *K*. Mais à quoi répondra — *n*? M. Leibnitz prétend qu'on ne ſauroit trouver d'expreſſion réelle qui y réponde, parce que deſcendant de l'extraction des racines à la diviſion & à la ſouſtraction, on ne ſauroit, dit-il, rien trouver d'inférieur à la ſouſtraction. Dans une matiere toute de calcul comme celle-ci, on doit, ce me ſemble, ſe défier beaucoup d'un raiſonnement ſi abſtrait & ſi vague. Il peut ſervir d'exemple, entre pluſieurs autres, de l'abus qu'il eſt aiſé de faire de la Métaphyſique dans la Géométrie. D'ailleurs, pourquoi ne diroit-on pas qu'après avoir deſcendu juſqu'à la ſouſtraction, on revient enſuite ſur ſes pas, pour retomber dans les Logarithmes poſitifs?

V.

V.

On voit auſſi par le *Commercium Epiſtolicum* de nos deux grands Géometres, qu'ils avoient examiné l'équation $y = c^x$; mais ſans que M. Bernoulli en ait tiré, comme je l'ai fait, les doubles valeurs de y, dans le cas où $x = \frac{n}{2m}$, ni qu'il ait obſervé, du moins d'une façon nette & préciſe, que la quantité c avoit deux valeurs dans cette équation.

Au reſte, il ſemble que Mrs Leibnitz & Bernoulli ont fini par ſe rapprocher un peu l'un de l'autre, du moins à quelques égards. Ils paroiſſent convenir, pag. 312 & 315, qu'il ne peut y avoir de diſpute ſur cette matiere, que dans la maniere de parler. Ils ſe ſeroient, ce me ſemble, expliqués plus clairement, en convenant que tout ſyſtême de Logarithmes eſt arbitraire; c'eſt pour cette raiſon que les Logarithmes des quantités négatives peuvent être, ou réels, ou imaginaires, ſelon le ſyſtême des Logarithmes que l'on choiſit.

Fin du Sixiéme Mémoire.

SUPPLÉMENT

Au Mémoire précédent, sur les Logarithmes des quantités négatives.

I.

CE Mémoire étoit fini depuis plusieurs années, & je ne pensois pas même à le mettre au jour, lorsque j'ai trouvé dans le premier Volume des Mémoires de la Société des Sciences de Turin (dont j'ai déja parlé dans le Supplément au Mémoire sur les cordes vibrantes), un savant Ecrit sur les quantités imaginaires, où la question précédente est traitée. Cet écrit m'a fait naître de nouvelles réfléxions, qui m'ont paru mériter d'être soumises au jugement des Géometres.

L'Auteur de l'Ecrit dont il s'agit (M. le Chevalier Daviet de Foncenex) adopte le sentiment de M. Euler, & tâche de le fortifier par de nouvelles preuves. Il a bien senti la force de l'objection tirée de l'aire de l'hyperbole équilatere, & il a essayé d'y répondre. Il convient que les ordonnées des deux branches opposées de l'hyperbole équilatere, sont unies par le lien de la continuité; mais les aires, selon lui, ne le sont pas; la raison qu'il apporte de cette différence, c'est, dit-il, qu'en faisant l'abscisse x infiniment petite & positive dans l'hyperbole équilatere rapportée aux asymptotes, l'ordonnée correspondante devient infinie positive, & qu'en faisant x infiniment petite & négative, l'ordonnée correspondante devient infinie négative, ce qui est conforme aux principes de la Géométrie des courbes, suivant lesquels une quantité quelconque ne peut devenir de positive négative, sans passer par zéro ou par l'infini; au lieu qu'il n'en est pas de même de l'aire de l'hyperbole, qui devient *positive & finie*, selon M. le Chevalier de Foncenex, lorsque x est positive & infiniment petite, & au contraire *négative & finie*, lorsque x est négative & infiniment petite. En effet, dit toujours ce savant Géometre, lorsque x est infiniment petite & positive, l'aire devient $\frac{m\,dx}{dx} = m$, qui est une quantité finie positive, & lorsque x est infiniment petite négative, cette aire devient $-m$. Ainsi, continue-t-il, l'aire de l'hyperbole ne peut franchir le passage du positif au négatif, sans recevoir tout-à-coup un décroissement fini, au lieu qu'elle devroit passer, suivant la loi commune & nécessaire, par le zéro ou par l'infini. Donc, conclut M. de Foncenex, il n'y a point de passage Algébrique des aires positives dans l'hyperbole équilatere aux aires négatives.

A cela je réponds; 1°. que lorsque x est positive & infiniment petite, il n'est nullement démontré, du moins par le raisonnement qu'employe M. le Chevalier de Foncenex, que l'aire de l'hyperbole soit finie & $= m$; car la quantité $\frac{m\,dx}{dx}$ ne représente alors qu'une partie de cette aire, ſavoir, le parallélogramme qui a pour hauteur x ou dx, & pour baſe $\frac{m}{x}$ on $\frac{m}{dx}$; or il ſera aiſé de voir, pour peu qu'on y faſſe d'attention, que l'aire de l'hyperbole eſt même beaucoup plus grande que la ſuite des parallélogrammes m, $\frac{m}{2}$, $\frac{m}{4}$ &c. laquelle eſt $= 2m$. Je ne prétends point au reſte décider ici, ſi l'aire hyperbolique, qui répond à x infiniment petite & poſitive, eſt finie ou infinie; mais je crois ſeulement avoir bien prouvé par le raiſonnement précédent, que celui de M. Foncenex eſt inſuffiſant pour s'en aſſurer. 2°. J'accorde à M. de Foncenex, que la valeur de l'aire qui répond à x poſitive & infiniment petite, ſoit finie & poſitive; & je dis qu'elle eſt encore finie, mais toujours *poſitive* (& non pas *négative*, comme le prétend M. de Foncenex), lorſque x eſt infiniment petite négative; car x étant alors négative auſſi-bien que dx, on a pour l'aire dont il s'agit $\frac{-m\,dx}{-dx} = m$; cette aire en effet n'eſt autre choſe, ſuivant le calcul de M. de Foncenex, que celle du parallélogramme qui a pour hauteur x, & pour baſe $\frac{m}{x}$; or x devenant négative, $\frac{m}{x}$ le devient auſſi, & l'aire redevient poſitive. M. de Foncenex ſemble en convenir lui-même, au moins implicitement, dans une des notes de ſon Mémoire, où il remarque fort bien, que ſi on prend (*fig.* 36.) $AN = 1$, & par conſéquent l'origine des aires hyperboliques en N, les aires $NPRS$

répondantes aux nombres plus grands que l'unité, seront positives, & les aires *N P Q a* répondantes aux nombres *A a* plus petits que l'unité, seront négatives, comme le doivent être en effet les Logarithmes de pareils nombres. Or les aires *G p n A* sont de signe contraire aux aires *N P A O*, l'origine des aires étant prise en *N*, & les abscisses s'étendant le long de *N n K*; car les abscisses répondantes à ces aires demeurent de même signe, pendant que les signes des ordonnées varient. Donc, puisque les aires *N P Q A* sont négatives par rapport aux aires *N P R S*, les aires *G p n A* doivent être positives. Il n'est donc pas exact de dire, que l'aire de l'hyperbole passe *du positif au négatif* par un décroissement fini, en prenant l'origine des *x* en *A*, comme la prend M. de Foncenex; car cette aire dans ce cas demeure toujours positive, soit qu'on prenne *x* positif ou négatif. 3°. Quand même j'accorderois à M. de Foncenex, que l'aire hyperbolique est *finie* & *positive*, lorsque *x* est infiniment petite & positive, & *finie négative* lorsque *x* est infiniment petite & négative, & que cette aire devient de positive négative, lorsque *x* est négative; il ne seroit pas vrai de dire qu'elle passe du positif au négatif, sans passer par zéro ou par l'infini : il est évident au contraire qu'elle passe par zero; puisqu'en faisant *x*, non plus infiniment petite, ce qui est une supposition Métaphysique, mais $= o$ absolu, l'aire correspondante est aussi $= o$ absolu; & comme *x* ne sauroit devenir de positive négative, sans passer par zéro, il s'ensuit que l'aire passe aussi par zéro dans ce moment; avec cette différence que x devient ensuite négative, & que l'aire reste toujours positive. Si l'on prétendoit que l'aire qui répond à $x = o$, n'est pas zéro elle-même, sous prétexte que l'ordonnée y est infinie, ce seroit renverser les premieres notions de la Géométrie, qui nous apprennent qu'une ligne, même infinie, ne peut être égale à une surface; & d'ailleurs je demanderois à ceux qui auroient cette prétention, si dans l'hyperbole $y = \frac{1}{\sqrt{x}}$, l'ordonnée est moins infinie lorsque $x = o$, que dans l'hyperbole $y = \frac{1}{x}$; néanmoins dans cette premiere hyperbole, l'aire est $= 2\sqrt{x}$, & par conséquent $= o$ lorsque $x = o$.

La démonstration de M. Bernoulli, tirée des aires de l'hyperbole, subsiste donc, ce me semble, en son entier, & prouve qu'on peut regarder comme réels les Logarithmes des quantités négatives. Aussi M. de Foncenex semble-t-il se rapprocher de cette opinion à la fin de son Mémoire, lorsqu'il dit que *les deux branches de la Logarithmique ne sont pas moins réelles l'une que l'autre, & qu'elles auront leurs usages particuliers dans plusieurs cas.* Il est vrai qu'il prétend en même-tems que ces deux branches *sont isolées & indépendantes l'une de l'autre algébriquement, quoique liées par leur expression transcendante;* mais comme il ne le prétend que d'après le raisonnement que je viens d'examiner, il me semble que tout ce que j'ai dit dans mon Mémoire pour prouver la liaison & la dépendance de ces deux branches, subsiste toujours.

En général, & on ne sauroit trop le répéter, le systême des Logarithmes & des nombres auxquels ces Logarithmes répondent, dépend de la supposition primitive qu'on a faite. Si, par exemple, on prend $AN=1$ (*fig.* 36.), & qu'on suppose l'origine des Logarithmes en N, on pourra prendre indifféremment les aires positives ou négatives du côté de NR, ou du côté de NA; dans le premier cas, la suite des abscisses sera $\infty \ldots . 3 . 2 . 1 . 0 - 1 - 2 - 3 \ldots . - \infty$, & la suite des Logarithmes sera de même forme; dans le second cas, la suite des Logar. sera au contraire $- \infty \ldots - 3 - 2 - 1 . 0 . 1 . 2 . 3 \ldots \infty$; les Logarithmes des nombres plus grands que l'unité, seront négatifs, & ceux des fractions seront au contraire positifs. Ce n'est donc point une régle générale que les Logarithmes des fractions soient négatifs par la même raison qu'on n'est pas obligé de supposer les abscisses positives de la Logarithmique du côté de AT (*fig.* 35.), & qu'on peut les prendre du côté de AR.

Prenons maintenant l'hyperbole équilatere, dans laquelle l'équation au premier axe est $y=\sqrt{xx-aa}$: les secteurs de cette hyperbole seront, comme l'on sait, les Log. de $x+\sqrt{xx-aa}$. Or en faisant $a=1$, & $x<1$, cette quantité devient imaginaire, ainsi que le secteur hyperbolique; & en faisant x négative aussi-bien que $\sqrt{xx-1}$, & $x>1$, les secteurs hyperboliques redeviennent réels & positifs, étant opposés au sommet aux fecteurs correfpondans de l'hyperbole oppofée. C'eft pourquoi la fuite des nombres repréfentés par $x + \sqrt{xx - 1}$, va d'abord de ∞ à 1, en repréfentant par conféquent tous les nombres réels: enfuite elle paffe de 1 à l'imaginaire, jufqu'à ce que $x = -1$: puis elle redevient -1 jufqu'à $-\infty$; & les Logarithmes correfpondans forment une fuite qui va d'abord de ∞ à o jufqu'au point où $x = 1$, enfuite paffe par l'imaginaire jufqu'à ce que $x = -1$, & enfin repaffe de o à ∞.

Voilà donc, dans deux cas différens, deux fuites de nombres, & deux fuites de Logarithmes très-différentes, quoique toutes deux affujetties à une loi Géométrique. Dans le premier cas, la fuite de nombres & de Logarith. eft par-tout réelle; dans le fecond, les deux fuites font chacune imaginaires en leur milieu. Ces deux exemples, auxquels on pourroit en ajouter une infinité d'autres, fuffifent pour prouver que tout fyftême de Logarithmes eft différent, fuivant la fuppofition fur laquelle ce fyftême eft fondé.

M. de Foncenex prétend avoir renfermé tous les Logarithmes (réels ou imaginaires) dans l'équation fuivante $\varphi \sqrt{-1} = l\,(x + \sqrt{xx - 1})$, ou $\varphi \sqrt{-1} = l\,(\text{cof.}\,\varphi + \text{fin.}\,\varphi \sqrt{-1})$, dans laquelle φ eft l'angle dont le cofinus eft x, & $\sqrt{1 - xx}$ le finus. Dans cette équation, lorfque x eft > 1, φ devient imaginaire & égal au fecteur hyperbolique multiplié par $\sqrt{-1}$; de forte que $\varphi \sqrt{-1}$ & $x + \sqrt{xx - 1}$, font alors tous deux réels; & quand $x = -1$, on a $l - 1 = k \pi \sqrt{-1}$, π exprimant 180 degrés,

degrés, & k un nombre impair quelconque; ce qui est le Théorême de M. Euler. Cette équation de M. de Foncenex, ainsi que le raisonnement sur lequel il la fonde, demande plusieurs réfléxions. 1°. De ce que l'Elément du secteur hyperbolique est toujours à celui du secteur circulaire correspondant, comme $\sqrt{-1}$ est à 1, M. de Foncenex en conclud, que les secteurs sont toujours entr'eux dans ce même rapport. Or cette conséquence peut être contestée, parce que l'addition des constantes en intégrant fait que des intégrales peuvent n'être pas entr'elles comme leurs différentielles : & c'est en effet ce qui a lieu ici; car on sait que l'Elément d'un secteur circulaire a une infinité d'intégrales, par l'addition continuelle que l'on peut faire de la circonférence répétée tant de fois qu'on voudra. On peut s'assurer d'une maniere encore plus positive, dans le cas dont il s'agit, que $\varphi\sqrt{-1}$ ne représente pas en général le secteur hyperbolique; car quand $x = -1$, $\varphi\sqrt{-1}$ est $= k\pi\sqrt{-1}$, k marquant un nombre impair quelconque, au lieu que le secteur hyperbolique correspondant est $= 0$. 2°. Quand même on conviendroit que l'équation proposée renferme les Logarithmes réels & imaginaires à l'infini, il est certain qu'en faisant x négative & plus grande que 1, $\varphi\sqrt{-1}$ devient réel; & qu'ainsi les Logarithmes des quantités négatives se trouvent réels par cette équation. Mais il est bien plus naturel de ne regarder l'équation $\varphi\sqrt{-1} = l(\text{cos.}\,\varphi + \text{sin.}\,\varphi\sqrt{-1})$, comme présentant quelque chose de net à l'esprit, que dans la ſeule ſuppoſition de $x < 1$ & de φ réel. Or dans cette ſuppoſition, qui emporte, comme nous l'avons dit, celle d'une ſoutangente imaginaire de la Logarithmique, on trouve à la vérité que Log. -1 eſt imaginaire; mais on remarquera qu'il n'eſt tel que parce que le nombre réel -1 ſe trouve dans la ſuite infinie repréſentée par cof. $\varphi +$ ſin. $\varphi \sqrt{-1}$, dont tous les termes (ainſi que leurs Logarithmes), ſont imaginaires, excepté dans le cas où coſ. $\varphi = 1$ ou -1. A l'égard du cas où coſ. $\varphi > 1$; ce cas n'eſt repréſenté, *ni d'une maniere nette, ni d'une maniere exacte*, par l'équation $\varphi \sqrt{-1} = l$ (coſ. $\varphi +$ ſin. $\varphi \sqrt{-1}$), ou $\varphi \sqrt{-1} = l(x + \sqrt{xx-1})$; *d'une maniere nette*, parce que φ eſt alors imaginaire, & qu'on n'a point d'idée nette de la valeur d'un arc de cercle imaginaire φ, ni par conſéquent de $\varphi \sqrt{-1}$; *d'une maniere exacte*, parce que, comme il répond une infinité d'arcs circulaires réels à coſ. $\varphi < 1$, il pourroit de même répondre (du moins le contraire n'eſt pas prouvé, & ne ſauroit l'être) une infinité d'arcs de cercle imaginaires à coſ. $\varphi > 1$; au lieu que $x > 1$ ne donne jamais qu'un ſeul ſecteur hyperbolique, parce que l'hyperbole eſt une courbe infinie qui ne rentre pas en elle-même. Ainſi l'équation des ſecteurs hyperboliques & celle des ſecteurs circulaires, ſont deux équations abſolument ſéparées, qu'il ne faut point chercher à lier enſemble par une même expreſſion.

II.

M. de Foncenex, pour fortifier sa théorie sur les Logarithmes imaginaires, considere un corps ou point mobile *A* (*fig.* 39), poussé vers un centre *C* par une force $= \frac{1}{CP^n}$; & voici le raisonnement qu'il fait en conséquence de cette supposition. Soit, dit-il, $AC = a$, $AP = x$, u la vitesse en P; on aura $u\,du = \frac{dx}{(a-x)^n}$, & $\frac{uu}{2} = \frac{1}{n-1}\left(\frac{1}{\overline{a-x}^{\,n-1}} - \frac{1}{a^{n-1}}\right)$; quantité qui est toujours réelle & positive, tant que n est un nombre impair, & qui représente en effet la loi de la vitesse du corps *A* des deux côtés du point *C*. Car prenant $Cp = CP$, on trouvera que la vitesse u en p est égale à la vitesse en P, comme cela doit être en effet, puisque le corps, après qu'il est arrivé au point *C*, doit repasser au-delà avec les mêmes degrés de vitesse (en sens contraire), qu'il avoit avant que d'y arriver. Or, ajoute M. de Foncenex, lorsque $n = 1$, la différentielle $u\,du = \frac{dx}{a-x}$ s'intégre par Logarithmes, & devient alors $\frac{uu}{2} = \text{Log.}\, \frac{a}{a-x}$. Dans le cas où x est $> a$, c'est-à-dire, où le corps est au-delà de *C*, $\frac{a}{a-x}$ devient négative; & on ne sauroit dire cependant, ajoute toujours l'Auteur, que Log. $\frac{a}{a-x}$ soit imaginaire, puisque cette quantité exprime la moitié du quarré de la vitesse u^2, qui par la nature du Problême doit toujours être réelle & positive. M. de Foncenex en convient, & il semble en cela donner gain de cause à M. Bernoulli & à moi. Mais il prétend qu'alors les valeurs de uu, avant & après le passage au point C, ne sont pas unies par le lien de la continuité; parce qu'il y a, dit-il, un *saut* dans l'accroissement & le décroissement de la vitesse du corps au point C; cette vitesse étant finie un instant avant le passage, & redevenant finie un instant après. Pour moi je ne vois pas, je l'avoue, pourquoi il y a plus de *saut* dans le cas de $n = 1$, que dans celui de n égal à tout autre nombre entier impair, par exemple $= 3$; & il est certain que dans ce dernier cas les deux valeurs de uu, de l'aveu même de M. de Foncenex, sont unies par le lien de la continuité. Dans le cas de $n = 1$, comme dans celui de $n =$ à un nombre impair quelconque, la valeur de u est infinie en C, & la vitesse a également de part & d'autre du point C un accroissement & un décroissement graduel, & qui reçoit successivement toutes les valeurs possibles, depuis zéro jusqu'à l'infini.

Je ne prétends point cependant tirer beaucoup d'avantage de cette valeur de uu lorsque $n = 1$, pour appuyer le sentiment que je soutiens sur la réalité des Logarithmes des quantités négatives. Car je conviens franchement que cette méthode d'argumenter de la solution d'un Problême de Méchanique à celle d'une question de Géométrie, ne me paroît pas fort convaincante; & j'en trouve la preuve dans le Problême dont il s'agit. En effet, si on suppose dans ce Problême $n =$ à un nombre pair quelconque, il est aisé de voir que quand x sera $> a$, la valeur de uu sera négative, & par conséquent celle de u imaginaire; cependant il est évident que passé le point C, le mobile A aura une valeur réelle; de sorte qu'en p, par exemple, sa vitesse sera égale à ce qu'elle étoit en P, & dirigée dans le même sens. Cette contradiction du calcul avec le raisonnement, & l'impossibilité apparente de les concilier, ont fait croire à un très-grand Géometre qu'au point C le corps A *s'anéantissoit*. Mais, sans avoir recours à ce singulier dénouement, on peut expliquer le paradoxe d'une maniere bien plus simple & bien plus claire. Prenons, par exemple, $n = 2$ pour fixer les idées; il est clair qu'on aura $udu = \frac{dx}{(a-x)^4}$; par cette équation la valeur de udu & par conséquent celle de du doit être toujours positive, soit qu'on ait $x < a$, ou $x > a$, c'est-à-dire, soit que le corps soit en deçà ou au-delà du point C. Cependant il est évident qu'au-delà du point C la vitesse décroît, & qu'ainsi du est négative. La raison pour laquelle le calcul ne peut exprimer la vitesse u après le passage au point C, c'est que par l'hypothèse la force est $\frac{1}{(a-x)^2}$, & que cette expression Algébrique est toujours positive, soit que x soit $<$ ou $> a$. Cependant passé le point C, la force est dirigée en sens contraire à ce qu'elle étoit auparavant; & il faudroit prendre alors $-\frac{1}{(a-x)^2}$ pour l'expression de la force; & pour l'équation de la vitesse, $u\,d\,u = \frac{-d\,x}{(a-x)^2}$, qui donne la valeur de u telle qu'elle doit être. Voilà, ce me semble, le dénouement du paradoxe dans ce cas-là, & dans les autres semblables. Je reviens à mon sujet.

On pourroit faire contre l'argument tiré des aires hyperboliques, une objection que voici, & qui paroît avoir échappé à tous ceux qui ont jusqu'ici traité cette matiere.

Soit $AP = x$ (*fig.* 40.), $PM = y$, $AC = a$, & $y = \frac{1}{(a-x)^n}$, n étant un nombre pair positif; il est visible que cette équation sera celle d'une hyperbole du degré n, qui aura pour asymptote CO, & dont les deux branches BMQ, qmb, seront du même côté de l'axe Aa. Il est visible de plus, que l'intégrale de $y\,dx$, ou l'aire $ABMP = \frac{1}{n-1}\left(\frac{1}{(a-x)^{n-1}} - \frac{1}{a^n}\right)$; & comme les deux branches BMQ, qmb appartiennent à une seule & même courbe, il semble que cette intégrale devroit exprimer aussi l'aire $AQqmp$, dans laquelle Ap est $> AC$. Cependant elle ne l'exprime pas. Car quand x est $> a$, l'intégrale précédente est toujours finie, au lieu que l'aire $AQqmp$ est infinie, étant composée des deux aires infinies $ABQC$, $qmpC$. Voilà donc un exemple où l'équation des aires n'est pas assujettie à la loi de continuité, quoique celle des branches le soit. Or, dira-t-on, ne pourroit-il pas en être de même de l'hyperbole équilatere ?

Je réponds que cet inconvénient n'a lieu que dans le cas où n est un nombre entier pair, & nullement dans celui où n est un nombre entier impair ; or dans le cas de l'hyperbole équilatere, $n = 1$, qui est un nombre impair. La raison de cette différence entre le cas de n pair & celui de n impair est assez facile à appercevoir. Dans le cas de n impair, les deux branches de l'hyperbole sont de deux différens côtés de l'axe, l'une au-dessus, l'autre au-dessous de l'asymptote ; & l'aire $ABQC$, qui est $= \infty$ lorsque $x = a$, redevient ensuite finie lorsque x est $> a$, parce que l'aire négative se retranche de l'aire positive ; ainsi l'aire $\int y\,dx$, après avoir passé du fini à l'infini, redevient ensuite finie, ce qui est conforme à la nature des expressions Algébriques ; il n'est donc pas surprenant que dans ce cas l'expression Algébrique de l'intégrale donne la vraie valeur de l'aire, soit pour le cas de $x < a$, soit pour celui de $x > a$. Au contraire dans le cas de $n =$ à un nombre entier pair, les deux branches étant du même côté de l'axe, l'aire qui devient infinie dans le cas de $x = a$, continue de l'être dans le cas de $x > a$. Or il n'y a point d'expression Algébrique, ou de fonction de x, qui étant infinie dans le cas où x a une certaine valeur, puisse continuer de l'être dans le cas où x aura une autre valeur quelconque plus grande ou plus petite. On ne doit donc pas s'étonner que l'expression Algébrique ne puisse en ce cas repréſenter l'aire qui répond à une abſciſſe quelconque.

Si l'aire $ABQC$ étoit finie, les deux branches étant toujours du même côté de l'axe, alors le même inconvénient ne ſubſiſteroit plus, & l'expreſſion Algébrique indiqueroit également en ce cas les deux aires $APMB$, $ApmOB$. Soit, par exemple $y = \frac{1}{(a-x)^{\frac{2}{3}}}$; on aura l'aire $APMB = -3\,\overline{a-x}^{\frac{1}{3}} + 3a^{\frac{1}{3}}$; l'aire $ABQC = 3a^{\frac{1}{3}}$; & l'aire $ABQqmp = 3a^{\frac{1}{3}} + 3\sqrt[3]{Cp}$, comme elle l'eſt en effet. Cet exemple prouve clairement que l'inconvénient propoſé vient uniquement de ce que l'aire étant infinie en C, continue de l'être par-delà.

Au reſte, il eſt à remarquer que dans ce cas-là même il ne manque à l'expreſſion Algébrique qu'une conſtante infinie, ſavoir $\frac{2}{n-1}\left(\frac{1}{0^{n-1}}\right)$, pour rendre l'intégrale égale à l'aire cherchée, lorſque $x > a$. C'eſt pourquoi ſi les deux équations, qui repréſentent les aires $ABMP$, $ABQqmp$, ne ſont pas exactement la même, elles ne different au moins que par cette conſtante infinie, qui ſeule, comme on vient de le dire plus haut, les empêche d'être unies par la loi de la continuité.

III.

A l'occaſion de ces Logarithmes des quantités négatives, je dirai auſſi un mot ſur la forme des quantités imaginaires

imaginaires, dont il eſt queſtion dans le même Mém. de M. de Foncenex. J'ai donné le premier, & M. Euler a donné après moi, par une méthode tout-à-fait ſemblable, la maniere de réduire toute quantité imaginaire à $A + B\sqrt{-1}$, A & B étant réelles. J'ai employé pour cette recherche, comme M. Euler l'a fait auſſi, le calcul différentiel; non que je n'euſſe pû très-bien m'en paſſer; mais parce que cette méthode m'a paru plus analytique & plus directe qu'aucune autre, ne ſuppoſant abſolument aucune connoiſſance préliminaire de la réduction des arcs de cercle à des Logarithmes imaginaires; car j'avoue que par le moyen de cette réduction que M. de Foncenex ſuppoſe, on peut ſe paſſer du calcul différentiel; en remarquant cependant que cette réduction même ſuppoſe ce calcul, au moins implicitement.

M. de Foncenex prétend auſſi que la démonſtration que j'ai donnée dans les Mémoires de l'Académie de Berlin de 1746, de la réduction de toutes les racines imaginaires des équations, à $A + B\sqrt{-1}$, & que M. de Bougainville a très-bien développée dans ſon *Traité du Calcul intégral*, n'eſt pas aſſez rigoureuſe, parce qu'elle procéde par le moyen des ſeries. La valeur imaginaire, dit-il, qu'on trouve par cette méthode, n'étant qu'approchée, on pourroit ſoupçonner que la quantité qu'on néglige, quelque petite qu'elle ſoit, eſt précisément celle qui empêche qu'on ne puiſſe exprimer l'inconnue par une expreſſion finie. On eſt d'autant plus à portée de former ce doute, ajoute M. de Fonçenex, que, comme

M. d'Alembert l'a fait voir, il arrive ſouvent qu'un terme qu'on croyoit pouvoir négliger dans une ſerie, eſt cependant celui qui la fait changer de nature.

Ma réponſe à cette objection eſt bien ſimple. J'ai démontré rigoureuſement; 1°. que ſi on ſuppoſe que l'abſciſſe x d'une courbe ſoit très-petite, l'ordonnée correſpondante (ſuppoſée réelle) peut être repréſentée par une ſerie infinie, & extrêmement convergente, telle enfin que plus on prendra de termes de cette ſerie, plus on approchera de la vraie valeur de l'ordonnée, enſorte qu'on en pourra approcher auſſi près qu'on voudra; 2°. que ſi l'ordonnée eſt imaginaire, on trouvera toujours une quantité $A + B\sqrt{-1}$ égale à la ſomme d'un nombre quelconque de termes de la ſerie, & que les quantités A, B, ſeront repréſentées par une ſerie très-convergente, puiſque les changemens que reçoivent A & B, à chaque nouveau terme qu'on prend de la ſerie, ſont du même ordre que ce nouveau terme qui va toujours en décroiſſant très-rapidement; d'où il s'enſuit que les quantités A, B, demeurent toujours réelles, finies, & ſont repréſentées chacune par une ſuite très-convergente, dont tous les termes ſont réels. Donc la ſomme de chacune de ces ſuites, c'eſt-à-dire, à proprement parler, la limite de la ſomme d'un nombre quelconque de termes, eſt réelle; donc il y a toujours deux quantités réelles poſſibles A, B, telles que $A + B\sqrt{-1}$ repréſentera la ſomme de la ſuite *infinie* qui exprime la valeur de x. Je dis de la ſuite *infinie*, ce qui fait voir qu'on ne *néglige aucun terme* dans cette démonſtration, comme le croit M. de Foncenex. Il eſt bien vrai, que comme on ne peut ſuppoſer la ſerie actuellement pouſſée à l'infini, on ne peut jamais trouver par le calcul que des valeurs approchées de *A* & de *B*; mais comme ces valeurs ſont toujours réelles, & formées par une ſuite très-convergente, on en conclud avec raiſon (ce qui eſt évident par ſoi-même), que la limite de ces valeurs, qui eſt la vraie valeur de *A* & de *B*, eſt auſſi une quantité réelle. Ma démonſtration eſt donc très-rigoureuſe. Je conviens ſeulement avec M. de Foncenex qu'elle eſt indirecte, étant tirée de la conſidération des courbes; mais ce léger inconvénient eſt compenſé par la ſimplicité & la ſingularité de la démonſtration, qui ne ſuppoſe preſqu'aucun calcul, & qui eſt d'ailleurs d'un genre aſſez neuf.

La démonſtration que M. de Foncenex donne du même Théorême, eſt plus directe que la mienne, étant déduite de la ſeule conſidération des équations : elle eſt d'ailleurs fort ingénieuſe & fort ſimple; elle ſuppoſe uniquement cette propoſition, que ſi on a une équation d'un degré quelconque *s*, & dont par conſéquent les racines ſoient au nombre de *s*, l'équation qui renfermera la ſomme des racines de ces équations priſes deux à deux, aura autant de racines qu'on peut combiner de fois deux à deux un nombre *s* de quantités. Cela paroît en effet très-naturel; mais en même-temps cela doit-il être ſuppoſé ſans démonſtation? Il eſt bien vrai que la combinaiſon de *s* racines priſes deux à deux, ne peut jamais donner qu'un nombre $= \frac{s.(s-1)}{2}$; mais s'enſuit-il que l'équation qui donne les valeurs de la ſomme de ces racines priſes deux à deux, ſera préciſément du degré $\frac{s.(s-1)}{2}$? Ne ſeroit-il pas poſſible que l'équation eût pluſieurs racines égales, ou bien que parmi les combinaiſons des racines priſes deux à deux, il y en eût qui donnaſſent des ſommes égales? Dans le premier cas l'équation pourroit être d'un degré plus grand que $\frac{s.(s-1)}{2}$, ſans avoir cependant réellement un nombre de racines plus grand que $\frac{s.(s-1)}{2}$; dans le ſecond cas, l'équation pourroit être d'un degré plus petit que $\frac{s.(s-1)}{2}$, & renfermer cependant toutes les ſommes des racines priſes deux à deux. Il falloit donc démontrer, & ne pas ſe contenter de le ſuppoſer, que l'équation dont il s'agit, eſt du degré $\frac{s.(s-1)}{2}$. Cela eſt d'autant plus néceſſaire, que ſi on ſe bornoit à la conſidération des racines d'une équation, pour déterminer le degré dont elle doit être, on ſeroit ſouvent expoſé à tomber dans l'erreur. Soit, par exemple, l'équation du quatriéme degré $x^4 + ax^2 + bx + c = o$, dont le ſecond terme eſt évanoui, & dont les racines ſont ſuppoſées imaginaires; il eſt certain que ces racines pourront être repréſentées par les quatre quantités $A + B\sqrt{-1}$, $A - B\sqrt{-1}$, $-A + C\sqrt{-1}$,

$-A-C\sqrt{-1}$; de ſorte que ſi on ſuppoſe $p+q\sqrt{-1}$ pour l'expreſſion générale de la racine, il ſemble que l'équation en p doive avoir quatre racines tout au plus, ſavoir deux égales & poſitives $+A$, & deux égales & négatives $-A$. Ainſi l'équation en p ſemble naturellement devoir être du quatrieme degré. Cependant ſi on ſubſtitue dans l'équation x^4+ax^2+bx+c, la quantité $p+q\sqrt{-1}$ à la place de x, & qu'on en faſſe deux équations ſéparées, dans l'une deſquelles ſoient les quantités réelles, & dans l'autre les quantités imaginaires, on parviendra à une équation en p qui ſera du ſixiéme degré. Je ſais bien qu'on peut expliquer ce paradoxe, en diſant que la ſuppoſition qu'on a faite de $x=p+q\sqrt{-1}$, n'emporte point la conſéquence néceſſaire que p & q ſoient réels : par exemple, ſi x étoit égale à $A+B\sqrt{-1}$, p pourroit être égale à A ou à $B\sqrt{-1}$, & $q=B$, ou $-A\sqrt{-1}$; de ſorte que les valeurs de p & de q peuvent être renfermées dans une équation qui ait plus de racines qu'on ne lui en croiroit d'abord, quelques-unes de ces racines étant imaginaires. Mais en ce cas, je demande pourquoi il n'arrive pas la même choſe dans les équations du ſecond degré ; car ſi on a $xx+ax+b=0$, x ayant ſes valeurs imaginaires, & qu'on faſſe $x=p+q\sqrt{-1}$, on trouvera par une méthode ſemblable à la précédente, $p=-\frac{a}{2}$, & $q=\sqrt{-\frac{a^2}{4}+b}$; pourquoi ne trouve-t-on pas auſſi $p=\sqrt{-b+\frac{a^2}{4}}$,

$p = -\sqrt{\frac{a^2}{4} - b}$, $q = \frac{a}{2}\sqrt{-1}$? Les exemples & les raisonnemens précédens suffisent pour prouver que dans cette matiere, on ne doit point admettre sans démonstration toute conséquence, du nombre des racines d une équation, au degré dont cette équation doit être. Je ne prétends pas pour cela que la proposition supposée par M. de Foncenex, soit fausse; je suis même très-porté à la croire vraie; mais il me semble qu'elle a besoin d'être démontrée.

Fin du sixiéme Mémoire & du Supplément.

SEPTIÉME MÉMOIRE.

Supplément aux Mémoires de l'Académie Royale des Sciences de Prusse de 1746 & 1748.

DANS ces Mémoires j'ai donné la méthode de réduire à la rectification des Sections coniques, & à la quadrature des courbes du troisiéme genre, un grand nombre de différentielles assez compliquées. Je vais dans cet Ecrit faire l'application de ces méthodes à la quadrature de la surface des cônes obliques; matiere qu'un Géometre très-célébre a déja traitée dans les *Nouv. Mém. de Petersb.* To. I, mais en réduisant la quadrature de cette surface à la rectification d'une ligne du sixiéme ordre.

Avant que d'entrer dans ce détail, je donnerai ici quelques remarques sur les différentielles qui se rapportent à la rectification des Sections coniques, pour simplifier à quelques égards certaines formules de mon Mémoire de 1746.

Je remarquerai donc d'abord que la différentielle $\frac{dz\sqrt{z}}{\sqrt{zz+bb}}$ dépend de la rectification de l'hyperbole ſeule; car cette différentielle (voyez les Mémoires de Berlin de 1746, p. 208 & 209), ſe change (en faiſant $z + \sqrt{zz+bb} = y$) en $-\frac{bbdy}{\sqrt{2} \cdot y\sqrt{y} \cdot \sqrt{yy-bb}}$ $+\frac{dy\sqrt{y}}{\sqrt{2} \cdot \sqrt{yy-bb}}$, dont la premiere dépend de la ſeconde, & dont la ſeconde dépend de la rectification de l'hyperbole ſeule.

De-là & des autres formules du même Mémoire, il s'enſuit; 1°. que $\frac{dz\sqrt{z}}{\sqrt{Azz+B}}$, B & A étant des quantités de ſigne quelconque, pourvû qu'elles ne ſoient pas toutes deux négatives, dépendent de la rectification de l'hyperbole ſeule; 2°. que par conſéquent $z^{+\frac{1}{2}\pm 2f} dz \times (B+Azz)^{\frac{+p}{2}}$, p & f exprimant des nombres entiers quelconques, dépend auſſi de cette ſeule rectification; car on a fait voir dans le Mémoire cité, que cette différentielle dépend de $\frac{dz\sqrt{z}}{\sqrt{Azz+B}}$. Il en eſt de même de $\frac{z^{\frac{1}{2}\pm 2f} dz}{\sqrt{Azz+B}}$.

A l'égard de $\frac{dz}{\sqrt{z} \cdot \sqrt{zz+bb}}$, cette différentielle dépend de la rectification de l'ellipſe & de l'hyperbole; & par conſéquent auſſi $\frac{z^{-\frac{1}{2}\pm 2f}}{\sqrt{zz+bb}}$, & ainſi du reſte; ſur quoi je renvoye au Mémoire déja cité.

On

On peut réduire à la rectification des Sections coniques celle de la premiere Parabole cubique ; car l'Elément de cette Parabole est $dx\sqrt{x^4+1}$, qui dépend de $\frac{dz\sqrt{zz+1}}{\sqrt{z}}$, ou de $\frac{zdz\sqrt{z}}{\sqrt{zz+1}}+\frac{dz}{\sqrt{z}\cdot\sqrt{zz+1}}$. Or, comme nous l'avons fait voir dans le Mémoire cité, la premiere de ces différentielles dépend de la seconde, & la seconde de la rectification de l'ellipse & de celle de l'hyperbole. Donc &c. Ainsi la rectification de la premiere Parabole cubique, ne dépend pas de la rectification de l'hyperbole seule, comme le croyoit M. Leibnitz. Voyez les Œuvres de M. Jean Bernoulli, To. 1. p. 137.

J'ai démontré, p. 216 des Mémoires de Berlin 1746, que la différentielle $\frac{du\sqrt{uu+2p'au+aa}}{u\sqrt{u}}$ dépend de la rectification de l'hyperbole seule, pourvû que $p=\frac{q-1}{q+1}$, q étant le rapport du parametre au premier axe; on tire de cette équation $q=\frac{-p-1}{p-1}$; & comme q doit être positif, & que par conséquent p ne peut pas être supposé d'une valeur quelconque, on voit que l'équation précédente est limitée ; mais il est aisé de s'assurer en général, & par une autre méthode, que $\frac{du\sqrt{uu\pm fu+bb}}{u\sqrt{u}}$ dépend de la rectification de la seule hyperbole. Car il est évident que cette quantité est

$$= \frac{du\sqrt{u}}{\sqrt{uu \pm fu + bb}} \pm \frac{fdu}{u\sqrt{uu \pm fu + bb}}$$

$+ \frac{bbdu}{\sqrt{u}.\sqrt{uu \pm fu + bb}}$; dont l'intégrale est $-$

$$\frac{2\sqrt{uu \pm fu + bb}}{\sqrt{u}} + 2\int \frac{du\sqrt{u}}{\sqrt{uu \pm fu + bb}}$$

$\pm \int \frac{fdu}{\sqrt{u}.\sqrt{uu \pm fu + bb}}$. Or on trouvera que

$$2\int \frac{du\sqrt{u}}{\sqrt{uu \pm fu + bb}} \pm \int \frac{fdu}{\sqrt{u}.\sqrt{uu \pm fu + bb}}$$

dépend de l'hyperbole seule, parce qu'en faisant les transformations prescrites pag. 206 & 208 des Mémoires de Berlin de 1746, les quantités qui dépendent de la rectification de l'ellipse, se détruiront dans la transformée; car soit, par exemple, $u \pm \frac{f}{2} = z$, $AA = bb - \frac{ff}{4}$, & $z + \sqrt{zz + AA} = y$, on aura pour transformée

$$\frac{2dy\sqrt{y}}{\sqrt{2}.\sqrt{yy - AA \mp fy}} - \frac{2AAdy}{\sqrt{2}.y\sqrt{y}.\sqrt{yy - AA \mp fy}},$$

qui se réduit à la rectification de l'hyperbole &c.

De la surface des Cônes obliques.

Soit E (*fig.* 41.) le sommet d'un cône quelconque, la courbe RAM sa base, $EF = b$ la hauteur du cône, $FP = t$, $PM = y$; ayant mené la tangente MH, & du point F la perpendiculaire FH sur MH, on trouvera que $EH \times \frac{Mm}{2}$ est l'Elément de la surface conique:

donc cet Elément exprimé algébriquement, sera

$$\sqrt{at^2+ay^2}\times\sqrt{bb+\left(t-\frac{y\,dt}{dy}\right)^2\frac{dy^2}{dt^2+dy^2}}$$

$$=\sqrt{bb\,dt^2+bb\,dy^2+\overline{t\,dy-y\,dt}^2}.$$ Cela posé;

Soit la base du cône RAM un cercle dont C soit le centre; $CA=a$, ou $=1$, $CF=c$, $CP=z$; on aura $y=\sqrt{aa-zz}$; $t=c-z$; $-dt=dz$; & l'Elément de la surface conique sera $-\frac{dz\sqrt{bb+\overline{1-cz}^2}}{\sqrt{1-zz}}$. Soit $1-z=u$, & $u=\frac{1}{x}$; & soit de plus $bb+\overline{c-1}^2=A$, $-2cc+2c=B$: on trouvera que l'Elément dont il s'agit est $\frac{-dx\sqrt{cc+Bx+Axx}}{xx\sqrt{2x-1}}$

$$=\frac{-ccdx}{xx\sqrt{2x-1}\cdot\sqrt{cc+Bx+Axx}}-\frac{Bdx}{x\sqrt{2x-1}\cdot\sqrt{cc+Bx+Axx}}-\frac{Adx}{\sqrt{2x-1}\cdot\sqrt{cc+Bx+Axx}}:$$

or $\frac{ccdx}{xx\sqrt{2x-1}\cdot\sqrt{cc+Bx+Axx}}=$ (Mém. Acad. Berl. 1748.) $d\left[(x^{-1})\sqrt{2x-1}\cdot\sqrt{cc+Bx+Axx}\right]$

$$+\frac{(2cc-B)dx}{2x\sqrt{2x-1}\cdot\sqrt{cc+Bx+Axx}}-\frac{-2Axdx}{\sqrt{2x-1}\cdot\sqrt{cc+Bx+Axx}}:$$

de-là il est aisé de conclure, comme il est démontré dans les Mémoires de Berlin de 1748, que la quadrature de la surface d'un cône circulaire oblique dépend de la rectification des Sections coniques, & de la quadrature d'une courbe du troisiéme genre, dont l'ordonnée eſt $\sqrt{2-u} \times \frac{\sqrt{ccuu+Bu+A}}{\sqrt{u}}$, en ſuppoſant $x = \frac{1}{u}$, comme ci-deſſus. Or il eſt aiſé de trouver, par une conſtruction Géométrique, l'ordonnée de cette courbe. Car elle ſera $\frac{PM}{AP} \times EH$.

COROLLAIRE.

La quadrature de la ſurface conique ne dépendra plus de celle d'une courbe du troiſiéme genre, ſi $-B+\frac{B}{2}-cc=o$, c'eſt-à-dire, ſi $B=-2cc$; or $B=-2cc+2c$; donc $c=o$; ce qui eſt le cas du cône circulaire droit; en effet l'Elément de la ſurface devient pour lors $\frac{-dz\sqrt{bb+1}}{\sqrt{1-zz}}$, & ſe réduit à la rectification du cercle; ce qu'on ſavoit d'ailleurs: dans tout autre cas la quadrature de la ſurface conique dépendra de celle d'une courbe du troiſiéme genre.

De la Surface d'un Cône qui a pour baſe une Ellipſe.

I.

Soit maintenant *RAM* une ellipſe, dont *CA* ſoit un des demi axes, *C* le centre, *e* le demi axe conjugué à *CA*; on trouvera, par une méthode ſemblable, que l'Elément de la ſurface conique eſt . . . .

$$-\frac{dz\sqrt{bb(aa+\frac{ee}{aa}-1.zz)+ea-\frac{ecz^2}{a}}}{\sqrt{aa-zz}};$$

Or en premier lieu si $c=o$, c'est-à-dire, si le cône est droit, l'Elément sera $-\frac{dz\sqrt{(b^2+e^2)a^2+\frac{e^2}{aa}-1.b^2z^2}}{\sqrt{aa-zz}}$. Cette derniere quantité peut être supposée égale à $-dz\sqrt{b^2+e^2}.\frac{\sqrt{a^2+\frac{\varepsilon^2}{a^2}-1.zz}}{\sqrt{aa-zz}}$, ($\varepsilon$ étant une constante que nous allons déterminer), c'est-à-dire $=$ à $\sqrt{b^2+e^2}$ multiplié par un arc d'ellipse, dont les demi axes sont a & ε. D'où l'on tire $\frac{\varepsilon^2}{a^2}-1=\frac{\frac{e^2b^2}{a^2}-b^2}{bb+ee}$; & par conséquent $\frac{\varepsilon^2}{a^2}=\frac{\frac{\varepsilon^2b^2}{a}+e^2}{bb+ee}$; donc on aura le second axe ε de l'ellipse, dont la rectification donnéra la quadrature de la surface conique.

II.

Il est visible que la quadrature de la surface conique proposée se réduira à celle du cercle, dans les cas où on pourra faire ensorte que le radical du numérateur soit un quarré; car alors l'Elément sera $-\frac{dz(R+Sz)}{\sqrt{aa-zz}}$; or cela arrivera lorsque $e^4ccaa=(eecc+eebb-aabb)$

$(bbaa + eeaa)$; d'où l'on tire $cc = \frac{(a^2 - e^2)(bb + ee)}{ee}$; & par conséquent la quadrature de la surface conique se réduira à celle du cercle, lorsque c^2 aura cette valeur, qui est évidemment toujours réelle & positive, du moins lorsque $e < a$, c'est-à-dire, lorsque $2e$ est le petit axe de l'ellipse.

III.

Barrow dans ses *Lectiones Geometricæ*, a fait voir que la quadrature de la surface d'un cône elliptique, se réduisoit à celle du cercle, lorsque ce cône faisoit partie d'un cône circulaire droit. On en peut voir la démonstration abrégée à la fin de l'article *Cône* de l'Encyclopédie. Or on peut prouver aussi que ce cas revient au précédent: car soit $DB = b$ (*fig.* 42.), $BC = c$, $FO = 2a$ l'axe de l'ellipse : soit menée la perpendiculaire OG à DF, & soit prise $DH = DO$; ensuite par les points C & F, soient tirées SR, FT parallèles à OH; il est visible que si l'ellipse fait portion d'un cône droit, la Section passant par SR sera un cercle, & qu'on aura le quarré du demi axe de l'ellipse $ee = SC \times CR = \frac{OH \times FT}{4} = \frac{OH^2 \times DF}{4DH}$ $= \frac{OH^2 \times DF}{4DO} = \frac{(OG^2 + \overline{FG - FH}^2) . DF}{4DO} = \left[\frac{FO^2 \cdot DB^2}{DF^2} + \left(\frac{FO . BF}{DF} - DF + DO\right)^2\right] \times \frac{DF}{4DO}$; d'où l'on tire $ee = \frac{aa - bb - cc}{2} + \frac{4aabb - 4a^2c^2 + 2a^4 + 2b^4 + 4b^2c^2 + 2c^4}{4\sqrt{bb + \overline{c+a}^2} \cdot \sqrt{bb + \overline{c-a}^2}}$;

Or le dénominateur de la seconde partie du second membre $= \sqrt{b^4 + 2bbcc + c^4 + 2aabb - 2aacc + a^4}$; par conséquent on aura $ee = \frac{aa - bb - cc}{2} \pm \frac{1}{2}\sqrt{b^4 + 2bbcc + c^4 + 2aabb - 2aacc + a^4}$; or cette valeur de ee seroit précisément celle qu'on tireroit de l'équation ci-dessus $cc = \frac{(aa - ee)(bb + ee)}{ee}$. Donc &c.

I V.

La quadrature de la surface conique, qui a pour base une ellipse, se réduit à la rectification des Sections coniques, lorsque le coëfficient de zz dans le radical du numérateur est $= 0$, c'est-à-dire lorsque $\frac{eecc}{aa} + \frac{bbee}{aa} - bb = 0$. D'où l'on tire $bb = \frac{eecc}{aa - ee}$.

V.

Dans le cas dont on vient de parler, l'Elément de la surface conique se réduira à $-\frac{dz\sqrt{bbaa + eeaa - 2ce^2z}}{\sqrt{aa - zz}}$; & cet Elément seroit même réductible à la rectification du cercle, si $bbaa + eeaa - 2ce^2z$ étoit un multiple de $a - z$. Or cette condition donne $2ce^2 = bba + eea$; & mettant pour bb sa valeur $\frac{eecc}{aa - ee}$, on trouveroit $2c = \frac{acc}{aa - ee} + a$, ou $cc - 2c\frac{(aa - ee)}{a}$

$= ee - aa$. Or la valeur de $bb = \frac{eecc}{aa - ee}$, demande que a soit $> e$; ainsi soit $aa - ee = paa$, p étant un nombre quelconque plus petit que l'unité, on aura $c = pa \pm a\sqrt{pp - p}$. Donc puisque p est < 1, la valeur de c est imaginaire. Ainsi $bba + eea$ ne peut jamais être égal à $2ce^2$.

VI.

Puisque $bba + eea$ n'est jamais égal à $2ce^2$, on supposera $\frac{bbaa + eeaa}{2ce^2} - z = s$, & $\frac{bbaa + eeaa}{2ce^2} = M$, & la différentielle se changera en $\frac{-ds\sqrt{2ce^2}.\sqrt{s}}{\sqrt{aa - MM + 2Ms - ss}}$, qui dépendra de la rectification de l'ellipse seule, si $aa - MM$ est une quantité négative, c'est-à dire, si $bba + eea > 2ce^2$, & de la rectification de l'hyperbole seule, si $MM < aa$, c'est à-dire, si $bba + eea < 2ce^2$. Voyez les Mém. de l'Acad. de Berlin 1746.

VII.

Reprenons maintenant l'équation générale de l'Elément de la surface conique, qui a pour base une ellipse; & nous trouverons encore que cet Elément dépend de la quadrature des Sections coniques, lorsque le radical du dénominateur aura une racine commune avec le radical du numérateur; or on trouve que les deux facteurs du numérateur sont $z - \frac{eecaa}{eecc + e^2b^2 - b^2a^2}$

$\pm a$

$$\pm \frac{a\sqrt{-eeccbbaa+(a^2b^2-e^2b^2)(bbaa+e^2a^2)}}{eecc+eebb-b^2a^2};$$

& ceux du dénominateur sont $a-z$ & $z+a$; on aura donc pour l'équation de condition $\frac{\mp eecaa}{eecc+e^2b^2-b^2a^2}$

$$\pm \frac{a\sqrt{-eeccbbaa+(a^2b^2-e^2b^2)(bbaa+e^2a^2)}}{eecc+eebb-b^2a^2} = \pm a;$$

d'où l'on tire $(eecc+eebb-bbaa-eeca)^2$ $=-eeccbbaa=(a^2b^2-e^2b^2)\times(bbaa+eeaa)$, ou $e^2(b^4+c^4+bbaa+ccaa-2bbca-2c^3a+2ccbb)$ $-b^4a^2-ccbbaa-a^4b^2+2bbca^3=0$. Donc

$$e^2=\frac{bbaa(bb+\overline{c-a}^2)}{\overline{cc-ca}^2+bb(bb+cc+\overline{c-a}^2)}.$$

Il est facile de voir dans cette équation que $(bb+\overline{c-a}^2)$ est plus petit que le dénominateur; & qu'ainsi e^2 sera $< a^2$, c'est-à-dire que $2a$ sera le grand axe de l'ellipse.

VIII.

Si dans l'expression de l'Elément de la surface conique, on suppose, comme ci-dessus, $1-z=u$, & $u=\frac{1}{x}$, on trouvera, comme dans le cas de la surface conique circulaire, que la quadrature de la surface conique elliptique dépend de la rectification des Sections coniques, & de la quadrature d'une courbe du troisiéme genre; l'Elément sera, en prenant u pour variable,

$$\frac{du}{\sqrt{u}\cdot\sqrt{2-u}}\times\sqrt{bb(1+ee-\overline{1.1-u})+\overline{e-ec+cu}^2};$$

or soit $bb + \overline{e - ec}^2 = A$, $-2bb(ee - 1) + 2c(e - ec) = B$, & $bb(ee - 1) + cc = CC$, on aura pour l'ordonnée de la courbe du troisiéme genre $\sqrt{CCuu + Bu + A} \times \frac{\sqrt{2 - u}}{\sqrt{u}}$. La quadrature de la surface conique ne dépendra plus de celle de cette courbe, si $B = -2CC$, c'est-à-dire, si $-2cc = 2ce - 2cce$, ou, ce qui revient au même, si $c = \frac{e}{e - 1}$. D'où l'on voit que e doit être > 1, c'est-à-dire, que e doit être le demi grand axe de l'ellipse, & qu'outre cela, on doit avoir $c : a :: e : e - a$.

I X.

Si l'on fait $u = \frac{1}{x}$, on trouvera que la partie qui dépend de la rectification des Sections coniques, est

$$-\frac{A\,dx}{\sqrt{2x - 1} \cdot \sqrt{CC + Bx + Axx}} + \frac{2Ax\,dx}{\sqrt{2x - 1} \cdot \sqrt{CC + Bx + Axx}};$$

soit $2x - 1 = t$, & ces deux quantités deviendront

$$\frac{A\,dt\sqrt{t}}{2} \times \frac{1}{\sqrt{CC + \frac{Bt}{2} + \frac{Att}{4} + \frac{B}{2} + \frac{A}{4} + \frac{At}{2}}};$$

qui dépend de la rectification de l'hyperbole seule, si $\frac{B}{2} + \frac{A}{4} + CC$ est une quantité négative, ou si $Bt + At = 0$, c'est-à-dire, si $B = -A$; & ainsi du reste.

X.

Jusqu'ici nous avons supposé que la perpendiculaire

EF tomboit sur un point *F* de l'axe *CF* prolongé. Mais si le point *F* où tombe la perpendiculaire, n'étoit pas dans l'axe, alors menant par ce point *F* une ligne *FC* (*fig.* 43.) parallèle à l'axe, & menant du centre *G* de l'ellipse une ligne *GC* perpendiculaire à *FC*, qui rencontre cette ligne *FC* en *C*, on aura, en conservant les mêmes noms que ci-dessus, l'Elément de la surface conique égal à une quantité de cette forme $-\frac{dz\sqrt{A+Bzz+Cz+L\sqrt{1-zz}\,(1+Rz)}}{\sqrt{1-zz}}$ quantité qui peut se simplifier en différentes occasions. Par exemple, si c étoit $=o$, c'est-à-dire, si le point *F* tomboit sur le point *C*, l'Elément seroit alors de cette forme $\frac{-dz}{\sqrt{aa-zz}}\times\sqrt{A+Bzz+L\sqrt{aa-zz}}$; or en faisant $\sqrt{aa-zz}=u$, cette quantité devient de la forme $\frac{du}{\sqrt{aa-uu}}\times\sqrt{K+Lu^2+Mu}$, qui dépend aussi de la rectification des Sections coniques & de la quadrature d'une courbe du troisiéme genre; comme on le voit aisément en faisant $a=1$, $1-u=s$, & $s=\frac{1}{q}$, & en employant une méthode semblable à celle dont nous nous sommes servis pour trouver la surface d'un cône circulaire oblique. Mais en voilà assez sur cette matiere.

Fin du septiéme Mémoire.

ADDITION

Au Mémoire précédent.

EN ouvrant les Mémoires de Berlin de 1756, je trouve un ſavant Ecrit de M. Euler, qui a pour titre, *Expoſition de quelques Paradoxes ſur le Calcul intégral.* Le premier de ces Paradoxes conſiſte dans certaines équations différentielles, dont on trouve l'intégrale en les différentiant de nouveau. Si on jette les yeux ſur les équations que M. Euler apporte en exemple de ce Paradoxe, on verra facilement qu'en faiſant $\frac{dx}{dy} = z$; elles peuvent être toutes renfermées ſous la forme générale $x - yz = \Delta z$, Δz déſignant une fonction quelconque de z ou de $\frac{dx}{dy}$. Or j'avois déja fait cette curieuſe remarque (à la vérité en peu de mots) dans les Mémoires de Berlin 1748, p. 276, Art. XXVIII. Voici ce que j'ai dit dans ces Mémoires. Si $x = yz + \Delta z$, *l'équation appartient en même-tems à une ligne droite & à une ligne courbe. Car la différentiation donne* $(y + \Gamma z)\, dz = 0$; *d'où l'on tire, ou bien* $dz = 0$, *qui appartient à une ligne droite, ou bien* $y = -\Gamma z$, *qui eſt à une ligne courbe.*

On voit donc que dès 1748 (& même dès 1747, comme le prouve la date du Mémoire), j'avois conſidéré les équations dont il eſt queſtion, & dont la propriété eſt d'appartenir en même-tems à une ligne droite & à une ligne courbe, & d'être intégrées par la différentiation. Je ne prétends point au reſte diſputer à M. Euler l'avantage d'avoir auſſi fait cette remarque, qui vraiſemblablement lui avoit échappé dans mon Mémoire de 1748; puiſqu'il ne l'a point cité. Mais comme ce grand Géometre l'a jugée digne d'être expoſée en détail dans un Mémoire exprès, je crois pouvoir obſerver que je ſuis le premier qui l'aye faite. A l'égard des autres paradoxes dont il eſt queſtion dans le ſavant Mémoire de M. Euler, je lui dois la juſtice que perſonne ne les avoit remarqués avant lui.

Fin du ſeptiéme Mémoire & de l'Addition.

HUITIÉME MÉMOIRE.

Remarques ſur quelques queſtions concernant l'attraction.

I.

J'AI dit dans mes *Recherches ſur la cauſe générale des Vents*, Art. 31, p. 42, que ſi la Terre eût été un ſphéroïde allongé, il n'eût pas été néceſſaire d'avoir recours, pour expliquer ce phénomene, comme l'ont fait quelques Auteurs, à un noyau intérieur allongé; & qu'il auroit pû ſe faire qu'avec un noyau intérieur applati, la Terre eût été allongée vers les pôles. Cette vérité eſt une ſuite néceſſaire & immédiate des formules que j'ai données au même endroit que je viens de citer. Cependant un Géometre Italien, qui a du nom dans les Mathématiques, l'a attaquée par cette conſidération, que ſi le noyau intérieur étoit applati, & qu'on dérangeât le fluide extérieur de ſon état d'équilibre, il n'y reviendroit jamais, au lieu qu'il y reviendroit de lui-même, ſi le noyau intérieur étoit allongé; d'où il conclud que cette derniere hypothèſe eſt la ſeule propre à rendre raiſon de l'équilibre.

Je pourrois d'abord répondre que dans toutes les recherches qu'on a faites juſqu'ici ſur la *Figure de la Terre*, il n'a jamais été queſtion que de l'état d'équilibre ; & que juſqu'à ce Géometre, on n'avoit point encore penſé à y ajouter cette condition, que le fluide dérangé de cet état, ſe rétablît de lui-même. Ainſi, en partant de la maniere ordinaire d'envisager cette queſtion, je ne devois point, ou du moins je n'étois pas obligé à faire entrer cette conſidération nouvelle dans mon calcul. Cependant, à l'exemple du Géometre dont je viens de parler, je vais y avoir égard, & je prouverai qu'il n'eſt pas néceſſaire, dans cette hypothèſe même, que le ſphéroïde intérieur ſoit allongé, pour que la Terre le ſoit.

Pour ne point répéter ce que j'ai dit ailleurs, je conſerverai les mêmes noms que dans l'art. 31 déja cité des *Recherches ſur les Vents*; j'appellerai r le rayon du ſphéroïde tant intérieur qu'extérieur, parce qu'on ſuppoſe que le fluide qui couvre le noyau intérieur, ait très-peu de hauteur par rapport au rayon de ce noyau ; α' la différence des axes du noyau, α celle du ſphéroïde extérieur, φ la force centrifuge à l'équateur, p la peſanteur, Δ la denſité du noyau, & δ celle du fluide ; & on aura dans le cas de l'équilibre $\frac{\varphi r}{2p} + \frac{3\delta\alpha + 3\alpha'(\Delta - \delta)}{5\Delta} - \alpha = o$.

Si cette quantité, au lieu d'être $= o$, eſt poſitive ou

négative, c'eſt-à-dire, ſi la force perpendiculaire au rayon oſculateur, & par conſéquent tangente à la courbe, n'eſt pas nulle, alors il n'y aura point d'équilibre; & le fluide ne pourra ſubſiſter dans cet état, & cherchera néceſſairement à en prendre un autre, c'eſt-à-dire à s'applatir ou à s'allonger. Si la quantité dont il s'agit, eſt poſitive, c'eſt-à-dire, ſi la force tangentielle eſt dirigée des pôles vers l'équateur, le fluide tendra à s'applatir davantage, ou à s'allonger moins; ſi au contraire la quantité eſt négative, c'eſt-à-dire, ſi la force tangente à la courbe eſt dirigée de l'équateur vers les pôles, le fluide tendra à s'applatir moins ou à s'allonger davantage.

Or, pour que l'état d'équilibre ſoit tel, que ſi on dérange le fluide de cet état, il le reprenne de lui-même, il faut; 1°. que ſi le fluide eſt allongé & en équilibre, & qu'on le ſuppoſe moins allongé, la force qui dans le cas d'équilibre étoit zéro, ſoit négative dans le cas d'un moindre allongement; c'eſt-à-dire, que cette force ſoit dirigée de l'équateur vers les pôles. Car alors cette force (ſuivant ce qui vient d'être dit) tendra à remettre le fluide dans un état de plus grand allongement, & par conſéquent dans l'état qu'il avoit, lorſqu'il étoit en équilibre. 2°. Il faut au contraire que ſi le fluide eſt plus allongé que dans l'état d'équilibre, la force qui étoit $=0$ dans le cas d'équilibre, ſoit poſitive dans le nouvel état d'allongement, c'eſt-à-dire, dirigée des pôles vers l'équateur, & tendante à diminuer l'allongement du ſphéroïde, & à le remettre dans ſon état d'équilibre. 3°. Par la la même raiſon, ſi le fluide eſt applati, dans le cas d'équilibre, il faut que la force dont il s'agit, ſoit négative dans le cas d'un plus grand applatiſſement, & poſitive dans le cas d'un applatiſſement moindre.

Donc en général, α' étant la différence des axes dans le noyau intérieur, & cette quantité étant poſitive ou négative, mais invariable, ſi nous ſuppoſons que α ſoit la différence des axes du ſphéroïde extérieur, dans le cas d'équilibre, laquelle ſoit auſſi poſitive ou négative, ſelon que le ſphéroïde extérieur ſera applati ou allongé; imaginons que cette différence devienne $\alpha + \rho$; enſorte que le fluide, par quelque cauſe que ce ſoit, devienne plus ou moins applati, ou bien (ce qui eſt la même choſe) moins ou plus allongé, ſavoir plus applati ou moins allongé, ſi ρ eſt poſitif, & moins applati ou plus allongé, ſi ρ eſt négatif; on aura; 1°. puiſque le fluide eſt en équilibre dans le cas où la différence des axes eſt α, l'équation $\frac{\phi r}{2 p} + \frac{3 \delta \alpha + 3 \alpha' (\Delta - \delta)}{5 \Delta} - \alpha = 0$.

2°. Dans le cas où $\alpha + \rho$ ſera la différence des axes, on aura en ſubſtituant $\alpha + \rho$, au lieu de α dans l'expreſſion précédente, une quantité qui devra être négative, ſi ρ eſt poſitif, & poſitive, ſi ρ eſt négatif, de quelque ſigne que ſoit d'ailleurs α; c'eſt-à-dire que $\frac{3 \delta \rho}{5 \Delta} - \rho$ doit être négative ſi ρ eſt poſitif, & poſitive ſi ρ eſt négatif. Donc 3δ doit être $< 5 \Delta$.

Donc, pour que le fluide reprenne de lui-même ſon

état d'équilibre, il n'est point nécessaire que le noyau intérieur soit allongé dans le cas où le fluide supérieur le seroit lui-même, il suffit que la densité du fluide soit plus petite que $\frac{5}{3}$ de celle du noyau.

II.

Une nouvelle considération va achever de mettre dans le plus grand jour ce que nous venons de dire. Nous avons démontré, p. 43 des *Recherches sur la cause générale des Vents*, que si on fait $5\Delta = 3\delta - f$, on aura $\alpha = \frac{\frac{\phi r}{2p} - \frac{\alpha'}{5}\left(2 + \frac{f}{\Delta}\right)}{\frac{-f}{5\Delta}}$. D'où l'on voit que si le fluide est en repos, & ne tourne pas, c'est-à-dire, si la force centrifuge ϕ est nulle, on aura $\alpha = \frac{\alpha'(2\Delta + f)}{f}$. Supposons à présent que le fluide tourne; il est évident que cette rotation doit tendre à l'applatir davantage ou à l'allonger moins; donc $\frac{\phi r . 5\Delta}{-2pf}$ doit être une quantité positive, de quelque signe que soit d'ailleurs la quantité $\frac{\alpha'(2\Delta + f)}{f}$ qui exprime la différence des axes dans le cas de $\phi = o$. Donc f doit être négative, c'est-à-dire, que 5Δ doit être plus grand que 3δ; précisément comme on l'a vû ci-dessus.

Si le noyau intérieur étoit allongé, ensorte que α' fût négatif, & si de plus f étoit positif, c'est-à-dire, que 5Δ

fût plus petit que $3\,\delta$, alors φ étant $=o$, le sphéroïde extérieur seroit allongé, puisqu'alors $\frac{\alpha'(2\Delta+f)}{f}$ seroit négatif; mais si on suppose qu'en cet état d'équilibre, le sphéroïde vienne à tourner, il tendra à devenir moins allongé par la rotation; au lieu qu'il doit l'être davantage pour qu'il y ait équilibre, puisque f étant positif, la quantité $\frac{\varphi r \cdot 5\Delta}{-2pf}$ est négative.

Ainsi, dans le cas où la Terre seroit un sphéroïde allongé, l'hypothèse d'un noyau intérieur solide & allongé ne seroit pas plus avantageuse pour expliquer cet allongement, que celle d'un noyau intérieur solide & applati, si f étoit positive, c'est-à-dire, si $5\,\Delta$ étoit $< 3\,\delta$.

Ce n'est donc point la figure du noyau intérieur, comme le Mathématicien dont nous avons parlé semble l'avoir cru, qui empêche que l'équilibre troublé ne se rétablisse, ou qui contribue à le rétablir; c'est le rapport de la densité du fluide extérieur à la densité du noyau; si la densité δ du fluide est $< \frac{5}{3}$ de la densité Δ du noyau, l'équilibre dérangé se rétablira de lui-même; si elle est plus grande, l'équilibre une fois dérangé ne pourra se rétablir.

Cet équilibre se rétablira donc, quand même la densité δ du fluide supérieur seroit plus grande que celle du noyau, pourvû qu'elle fût $< \frac{5}{3}$ de cette densité du noyau. Il eſt vrai que la plûpart de ceux qui ont traité de la figure de la Terre, ont ſuppoſé que δ devoit toujours être $< \Delta$, les couches les plus voiſines du centre, devant ſelon eux, être les plus denſes. Mais cela n'eſt nullement néceſſaire. Voyez mes *Recherches ſur le Syſtême du Monde*, *Troiſiéme Partie*, p. 187 & 188.

III.

Dans le même Ouvrage déja cité, *ſur la cauſe générale des Vents*, il s'eſt gliſſé une erreur de calcul qui n'influe en rien ſur le reſte de la Diſſertation ; mais qui étant corrigée, donne lieu à un réſultat curieux & important. Je ſuppoſe ici, pour ne point me répéter, qu'on ait l'Ouvrage devant les yeux ; il faudra réformer ainſi la fin de la page 155, & le commencement de la ſuivante. » Si » on fait tourner l'ellipſe OMT (*fig.* 44.) ſur OC, » le plan MCZ demeurant immobile ; CT deviendra » $r - a\dfrac{-\epsilon A'^2 - 2\epsilon A'dA'}{rr}$, & z ne changera que » d'une quantité infiniment petite du ſecond ordre ; d'où » il s'enſuit que CM dans ſa premiere poſition étant » $r + \left(a + \dfrac{\epsilon A'^2}{rr}\right)\dfrac{zz - rr}{rr}$, elle ſera dans ſa » ſeconde poſition $r + \left(a + \dfrac{\epsilon A'^2}{rr} + \dfrac{2\epsilon A'dA'}{rr}\right)$ » $\left(\dfrac{zz - rr}{rr}\right)$; enfin l'angle entre la ligne CM dans ſa » premiere poſition, & la ligne CM dans ſa poſition nou-

» velle, fera à l'angle $\frac{r\,dA'}{\sqrt{rr - A'A'}}$ :: $\sqrt{rr - zz} : r$; de-là
» il s'ensuit que $k' = \frac{2 6 A' dA' (rr - zz)}{r^4}$ divisé par
» $\frac{dA' \sqrt{rr - zz}}{\sqrt{rr - A'A'}} = \frac{2 6 A' \sqrt{rr - A'A'}}{r^3} \times \frac{\sqrt{rr - zz}}{r}$.
Donc k' n'est pas égal à $\frac{6 6 A' \sqrt{rr - A'A'}}{5 rr} \times \frac{\sqrt{rr - zz}}{r^2}$.
» Ainsi un sphéroïde qui n'est pas un solide de révolu-
» tion, & qui est par-tout de la même densité, ne sau-
» roit être en équilibre.

» Si le solide proposé n'est pas par-tout de la même
» densité, mais qu'il renferme un noyau dont C soit le
» centre, & dont les rayons r', $r' - \alpha'$, $r' - \alpha' - 6'$
» soient peu différens des rayons correspondans CO, CK,
» CY; alors nommant p la force ou pesanteur en M
» suivant MC, & Δ la densité du noyau intérieur, on
» aura $p =$ à peu près $\frac{4 n \Delta r}{3}$; & on trouvera que la
» force perpendiculaire au rayon CM, dans le plan
» $OMTC$, est $\left(\frac{4 n \delta r}{3} \times \left[\frac{6 \alpha}{5 r} + \frac{6 6 A'^2}{5 r^3} \right] \right.$
» $+ \left[\frac{4 n \Delta r - 4 n \delta r}{3} \right] \times \left. \left[\frac{6 \alpha'}{5 r} + \frac{6 6' A'^2}{5 r^3} \right] \right) \times$
» $\frac{z \sqrt{rr - zz}}{rr}$; or le rapport de cette force à la force
» p sera égal à k, si $\delta \left(\frac{\alpha}{r} + \frac{6 A'^2}{r^3} \right) + (\Delta - \delta)$.
» $\left(\frac{\alpha'}{r} + \frac{6' A'^2}{r^3} \right) = \frac{5 \Delta}{3} \left(\frac{\alpha}{r} + \frac{6 A'^2}{r^3} \right)$:

» & comme cette équation doit avoir lieu, quel que » soit A', il s'ensuit que cette équation donne séparément » les deux suivantes; 1°. $\frac{\delta\alpha}{r} + (\Delta - \delta)\frac{\alpha'}{r} = \frac{5\Delta\alpha}{3r}$, » ou $\alpha = \frac{(\Delta - \delta)\alpha'}{\frac{5\Delta}{3} - \delta}$; 2°. $\frac{\delta\beta}{r^3} + (\Delta - \delta)\frac{\beta'}{r^3}$ » $= \frac{5\Delta\beta}{3r^3}$, ou $\beta = \frac{(\Delta - \delta)\beta'}{\frac{5\Delta}{3} - \delta}$. A l'égard de la force » perpendiculaire à CM dans le plan MCZ, elle sera » $\frac{6A'\sqrt{rr - A'A'}\cdot\sqrt{rr - zz}}{5r^3} \times [\frac{4n\delta r}{3} \times \beta +$ » $\frac{(4n\Delta r - 4n\delta r)}{3} \times \beta']$; & le rapport de cette » force à p sera égal à k', si $\frac{\sqrt{rr - zz}}{5r} \times [\frac{\delta\beta + (\Delta - \delta)\beta'}{\Delta}]$ » est égal à $\frac{\beta\sqrt{rr - zz}}{3r}$; d'où l'on tire $\beta = \frac{(\Delta - \delta)\beta'}{\frac{5\Delta}{3} - \delta}$; » équation que la premiere condition a déja donnée.

» Ainsi, pour que le sphéroïde soit en équilibre en » vertu de la seule attraction de ses parties, ce sphéroïde » n'étant pas d'ailleurs un solide de révolution, il faut; » 1°. que $\frac{\alpha}{\alpha'}$ soit $= \frac{\beta}{\beta'}$, c'est-à-dire que le noyau » & le sphéroïde soient semblables; 2°. que $\frac{\alpha}{\alpha'} =$ » $\frac{3\Delta - 3\delta}{5\Delta - 3\delta}$. On voit aussi que si α' & β' sont égaux à » zéro, c'est-à-dire si le noyau intérieur est sphérique, &

» que de plus $5\Delta = 3\delta$, α & $\mathcal{C}$ pourront être tout ce » qu'on voudra, pourvû qu'on les suppose très-petits. » Dans ce seul cas le sphéroïde extérieur pourra être de » telle figure qu'on voudra, pourvû qu'il différe peu d'une » sphère ; & c'est le seul cas où il ne doit pas être sem- » blable au noyau intérieur.

I V.

» Si le sphéroïde tourne autour de l'axe OC, il en ré- » sultera une force suivant $VM = \frac{\phi . VM}{CK}$, ϕ étant la » force centrifuge en K ; & comme on suppose ϕ très- » petite par rapport à p, cette force suivant VM sera = » $\frac{\phi\sqrt{rr - zz}}{r}$; & la force perpendiculaire au rayon » CM dans le plan $OMTC$ devra être diminuée de la » quantité $\frac{\phi z\sqrt{rr - zz}}{rr}$. Quant à la force perpendi- » culaire à CM dans le plan MCZ, elle ne recevra » aucune altération ; ainsi il n'y aura d'autres change- » mens à faire dans les calculs précédens, que de transf- » former l'équation $\frac{\delta\alpha}{r} + (\Delta - \delta)\frac{\alpha'}{r} = \frac{5\Delta\alpha}{3r}$, » en celle-ci $-\frac{5\phi\Delta}{6p} + \frac{\delta\alpha}{r} + (\Delta - \delta)\frac{\alpha'}{r}$ » $= \frac{5\Delta\alpha}{3r}$, ou $\alpha = \frac{-\frac{\phi r}{2p} + \frac{3\alpha'(\Delta - \delta)}{5\Delta}}{1 - \frac{3\Delta}{5\Delta}}$; à

» l'égard de la valeur de $\frac{\beta}{\beta'}$, elle sera la même que » dans l'Art. précédent, savoir $\frac{\Delta - \delta}{\frac{5\Delta}{3} - \delta}$; mais elle » ne sera plus égale à $\frac{\alpha}{\alpha'}$.

Il est donc évident; 1°. que l'on peut avoir (même en supposant un mouvement de rotation) un sphéroïde dont les coupes par l'axe ne soient, ni semblables, ni égales, & qui soit néanmoins en équilibre, pourvû qu'il y ait au centre un noyau, dont la densité soit différente de celle de la surface; 2°. que dans ce sphéroïde la quantité β dépendra de la seule quantité β', & la quantité α de la seule quantité α', sans que α dépende de β', ni β de α'; 3°. que la valeur de α sera la même que si β' étoit $= o$, c'est-à-dire, si le noyau intérieur étoit sphérique. Car cette valeur est la même que la valeur $\frac{\frac{\phi r}{2p} + \frac{3\alpha'}{5}\left(\frac{\Delta - \delta}{\Delta}\right)}{1 - \frac{3\delta}{5\Delta}}$ qu'on a trouvé p. 42 de l'Ouvrage cité pour le cas d'un noyau sphérique. La seule différence vient de ce que dans l'endroit cité, on regardoit α & α' comme positives, c'est-à-dire le sphéroïde & le noyau comme applatis; au lieu qu'ici on regarde le sphéroïde & le noyau comme allongés; & par conséquent α & α' comme négatives.

Ainsi la dissimilitude des méridiens n'empêcheroit point que

que la direction des graves ne pût être perpendiculaire à la surface de la Terre en un point quelconque. Nous avons fait voir de plus dans les Mémoires de l'Académie des Sciences de 1754, que cette dissimilitude ne nuisoit point non plus aux phénomenes de la *Précession des Equinoxes.* Nous avons enfin prouvé dans la troisiéme Partie de nos *Recherches sur le systême du Monde*, que les observations ne fournissent pas des argumens suffisans en faveur de la similitude parfaite des méridiens. Donc la dissimilitude des méridiens de la Terre n'est jusqu'ici prouvée, ni par la théorie, ni par les observations.

V.

Dans l'Art. *Gravitation* de l'Encyclopédie, & dans la troisiéme Partie de mes *Recherches sur le systême du Monde*, p. 198 & 199, j'ai remarqué qu'un point placé sur une surface sphérique, éprouve de la part de cette surface, une attraction qui n'est que la moitié de celle qu'éprouveroit ce même point, placé au-delà de cette même surface à une si petite distance qu'on voudroit, pourvû que cette distance ne fût pas $= o$. J'ai essayé dans les mêmes endroits cités, & sur-tout dans l'Art. *Gravitation*, de rendre raison de ce paradoxe, en analysant & en décomposant, pour ainsi dire, le calcul par lequel on trouve la gravitation d'un point vers une surface sphérique. A cette analyse j'ajouterai ici quelques réfléxions.

Soit *A* (*fig.* 45.) le point attiré, $BC = r$ le rayon de la ſurface attirante, $AB = n$, $BM = x$, π le rapport de la demi-circonférence au rayon; la différentielle de l'attraction ſera $\frac{2\pi r x (n+x) dx}{(nn + 2nx + 2rx)^{\frac{3}{2}}}$; cette différentielle eſt composée de deux parties, ſavoir $\frac{2\pi r n dx}{(nn+2nx+2rx)^{\frac{3}{2}}}$, & $\frac{2\pi r x dx}{(nn+2nx+2rx)^{\frac{3}{2}}}$. Or il eſt d'abord évident, que quand $n = o$, la premiere différentielle s'évanouit, & que ſi n n'eſt pas $= o$, l'intégrale de cette premiere différentielle eſt $\frac{2\pi r n}{n+r}\left(\frac{1}{n} - \frac{1}{\sqrt{nn+2nx+2rx}}\right)$, laquelle (en ſuppoſant n infiniment plus petite que r) ſe réduit à $\frac{2\pi r n}{r}\left(\frac{1}{n} - \frac{1}{\sqrt{nn+2nx+2rx}}\right)$ $= 2\pi AB \times \left(\frac{1}{AB} - \frac{1}{AN}\right)$: & ſi le point *N* tombe en *D*, l'intégrale deviendra $2\pi AB \times \left(\frac{1}{AB} - \frac{1}{AD}\right)$, qui ſe réduit à 2π, parce que $\frac{1}{AD}$ peut être négligé par rapport à $\frac{1}{AB}$. On voit donc comment une différentielle qui eſt $= o$ auſſi-bien que ſon intégrale, lorſque $n = o$, peut devenir finie, en ſuppoſant n ſi petite qu'on voudra, pourvû qu'elle ne ſoit pas $= o$. J'avois déja fait cette remarque dans l'art. *Gravitation* de l'Encyclopédie; & M. de la Grange l'a faite auſſi depuis dans le premier Volume des *Mémoires de l'Académie des Scien-*

ces de Turin. M. de la Grange remarque de plus, avec raiſon, que ſi *AB* eſt négatif, l'intégrale qui étoit 2π dans le cas de *AB* poſitif, devient alors $= -2\pi$. Ainſi voilà une quantité Algébrique qui, dans le cas de n poſitive, & ſi petite qu'on voudra, eſt $= 2\pi$, qui dans le cas de $n = o$ eſt $= o$, & qui dans le cas de n négative & ſi petite qu'on voudra, devient $= -2\pi$.

Pour adoucir (ſi je puis parler ainſi) cette eſpèce de paradoxe, d'une quantité qui s'évanouit tout-à-coup ſans avoir paſſé auparavant par des diminutions ſucceſſives, j'avois apporté dans *mes Recherches ſur le ſyſtême du Monde*, p. 199, III. Partie, l'exemple de la courbe $y = \sqrt{ax} + \sqrt[4]{a^3(x+b)}$, qui, comme M. Euler l'a remarqué, perd ſubitement un diametre lorſque $b = o$. M. de la Grange m'objecte que cet exemple n'eſt pas analogue au précédent, parce que dans le cas de $b = o$, la courbe eſt compoſée d'un ſyſtême de deux courbes différentes, lequel ſyſtême conſerve un diametre. J'en conviens, & je ne l'ignorois pas; auſſi n'ai-je apporté cet exemple que pour montrer que ce qu'on appelle la *Loi de continuité* (dans quelque ſens qu'on prenne ce mot) ne s'obſerve pas toujours dans les quantités Algébriques. Car il eſt d'ailleurs facile d'apporter un exemple plus direct, & plus analogue à celui dont il s'agit. Soit *AC* (*fig.* 46.) un quarré dont le côté $AB = b$; & ſoit $AE = n$, & $AF = \frac{bb}{n}$; il eſt clair que tant que *AE* ne ſera pas $= o$ abſolu, la ſurface *AEGF* ſera $= bb$;

mais quand $AE = o$, il n'y aura plus de surface, & $AEGF$ sera $= o$; la surface se réduisant alors à une ligne droite.

Cette derniere maniere d'expliquer le paradoxe en question, me paroît, si je l'ose dire, plus lumineuse & plus simple que celle de M. de la Grange, qui mérite que je m'y arrête un moment. La différence finie entre les attractions, lorsque $n = o$, & lorsque n est finie & si petite qu'on voudra, dépend » selon lui, du point de » la surface B (*fig.* 45.) qui exerce une force finie, & » $= 2\pi$ sur le point A, lorsque l'on fait évanouir leur » distance AB. Pour s'en convaincre, on n'a qu'à réflé» chir qu'un point de surface est nécessairement un infi» niment petit du second ordre, & que la fonction AB^2 » de la distance évanouissante devient aussi infiniment » petite du même ordre; d'où il s'ensuit que l'attraction » du point A (qui est proportionnelle à ce point divisé » par la fraction donnée) deviendra finie, & on peut s'as» surer d'ailleurs que cette attraction sera $= 2\pi$. Ceci » posé, quand on fait venir le point A à la surface de » dehors, on a l'attraction $= 4\pi$, qui est composée de » l'attraction 2π du point A, & de l'autre partie 2π qui » doit nécessairement exprimer l'attraction du reste de la » surface. Mais si l'on fait que le point A vienne toucher » la surface au-dedans, alors l'attraction 2π du point A » devra agir en sens contraire, & jointe avec l'autre » partie 2π qui agit dans le même sens qu'auparavant, » donnera $2\pi - 2\pi = o$ pour l'attraction dans ce cas;

» enfin si le point est d'abord placé sur la surface en *B*, » on exclut dans ce cas l'attraction du point de surface » *B*, & on a seulement 2 π pour l'attraction totale, » comme le donne le calcul «.

1°. Je n'entends pas la distinction que veut mettre M. de la Grange, entre un point qui *touche une surface en dehors*, un point qui est *placé sur cette surface*, & un point *qui la touche en-dedans*. Car, comme une surface n'a point de largeur, un point qui coincide avec une surface, ne la touche proprement ni *en-dedans*, ni *en-dehors*, ou, si l'on veut, la touche en-dedans & en-dehors tout-à-la-fois; & un point qui ne coincide pas avec la surface, ne la touche point. Cette notion de la surface est adoptée de tous ceux qui connoissent les Elémens de Géométrie, & je ne vois point ce qu'on peut y opposer.

2°. Si par les mots de *toucher en dedans* ou *en-dehors*, M. de la Grange veut dire, être placé à une distance infiniment petite en-dedans ou en-dehors, alors l'expression s'entend; mais je ne conviens pas de ce que prétend l'Auteur, que le point de surface *B*, qui est *nécessairement un infiniment petit du second ordre*, exerce sur le point *A* une attraction finie & = 2 π. Car 1°. pourquoi faut-il *nécessairement* regarder le point *B* de la surface comme un infiniment petit du second ordre? Ce point *B* n'est qu'un point sans étendue, incomparable en lui-même à quelque surface que ce soit. 2°. Si au lieu du point *B* on substitue en effet une surface circulaire, réellement infiniment petite du second ordre, dont l'abscisse soit BL, & le rayon BO, on trouvera facilement (voyez l'Article *Gravitation* de l'Encyclopédie), que l'attraction de cette surface est $\frac{2\pi r(nn+nr)}{(2n+2r)^2}$ $\times\left(\frac{2}{n}-\frac{2}{\sqrt{nn+2nx+2rx}}\right)+2\pi r\times$ $\left(\frac{2\sqrt{nn+2nx+2rx}-2n}{(2n+2r)^2}\right)$, qui se réduit (à cause de n infiniment petite) à $2\pi n\left(\frac{1}{n}-\frac{1}{\sqrt{nn+2nx+2rx}}\right)$ $+\frac{\pi}{r}\times(\sqrt{nn+2nx+2rx}-n)$, ou $2\pi-\frac{2\pi.AB}{AO}$ $+\frac{\pi(AO-AB)}{r}=2\pi-\frac{2\pi.AB}{AO}$, parce que $\frac{\pi.(AO-AB)}{r}$ est infiniment petit. Or cette quantité $2\pi-\frac{2\pi.AB}{AO}$ n'est $=2\pi$ que dans le cas où AO est infiniment grande par rapport à AB, parce que le terme $\frac{2\pi.AB}{AO}$ s'évanouit alors ; & il faut pour cela que BO soit infiniment grande par rapport à AB. Donc quand même on regarderoit le point de surface B comme une surface infiniment petite du second ordre, on n'en seroit pas en droit de conclure que l'attraction de ce point sur le point A est $=2\pi$.

M. de la Grange se seroit exprimé, ce me semble, plus exactement, s'il avoit dit, que tirant du point A la tangente AF, l'attraction de la portion de surface formée par l'arc BF est $2\pi-\frac{2\pi.AB}{AF}+\frac{\pi(AF-AB)}{r}$, qui ſe réduit (dans le cas où *A B* eſt infiniment petite du ſecond ordre) à 2π, parce qu'alors non-ſeulement *A B* & *A F* ſont nulles par rapport à r, mais encore *AB* eſt nulle par rapport à *A F*. Ainſi tant que *A B* n'eſt pas $= o$ abſolu, l'attraction de la ſurface formée par *B F*, eſt finie & $= 2\pi$; mais lorſque $AB = o$, cette ſurface & ſon attraction ſur le point *A* s'évanouiſſent.

On peut encore conſidérer que la même ſurface *B F* qui exerce ſur le point *A* une attraction finie, lorſque *AB* eſt infiniment petite du ſecond ordre, n'exerce plus ſur ce même point qu'une attraction infiniment petite, lorſque $AB = o$, *B F* reſtant toujours la même & infiniment petite. Le calcul en eſt facile à faire; & on trouvera que l'attraction eſt $\frac{\pi . BF}{r}$. Ce réſultat n'a rien de ſurprenant; car en regardant *BF* comme une ligne droite, & la ſurface qui en eſt formée, comme plane, l'attraction que ſouffre le centre *B*, feroit abſolument nulle; mais la petite courbure de la ſurface fait que cette attraction eſt $\frac{\pi . BF}{r}$.

On peut remarquer en paſſant, que ſi on regarde *B F* comme infiniment petite du premier ordre, & par conſéquent la ſurface engendrée par *B F* comme infiniment petite du ſecond ordre, AB^2 ſera infiniment petite du quatriéme; de ſorte que, ſuivant le raiſonnement de M. de la Grange, l'attraction de cette ſurface ſur le point *A* feroit infiniment grande du ſecond ordre, quoiqu'elle ne soit réellement égale qu'à 2 π. Mais en voilà, ce me semble, assez pour faire voir que l'explication du paradoxe donnée par cet habile Géometre, est insuffisante, ce qu'on ne peut pas, ce me semble, dire de la nôtre. Dans l'Article *Gravitation* de l'Encyclopédie, j'en ai donné l'explication analytique, en montrant comment une partie de la différentielle & par conséquent de l'intégrale, s'évanouit dans le cas de $n = 0$. Ici j'en donne la vraie raison Métaphysique, en montrant que l'attraction de la surface formée par BF, est toujours $= 2\pi$, excepté dans le cas où AB & BF sont $= 0$. Si le point A est au-dedans de la surface, par exemple en M, & que BM soit infiniment petite du second ordre, on prouvera de même, que l'attraction de la surface formée par BN, est $= 2\pi$.

Fin du huitiéme Mémoire.

NEUVIÉME MÉMOIRE.

Doutes sur différentes questions d'Optique.

JE me propose d'examiner dans ce Mémoire différens points fondamentaux de la théorie de la vision, & de montrer combien il reste encore d'incertitude sur ces différens points. On y verra que nous n'avons encore rien de bien assuré, ni sur le lieu apparent des objets, ni sur leur grandeur apparente, soit dans la vision directe, soit dans la vision réfléchie ou réfractée.

I.

Tous les Opticiens ont pris jusqu'à présent pour un axiome, que tout objet, ou plutôt tout point visible, est apperçu dans le rayon qui va de ce point visible à l'œil. Cette Proposition ne paroît devoir souffrir aucune difficulté, lorsque le rayon visuel est dans l'axe optique même; parce qu'alors le rayon visuel traverse l'œil en ligne droite, sans souffrir aucune réfraction. Mais il n'en est pas ainsi des rayons qui entrent dans l'œil obliquement, & qui viennent des côtés de l'objet. Car ces rayons souffrent nécessairement des réfractions dans les humeurs de l'œil ; de sorte que la partie du rayon qui frappe le fond de l'œil, & qui est la cause immédiate de la vision, n'est pas en ligne droite avec la partie du rayon qui est venue du point visible à l'œil. Ce n'est pas tout ; le rayon qui frappe le fond de l'œil, n'affecte pas l'organe suivant sa propre direction : mais son action sur le fond de l'œil, doit s'exercer & s'estimer (conformément aux loix de la Méchanique) suivant une direction perpendiculaire à la courbure que le fond de l'œil forme en cet endroit. Or je demande maintenant suivant quelle direction on apperçoit le point visible ? Est-ce suivant la direction du rayon qui va du point visible à l'œil ? L'expérience paroît le prouver, ou du moins telle est l'opinion générale des Opticiens. Mais 1°. il est difficile de faire cette expérience d'une maniere bien sûre & qui ne laisse aucun doute ; car tout point visible placé hors de l'axe Optique, nous laisse toujours quelque incertitude sur la véritable place où il est ; & la preuve qu'on en peut donner, c'est la difficulté d'enfiler un anneau, par exemple, qui n'est pas vû dans la direction de l'axe Optique (*a*). D'ailleurs par quel moyen s'assurer de la di-

(*a*) Non-seulement il est nécessaire que l'objet soit dans la direction de l'axe Optique, pour être jugé à la véritable place où il est ; mais il faut encore qu'il soit vû des deux yeux à la fois, & qu'il se trouve par conséquent au concours des deux axes. Car qu'on ferme un œil, & qu'on tâche ensuite d'enfiler l'anneau, on éprouvera plus de difficulté que quand on a les deux yeux ouverts. C'est un fait dont les Ecrivains d'Optique conviennent.

rection précise du rayon visuel, à quelques minutes ou même à un degré près? J'avoue que cette détermination me paroît très difficile, & que l'estimation de la direction de ce rayon sera toujours un peu vague & incertaine. 2°. En accordant même que l'on apperçoive le point visible suivant la direction du rayon visuel qui entre dans l'œil, le fait paroît inexplicable. Car enfin ce n'est point cette partie de rayon qui produit la vision; c'est la partie qui vient tomber au fond de l'œil après avoir été rompue, & qui ne se trouve point en ligne droite avec la partie du rayon visuel qui entre dans l'œil. Comment & par quel principe l'ame démêle-t-elle que l'objet n'est pas dans la direction du rayon qui produit immédiatement la sensation, mais dans une autre direction suivant laquelle elle n'est point réellement affectée?

Dira-t-on, ce qui paroît le parti le plus naturel, que l'objet est vû dans la direction de la perpendiculaire menée du point où le rayon rompu vient tomber sur le fond de l'œil? Mais 1°. cette perpendiculaire pouvant s'écarter très-sensiblement de la direction qu'avoit le rayon incident, lorsqu'il est entré dans l'œil, ne s'ensuivroit-il pas que les points visibles placés hors de l'axe Optique, seroient apperçus ailleurs qu'ils ne sont réellement; & qu'ainsi les objets les plus proches de l'œil, & dont il est le plus à portée de juger, paroîtroient d'une grandeur différente de celle dont ils sont en effet? 2°. Comme chaque point visible est vû des deux yeux, puisqu'il envoye des rayons à chaque œil, la perpendiculaire dont il s'agit, feroit différente pour chaque œil, & pour l'ordinaire même placée dans des plans différens; ainsi le point visible, placé hors de l'axe Optique, devroit alors paroître double. Or c'est ce qui n'arrive pas.

Les mêmes difficultés auront lieu, si on suppose que l'objet soit vû dans la direction même de la partie du rayon qui vient frapper le fond de l'œil; & il y faudra ajouter de plus la difficulté de concevoir comment on voit l'objet dans la direction de ce rayon, & non dans celle de la perpendiculaire, suivant laquelle l'organe est réellement affecté.

I I.

Pour développer davantage, & soumettre au calcul les difficultés qu'on vient d'exposer, soit *QRS* (*fig.* 47.) la cornée, dont je suppose que le centre soit en *B*; *AB* l'axe Optique passant par le centre de la cornée & des autres humeurs de l'œil; *LB* un rayon qui vienne d'un point placé lors de l'axe Optique; l'angle *ABL* étant d'ailleurs supposé très-petit, comme il le doit être: car le rayon *LS* ou *LB* doit toujours tomber sur un point *S* de la cornée qui soit très-près du sommet *R*; puisque ce rayon *LB*, pour opérer la vision, doit passer par la prunelle dont le diametre est très-petit, & beaucoup plus petit que celui de la cornée.

Le rayon *LB* qui ne souffre aucune réfraction en *S*, parce qu'il est perpendiculaire à la cornée, tombe en *u* ſur la premiere ſurface *P M u* du cryſtallin, dont je ſuppoſe que le centre ſoit en *E*; là il ſouffre une réfraction qui l'approche de la perpendiculaire *u E*, & qui change ſa direction en *u O*. Ce rayon *u O* tombe en *V* ſur la ſeconde ſurface *P N V* du cryſtallin, dont je ſuppoſe que le centre ſoit au point *C*; le rayon *u O* ſe rompt au point *V* en s'éloignant de la perpendiculaire *C V*, & devient le rayon *V i* qui tombe ſur le fond de l'œil en *X*, & qui, ſuivant les loix de la viſion, doit former en ce point *X* l'image ou foyer du point viſible, qui a envoyé le rayon *L S* ou *L B*. Si donc *K* eſt le centre du cercle *X Z D* que forme le fond de l'œil, il ſemble que l'objet doive être apperçu dans la direction du rayon *X K Y*, ſuivant laquelle s'exerce l'action du rayon *i X*; direction qui n'eſt pas la même que celle du rayon incident *L S*. Ainſi le point viſible qui a envoyé le rayon *L S*, ne ſeroit point vû dans la place où il eſt réellement : & d'ailleurs il devroit arriver preſque toujours qu'il ſeroit vû double ; parce que la ligne *X Y* ne ſera pas pour l'ordinaire dans le même plan pour chaque œil.

Afin d'appliquer ici les nombres, & d'arriver à un réſultat qui nous donne une idée plus préciſe de la difficulté, ſuppoſons avec M. Petit le Médecin (*a*), que *R B* = 3 lig. $\frac{3}{4}$; que *R M* = 1 lig. $\frac{1}{4}$ (*b*); donc *B M* =

(*a*) Mém. de l'Acad. 1728, pag. 296.
(*b*) *Ibid*. p. 298.

2 lig. $\frac{1}{2}$; supposons encore avec le même M. Petit (a); $ME = 4$ lignes; $MN = 2$ lignes (b); donc $BN = \frac{1}{2}$ ligne, & $BE = 1$ ligne & demi; supposons de plus, toujours avec M. Petit, CN ou $CV = 2$ lig. $\frac{1}{2}$ (c); supposons enfin avec M. Jurin (d), que la réfraction de l'humeur aqueuse dans le crystallin soit comme 13 à 12; & du crystallin dans l'humeur vitrée comme 12 à 13; on aura d'abord $BO = \frac{1}{13} BE$; angl. BOu ou BOV

$$= ABL - \frac{BuE}{13} = ABL \times \left(1 - \frac{BE}{13\,ME}\right);$$

$$OVG = BOV \times \frac{CO}{CV}; \; iVo = \frac{1}{12} OVG;$$ & par conséquent MiV, ou $BOV + iVO = ABL \times \left(1 - \frac{BE}{13\,ME}\right) + ABL \times \left(1 - \frac{BE}{13\,ME}\right) \times \frac{CO}{12\,CV}$;

enfin l'angle $MKY = MiV \times \frac{iZ}{KZ} = MiV \times \left(1 + \frac{iK}{KZ}\right)$.

Or suivant les valeurs numériques supposées ci-dessus, on a $BE = \frac{3}{2}$, $ME = 4$; donc $\frac{BE}{13\,ME} = \frac{3}{8 \cdot 13}$: on a de plus $BO = \frac{1}{13} BE = \frac{3}{2 \cdot 13}$; $BN = \frac{1}{2}$; $CN = 2\frac{1}{2}$; donc $CO = CN + NB + BO = 3 + \frac{3}{26}$; enfin

(a) Mém. 1728, p. 300; & Mém. 1730, p. 5 & 7.

(b) Mém. 1730, p. 7.

(c) *Ibid.* p. 7.

(d) *Essai upon distinct and indistinct vision*, Art. 111. Cet Essai est imprimé à la fin de l'Optique de M. *Smith*.

$CV = \frac{5}{2}$; & 12 $CV = 30$; donc $MiV = ABL \times \left(1 - \frac{3}{8 \cdot 13}\right) \times \left(1 + \frac{1}{10} + \frac{1}{260}\right) = ABL \times \left(1 + \frac{1947}{27040}\right) =$ environ $ABL\left(1 + \frac{1}{13}\right)$.

Or à cauſe de la petiteſſe de la ligne uV, & du petit angle qu'elle fait avec AB, les angles Miu, MiV peuvent être pris ſenſiblement l'un pour l'autre ; donc ſi on fait l'angle $Lu\lambda = \frac{1}{13} ABL$, la ligne $u\lambda$ pourra être cenſée dans la direction du rayon Xi. Donc ſi on voyoit dans la direction de ce rayon Xi ou $u\lambda$ le point viſible qui a envoyé le rayon Lu, la grandeur apparente de l'objet feroit de $\frac{1}{13}$ environ plus grande qu'elle n'eſt en effet (*a*).

I I I.

Si on ſuppoſe, ce qui paroît le plus naturel, que la viſion ſe faſſe ſuivant la ligne XK, l'angle MKY ſera à très-peu-près $= ABL\left(1 + \frac{1}{13}\right)\left(1 + \frac{iK}{KZ}\right)$; ainſi l'angle ABL & la grandeur apparente de l'objet, ſeront aug-

(*a*) Cette grandeur apparente diminueroit un peu, ſi on ſuppoſoit le rayon ME de la premiere convexité du cryſtallin $=$ 6 lignes, & non pas 4, comme M. Petit dit l'avoir obſervé dans pluſieurs ſujets ; car alors on auroit $BE = \frac{7}{2}$; & $MiV = ABL\left(1 - \frac{7}{12 \cdot 13}\right) \times \left(1 + \frac{1}{10} + \frac{7}{780}\right) = ABL + \frac{149 \times 865}{156 \times 780} = ABL\left(1 + \frac{7205}{121680}\right) =$ environ $ABL\left(1 + \frac{1}{10}\right)$; ce qui donne encore une augmentation ſenſible. D'ailleurs les dimenſions ſur leſquelles a été fait le calcul qui donne $MiV = ABL\left(1 + \frac{1}{13}\right)$, ſont les dimenſions les plus ordinaires.

mentées de la quantité $\frac{1}{13} + \frac{14 . iK}{13 . KZ}$. Il ne s'agit plus que de trouver les valeurs de iK & de KZ.

Selon M. Jurin (a), RZ (*fig.* 48.) $= 9$ lig. $\frac{2}{5}$; selon M. Petit (b), $RD = 1$ lig. $\frac{2}{5}$; donc $DZ = 8$ lig. Selon le même M. Petit (c), $DQ = 2$ lig. $\frac{1}{2}$; donc Da ou $\frac{DQ^2}{DZ} = \frac{25}{8.4}$; donc $aZ = 8 + \frac{25}{32}$; & $KZ = 4 + \frac{25}{64}$; or $BZ = RZ - RB = 9\frac{2}{5} - 3\frac{3}{4} = 6 + \frac{8-15}{20} = 6 - \frac{7}{20} = 5 + \frac{13}{20}$; & BO, comme on l'a vû ci-dessus $= \frac{3}{26}$. Donc $OZ = BZ - BO = 5 + \frac{13}{20} - \frac{3}{26}$. Et par conséquent OK, ou $OZ - KZ = 1 + \frac{13}{20} - \frac{25}{64} - \frac{3}{26}$. Enfin Oi (*fig.* 47.) $=$ à-peu-près $\frac{NO \times CO}{12\, CV}$, $= (\frac{1}{2} + \frac{3}{26}) \times (\frac{1}{10} + \frac{1}{260}) =$ à-très-peu-près $\frac{1}{20} + \frac{3}{260} + \frac{1}{2 . 260} = \frac{1}{20} + \frac{7}{520} = \frac{33}{520}$. Donc iK, ou $Oi + OK = \frac{520 + 338 + 33 - 60}{520} - \frac{25}{64} = \frac{520 + 311}{520} - \frac{25}{64} =$ à-très-peu-près $1 + \frac{3}{5} - \frac{25}{64} = 1 + \frac{67}{320}$. Donc l'angle ABL est surpassé par l'angle MKY, de la fraction $\frac{1}{13} + \frac{14}{13} \times (1 + \frac{67}{320}) : (4 + \frac{25}{64}) = \frac{1}{13} + \frac{14 . 387}{13 . 281 . 5} = \frac{6823}{18265} =$ environ $\frac{1}{3}$, & même un peu plus. C'est pourquoi l'image de l'objet paroîtroit augmentée à-peu-près

(a) *Essai upon distinct and indistinct vision*, Art. 136.
(b) Mém. de l'Acad. 1728, p. 298.
(c) *Ibid.*

d'un

tiers, si le point visible d'où est parti le rayon *L B*, étoit vû dans la direction du rayon *X K*; or cela est contraire à l'expérience. Donc on ne sauroit supposer que la vision se fasse suivant des lignes qui passent par le centre *K* du globe de l'œil, quelque naturelle que cette supposition paroisse.

I V.

Suivant quelle ligne donc apperçoit-on les objets ou points visibles qui ne sont pas placés dans l'axe Optique? C'est ce qui paroît très-difficile à déterminer éxactement & en toute rigueur. Cependant, comme l'expérience prouve que les objets de peu d'étendue, qui sont à la portée de nos yeux, ne paroissent pas sensiblement plus grands qu'ils ne le sont en effet; il s'ensuit que le point visible qui envoye le rayon *L S* sur la cornée, est vû sensiblement à sa place; & que par conséquent ce point visible *L*, dont l'image est en *X*, est vû sensiblement dans la direction du rayon *X L*. Pourquoi cela? C'est un fait que je n'entreprendrai pas d'expliquer. Mais voici quelque chose de plus.

Jusqu'ici on a fait voir que les objets, qui ne sont pas dans l'axe Optique, ont un lieu assez mal décidé, & qu'il est douteux que ce lieu soit précisément dans le rayon visuel qui part de l'objet pour arriver à l'œil. Je dis présentement que les objets même qui sont placés dans l'axe Optique, ne sont pas toujours vûs dans cet axe. En effet supposons qu'on dirige les deux axes Optiques *A E*, *B E* (*fig*. 49.) vers une Etoile *E*; il est certain que cette Etoile nous paroît beaucoup plus près qu'elle n'est en effet: il est vrai qu'on n'estime sa distance que d'une maniere très-imparfaite & très-vague; mais il n'en est pas moins sûr que cette distance apperçûe, ou apparente, ou présumée, est fort au-dessous de la distance réelle. Si donc on voyoit l'Etoile dans chacun des axes Optiques *A E*, *B E*, on la verroit dans chacun de ces axes aux points *e*, qui sont incomparablement plus près de *A* & de *B*, que de *E*; ainsi on verroit deux Etoiles *e*, *e*, & la distance apparente *e e* de l'une à l'autre seroit à-peu-près égale à *A B*. Cependant l'expérience prouve qu'on n'apperçoît qu'une seule Etoile; ainsi cette Etoile est vûe à-peu-près au point de milieu *ε* de la ligne *e e*, suivant des lignes *A ε*, *B ε*, différentes des axes Optiques. Il est vrai que ces lignes, quoique réellement différentes des axes Optiques, ne s'en écartent que fort peu; mais enfin elles en different; & cette expérience suffit pour prouver que les objets qui sont à une distance considérable de l'œil, ne sont point vûs exactement dans l'axe Optique, même quand on les regarde directement.

Donc en général, rien n'est moins certain que ce principe vulgaire d'Optique, que *les objets sont vûs dans la direction du rayon qu'ils envoyent à l'œil.*

V.

C'est une grande question entre les Opticiens, que de

ſavoir en quel endroit on rapporte l'image dans un miroir ou dans un verre. Les anciens Auteurs ont tous pris pour principe, qu'un objet vû par réfraction ou par réfléxion, eſt apperçu dans l'endroit où le rayon réfléchi ou rompu, coupe la perpendiculaire menée de l'objet ſur la ſurface réfléchiſſante ou rompante. Ce principe eſt vrai dans les miroirs plans; & c'eſt-là ſans doute ce qui a déterminé les anciens Opticiens à l'étendre aux autres ſurfaces. Ils auroient dû voir cependant qu'il n'y avoit entre les deux cas aucune analogie. Il y en auroit eû un peu davantage, s'ils avoient placé l'image dans l'endroit où le rayon réfléchi ou rompu rencontre la perpendiculaire menée de l'objet, non à la ſurface réfléchiſſante ou réfringente, mais à la ligne droite qui touche cette ſurface au point de réfraction ou de réfléxion. Car enfin ce point eſt celui par lequel le rayon viſuel eſt envoyé à l'œil; & ce rayon y eſt envoyé de la même maniere, que ſi le rayon incident tomboit ſur une ſurface plane, qui touchât au point de réfléxion ou de réfraction, la ſurface réfléchiſſante ou rompante. Il ſeroit donc plus naturel de rapporter le lieu de l'image à la perpendiculaire menée ſur cette tangente, qu'à la perpendiculaire menée ſur la ſurface, laquelle eſt abſolument indépendante de la poſition du rayon réfléchi ou rompu, & du point réfléchiſſant ou rompant. Cependant aucun des Opticiens anciens ne paroît avoir fait cette réfléxion; & tous ſe ſont accordés à placer le lieu de l'image dans le concours du rayon réfléchi ou rompu avec la cathete d'incidence.

VI.

Quelques-uns seulement, comme le P. Taquet, en adoptant ce principe, sont convenus que l'expérience y étoit contraire en certains cas. Soit, par exemple, dit le P. Taquet, un objet placé au-delà du centre d'un miroir concave ; il est visible que les cathétes d'incidence menées des deux extrémités de l'objet, se croisent au centre ; & que par conséquent, si le lieu de l'image est dans ces cathétes, & que l'œil soit placé entre le centre & le miroir, l'image doit lui paroître renversée. Cependant elle paroît droite. Il est donc constant que le principe des anciens Opticiens n'est pas général, & par conséquent n'est pas vrai.

VII.

Barrow, Gregori & Newton ont suivi un principe en apparence bien plus plausible. Un point visible, disent-ils, n'envoye pas à l'œil un seul & unique rayon ; mais il envoye sur la surface réfléchissante ou rompante, des rayons dont un certain nombre entre dans l'œil, à cause que la prunelle n'est pas un point Mathématique, mais qu'elle a une certaine largeur. Ainsi les rayons *OF*, *Of* (*fig.* 50.) qui partent d'un objet, & qui sont réfléchis ou rompus avant d'arriver à l'œil & d'entrer dans la prunelle *LN*, y arrivent comme s'ils venoient directement du point *E*, où les rayons réfléchis ou rompus *FL*, *fN* concourroient étant prolongés, s'il est nécessaire. Or, comme les rayons *FL*, *fN* sont fort près l'un de l'autre, à cause du peu de largeur de la prunelle, leur point de concours *E* est sensiblement le même que si les rayons *FL*, *fN* étoient infiniment proches; c'est-à-dire, que c'est le point où le rayon *FL* touche la caustique par réfléxion ou par réfraction; ce point est donc celui où l'objet est vû suivant ces Auteurs.

VIII.

Cette opinion paroît plausible; cependant Barrow lui-même, à la fin de ses *Leçons Optiques*, avertit que l'expérience y est souvent contraire. Voici le cas. C'est celui où les rayons *FL*, *fN*, au lieu d'entrer dans l'œil divergens, y entrent convergens; ce qui peut arriver aisément, toutes les fois que la réfléxion ou la réfraction rapproche les rayons au lieu de les écarter. Car alors si on place l'œil entre le point *F* & le concours *E* des rayons, les rayons entreront convergens dans l'œil, & l'objet ne peut être vû en *E* (où l'on devroit le voir suivant ces Auteurs) puisque ce point *E* est derriere la tête. Barrow en apporte plusieurs exemples, entr'autres celui du P. Taquet, où l'œil est supposé proche d'un miroir concave, & l'objet ou point visible dans l'axe au-delà du centre.

Il avoue en même-tems que cette difficulté lui paroît insoluble. S'il m'est permis de le dire, il me semble qu'elle affoiblit peu le principe. Car quand les rayons entrent dans l'œil convergens, la vision doit être confuſe ; & le principe ne peut s'étendre qu'aux rayons qui entrent dans l'œil divergens ; 1°. parce que ces rayons ſont les ſeuls qui puiſſent produire une viſion diſtincte, & par conſéquent une vûe nette de l'image ; 2°. parce que les rayons convergens ſe réuniſſent derriere l'œil, où certainement on ne peut rapporter l'image, dont on n'a d'ailleurs qu'une viſion confuſe.

I X.

C'eſt pourquoi le principe de Barrow pourroit ſubſiſter, ce me ſemble, s'il n'y avoit point d'autres raiſons à y oppoſer que l'expérience rapportée ci-deſſus ; il faudroit ſeulement y ajouter cette reſtriction, qu'il ne s'agit que de l'image vûe par des rayons divergens. Mais ce principe paroît ſujet à d'autres difficultés.

En premier lieu, la poſition des yeux peut être telle, que les rayons réfléchis ou rompus qui entrent dans chaque œil, & qui partent d'un même point, ſoient très-ſenſiblement différens, & forment entr'eux un grand angle. Suppoſant donc que ces rayons concourent entr'eux, il faudroit que ce concours fût le même que le point *E* de la cauſtique pour chaque rayon. Or c'eſt ce qui arrivera très-rarement. Dans tout autre cas, il y aura deux points *E* ou deux lieux de l'image très-ſenſiblement différens pour chaque œil, & par conſéquent l'image paroîtroit double. Ce qui eſt contraire à l'expérience. Donc l'image n'eſt pas vûe au point *E*.

X.

De plus, ſi les deux yeux ſont placés de maniere que les rayons qui entrent dans chaque œil, ne concourent point, parce qu'ils ſe trouveront, ou parallèles, ou dans des plans différens, il eſt viſible que dans ce cas l'image ne paroîtra même dans aucun des deux rayons; autrement il faudroit, ou qu'elle fût vûe double, ou qu'on ne vît l'image que d'un ſeul œil; ce qui n'eſt pas.

Cette réfléxion ſuffit pour répondre, en paſſant, à M. Wolf, qui prétend que l'objet eſt vû dans le point de concours des rayons qui entrent dans chaque œil. Car où verra-t-on l'objet quand ce point de concours n'exiſtera pas? Ce qui eſt fort ordinaire.

X I.

Une autre conſidération rend le principe de Barrow encore plus douteux. Il eſt certain qu'en n'ayant égard qu'à la longueur *L N* de la prunelle, le concours des rayons qui y entrent, eſt en *E*. Mais ſi on a égard de plus, comme on le doit, à la largeur de la prunelle, le concours des rayons qui entrent dans la prunelle ſuivant cette largeur, peut être dans un point très-différent; ſavoir, dans celui où le rayon *L F* rencontre la cathéte d'incidence; de ſorte que les rayons auront différens points de concours, entre leſquels on ne pourra déterminer celui auquel l'œil doit rapporter par préférence l'image de l'objet. De plus, les yeux peuvent être tellement placés, qu'il y aura pour chacun deux images distinctes ; ce qui fait quatre en tout ; & dans quelque situation qu'on les suppose, il y aura au moins trois images, l'une dans la cathéte d'incidence, les deux autres dans les caustiques.

X I I.

Une autre difficulté contre le principe de Barrow, peut se tirer d'une expérience que Barrow rapporte lui-même, comme favorable à son opinion. Il suspendit dans l'eau un fil chargé de plomb à sa partie extérieure, & dont la partie supérieure étoit hors de l'eau ; & il apperçut distinctement, dit-il, l'image de la partie inférieure, qu'il voyoit par réfraction, séparée de l'image de la partie supérieure, qu'il voyoit par réfléxion. Or cette derniere image est constamment dans la perpendiculaire ; donc la premiere image n'y étoit pas. Donc, conclud Barrow, les objets vûs par réfraction ne sont pas vûs dans la perpendiculaire. Cette conclusion est juste, si l'expérience est vraie ; mais je dis que la même expérience prouve contre le sentiment de Barrow. En effet, pour que l'on voye les deux images distinctes & séparées, il faut qu'elles ne soient pas toutes deux dans un même plan perpendiculaire, passant par l'œil & par l'objet ; autrement une de ces deux images couvriroit l'autre, & l'expérience seroit au moins fort douteuse. Donc, en supposant l'expérience exacte & vraie, les deux images sont dans des plans differens. Or l'image de la partie vûe

vûe par réfléxion, eſt conſtamment dans le plan perpendiculaire; donc l'autre image n'y eſt pas. Donc, ſuivant cette expérience, l'image de l'objet vû par réfraction, n'eſt pas dans le plan perpendiculaire. Cependant, ſelon le principe de Barrow, elle y doit être. Donc ce principe n'eſt pas vrai.

XIII.

Au reſte je ſuppoſe ici que l'expérience ſoit exacte; car l'ayant voulu vérifier, elle m'a paru très-incertaine, & je ſerois même porté à la croire fauſſe. Quand le fil & l'eau ſont bien en repos, les deux images paroiſſent preſque toujours ſe confondre, ou du moins ſe couvrir. Ainſi l'expérience en ce cas ne prouve, ni pour le principe de Barrow, ni pour celui des anciens.

Une autre expérience plus commune ſemble favorable au principe des anciens, au moins quant à la réfraction ſur les ſurfaces planes. Un bâton plongé obliquement dans l'eau & vû de côté, eſt vû briſé, & la partie briſée ſemble être dans le même plan perpendiculaire où ſe trouve la partie qui eſt hors de l'eau; ce qui prouve que dans ce cas l'image de chaque point eſt vûe dans la cathéte. Suivant le principe de Barrow, la partie briſée devroit paroître dans un plan différent de celui où ſe trouve la partie extérieure.

XIV.

Je crois donc qu'à l'égard des ſurfaces planes réfractantes, le principe des anciens ne s'écarte pas sensiblement de la vérité. Mais je doute qu'il y soit conforme dans d'autres cas, & en particulier dans celui des surfaces courbes. Je doute que dans les miroirs convexes, par exemple, l'image de l'objet soit jamais hors du miroir. Cependant, si le principe des anciens étoit vrai, elle devroit y paroître quelquefois. Car soit *AP* (*fig.* 51.) un rayon prolongé jusqu'en *M*; en faisant *PO* = *PM*, *PO* sera le prolongement du rayon réfléchi; donc si le point *A* est tellement éloigné dans la ligne *AP*, que la cathéte *AC* ne coupe point la ligne *PO*, le point *A* sera vû, suivant le principe des anciens, au point *q* où la ligne *PO* prolongée rencontre la cathéte *AQ*. Le point *A* paroîtra donc hors du miroir. Or je doute qu'il y ait aucune expérience où il ait jamais été vû de la sorte dans un miroir convexe.

X V.

Suivant le principe de Barrow au contraire, l'objet doit toujours être vû au-dedans du miroir, lorsqu'il est convexe. En effet soit *PL* infiniment petite, & soit prise *Lm* = *LN*; l'objet sera vû suivant le principe dont il s'agit, au point de concours *p* des rayons *Lm*, *PO*. Or ce point *p* est évidemment entre *P* & *O*.

Quoi qu'il en soit, on voit assez par tout ce qui a été dit jusqu'ici, qu'aucun des principes imaginés par les Opticiens sur le lieu de l'image, n'est suffisamment fondé en raison, & sur-tout qu'aucun de ces principes ne suffit à tous les cas.

XVI.

M. Smith dans ſon Optique en imagine un autre. Il prend d'abord pour principe, que la grandeur apparente de l'image eſt proportionnelle à l'angle viſuel. Enſuite ſuppoſant que *AB* (*fig.* 52.) ſoit l'objet, *AEB* l'angle ſous lequel il ſeroit vû à l'œil nud, & *aEb* l'angle ſous lequel on voit l'image, il fait *ab* = & parallèle à *AB*, & il prétend que l'image eſt vûe en *ab*. Mais 1°. M. Smith ſuppoſe que la grandeur de l'image eſt ſimplement proportionnelle à l'angle viſuel; ce qui eſt faux dans l'Optique directe, & du moins très-incertain dans la Catoptrique & la Dioptrique. 2°. Si l'image eſt rapportée en *ab*, elle ne devroit paroître, ce me ſemble, que de la grandeur *ab* = à celle de l'objet; c'eſt-à-dire qu'elle ne devroit paroître ni augmentée, ni diminuée; ce qui eſt contre l'expérience.

Ces objections contre le principe de M. Smith, ſont d'autant plus fondées, que dans l'Art. 156 de ſon Ouvrage, il explique la convergence apparente des lignes parallèles, par le ſeul principe de la diminution des angles. Il regarde donc, ou paroît regarder ce principe comme la ſeule cauſe de la grandeur apparente des objets. Or 1°. il eſt conſtant que ce principe ne ſuffit pas à expliquer les loix de cette grandeur apparente. 2°. Si on appliquoit ici à la viſion directe le principe de M. Smith pour le lieu apparent dans la viſion réfléchie ou réfractée, on trouveroit que chaque diſtance de deux arbres correſpondans, devroit paroître à l'endroit même où elle est réellement ; d'où il seroit aisé de démontrer que chaque distance devroit paroître la même, & que par conséquent les deux lignes seroient jugées parallèles, ce qui n'est pas. Il faut donc que M. Smith convienne que son principe n'est pas applicable à la vision directe ; or pourquoi la vision réfléchie ou réfractée suivroit-elle d'autres loix ?

XVII.

Depuis que cet Ecrit est composé, il a paru un Traité postume de M. Bouguer, intitulé *Traité d'Optique*, dans lequel M. Bouguer fait la même remarque que nous avons faite §. XI, sur la double image que forment les rayons qui entrent dans chaque œil. Mais il se borne à cette remarque, sans dire d'ailleurs laquelle des deux images est apperçûe de préférence, sans observer qu'au lieu de deux images, il y en aura souvent quatre, & au moins trois ; & enfin sans faire mention des autres objections dont le principe de Barrow est susceptible, ni de celles qu'on peut opposer au principe de M. Smith.

On demandera sans doute quel principe il faut y substituer ? Ma réponse sera, qu'il n'y a peut-être point sur ce sujet de principe général ; que le lieu apparent de l'image varie vraisemblablement suivant une infinité de circonstances, dont la connoissance exigeroit des expériences multipliées, qu'on ne pourra peut-être réduire à une seule & unique loi.

XVIII.

On ſait que les objets, lorſqu'ils ſont éloignés, paroiſſent toujours plus petits qu'ils ne ſont. Mais perſonne, que je ſache, n'a cherché, ni trouvé de moyen de meſurer leur grandeur apparente. Voici ceux que j'ai imaginés.

Soit *B D* (*fig.* 53.) une longueur horizontale indéfinie; & ſoit *A* la poſition de l'œil. On propoſe de meſurer la grandeur apparente de la partie *B D*, qu'on ſuppoſe aſſez longue pour être vûe plus petite qu'elle n'eſt en effet. Il eſt certain 1°. que ſi l'œil *A* n'eſt élevé au-deſſus du plan *B D* que de la hauteur du corps, ou même d'une diſtance peu conſidérable, les parties *B C* voiſines de *B* paroîtront de leur grandeur naturelle. Soit donc priſe une de ces parties *B C*, d'un pied de longueur, par exemple, & ſoient placés des objets remarquables en *E*, *F*, *D* &c. de ſorte que les parties *C E*, *E F*, *F D* paroiſſent toutes égales entr'elles & à *B C*; ce qui ſe peut faire très-aiſément. En ce cas ſi n eſt le nombre des diviſions de la partie *B D*, il eſt viſible que la longueur *apparente* de cette partie ſera $=$ n fois *B C*.

2°. Il eſt à remarquer que le rapport de *B D* à n *B C* pourra être très-différent ſelon la poſition de l'œil. Je ſuis perſuadé, par exemple, que la même longueur *B D* paroîtra plus petite étant horizontale, que ſi elle étoit verticale. Il faudra de plus varier cette expérience pour toutes les lignes *B D*, horizontales, verticales ou inclinées, & pour tous les cas où ces lignes *B D* feront vûes directement ou obliquement, c'eft-à-dire, où le plan *B A D* qui paffe par *B D* & par l'œil, fera perpendiculaire ou oblique au plan où fe trouve placée la ligne *B D*. Car il y a tout lieu de croire que ces différens cas donneront des réfultats différens.

On pourra examiner encore, fi les parties *B E*, *E D* qui paroiffent égales entr'elles, lorfqu'on les a divifées en deux ou en plufieurs parties par un ou plufieurs corps intermédiaires *C*, *F*, paroîtront encore égales, quand on aura fupprimé ces corps intermédiaires? Et fi en laiffant fubfifter les corps *C*, *F*, elles paroîtront encore égales, quand on aura mis entre les corps *B*, *C*, *E*, *F*, *D*, de nouveaux corps intermédiaires? Je fuis fort trompé fi cette diverfité de circonftances ne produit quelques variétés dans la grandeur apparente.

XIX.

Si la ligne *B D* (*fig.* 54.) eft fort loin de l'œil, enforte qu'une partie quelconque *B C* de cette ligne paroiffe plus petite qu'elle n'eft en effet; on fera placer des objets remarquables en *C*, *E*, *D* &c. à d'affez petites diftances l'un de l'autre; enforte que les diftances *B C*, *C E*, *E D* paroiffent égales entr'elles, & affez petites; d'un pied, par exemple. Enfuite on dirigera du point *B* vers l'œil *A* un cordeau d'une couleur remarquable, & dont la pofition fera d'ailleurs arbitraire, pourvû qu'il vienne fe terminer affez près de l'œil *A*, comme à quatre ou cinq pieds de diſtance ; enfin par le point *C* on fera tendre un autre cordeau *C a* de même couleur, & on le dirigera de maniere qu'il paroiſſe parallèle au premier cordeau *B A*. Alors on menera la ligne *A a* perpendiculaire à *B A*, & qui rencontre la ligne *C a* en *a* ; cette ligne *A a* étant meſurée, donnera la longueur apparente de la ligne *B C* ; puiſque (*hyp.*) *B A*, *C a* ſemblent parallèles. Connoiſſant la grandeur apparente de *B C*, on connoîtra celle de *B D*, en prenant *B C* autant de fois qu'il a de parties dans *B D*.

Il eſt viſible qu'on peut auſſi varier cette expérience en différentes manieres, ſelon la poſition de la ligne *B D* par rapport à l'œil ; & il y a tout lieu de croire, que ſelon ces différentes poſitions, les réſultats ſeront différens.

X X.

Dans la premiere expérience, §. XVIII, la ligne *B D* (*fig.* 53.) paroît plus courte qu'elle n'eſt, parce que les points *D*, *F*, *E*, &c. ſont vûs plus près de l'œil qu'ils ne ſont réellement, comme en *d*, *f*, *e*, *c* &c. Car en général on juge toujours les objets éloignés plus près qu'ils ne ſont. La ligne *B D* paroît donc comme en *b d* ; & comme on connoît par le §. XVIII, la grandeur apparente *b d*, & qu'on peut meſurer la grandeur réelle *B D*, on aura donc le rapport de *b d* à *B D*, ce qui donnera l'angle *d B D*. Car l'expérience prouve d'ailleurs que la ligne droite *B D* paroît toujours droite, quoique racourcie ; d'où il s'enſuit que *B c e f d* eſt une ligne droite.

Cet angle *dBD* eſt très-petit, puiſque *Bc* doit être ſenſiblement égale à *BC*; & il faut de plus que les parties *ce*, *ef*, *fd* ſoient toutes ſenſiblement égales entre elles & à *BC*. Ainſi, après avoir calculé cet angle, & meſuré les parties *BD*, *BF*, *BE*, &c. on en conclura la longueur des parties *df*, *fe*, *ec* &c. & on verra ſi ces parties ſont à-peu-près égales. Si elles ne le ſont pas, c'eſt une marque qu'on n'a pas jugé aſſez exactement de l'égalité apparente des eſpaces *BC*, *CE*, *EF* &c. & on recommencera l'expérience & le petit calcul qui en eſt la ſuite pour trouver l'angle *dBD*.

XXI.

Mais on pourra trouver d'une maniere plus préciſe & plus facile cet angle *dBD*, & la grandeur apparente *dB*, par l'expérience ſuivante. Suppoſons que *BD* ſoit une rangée d'arbres, & *ϐδ* la rangée parallèle. On cherchera par le §. XIX, la grandeur apparente de la diſtance *Dδ* de deux arbres correſpondans. Suppoſons qu'on la trouve de la quantité *Bβ*; on fera cette proportion; *Dδ* ou *Bϐ* eſt à *Bβ* comme *AD* eſt à un quatriéme terme *Ad*; & cette quatriéme proportionnelle *Ad* donnera *Bd* & l'angle *dBD*. En effet la ligne *Dδ* ne paroît plus petite qu'elle n'eſt réellement, que parce qu'elle paroît plus proche de l'œil, comme en *d*.

XXII.

De-là il eſt facile de conclure quelle devroit être la diſtance

diſtance $D\,\delta$, pour qu'elle parût égale à $B\,\varsigma$; car ſi on fait Ad eſt à AD, comme $B\,\varsigma$ eſt à une quatriéme proportionnelle; cette quatriéme proportionnelle ſera la diſtance $D\,\delta$ qu'on cherche.

En faiſant le même calcul pour tous les points F, E, &c. on réſoudra le Problême, qui conſiſte à *trouver ſuivant quelles lignes, des allées d'arbres doivent être plantees, pour être vûes parallèles.* Mais on peut s'épargner ce calcul par les conſidérations ſuivantes.

Il eſt certain que deux allées parallèles $B\,D$, $\varsigma\,\delta$, en paroiſſant convergentes, ne perdent point l'apparence de lignes droites. Il eſt certain de plus que le plan de l'allée paroît toujours ſenſiblement une ſurface plane; ainſi les allées $B\,D$, $\varsigma\,\delta$ paroiſſent convergentes, parce qu'on les rapporte ſur un autre plan, qui fait avec le plan de l'allée l'angle $d\,B\,D$; les lignes $B\,D$ & $\varsigma\,\delta$ rapportées ſur ce plan, y forment des lignes droites, & doivent par conſéquent paroître telles.

Donc ſi on imagine ſur ce plan $d\,B\,\varsigma$ (*fig.* 55.), la ligne droite $\varsigma\,\Delta$ parallèle à $B\,d$, & que par les points A, ς, Δ, on faſſe paſſer un plan; ce plan formera ſur le plan de l'allée une ligne droite $\varsigma\,\delta$ qui ſera divergente de $B\,D$, & qui ſera la direction de l'allée qu'on cherche.

Pour trouver la direction de $\varsigma\,\delta$ d'une maniere plus ſimple, il n'y a qu'à mener $A\,O$ parallèle à $B\,d$; le point O ſera celui où les lignes $D\,B$, $\delta\,\varsigma$ doivent concourir; & l'angle des lignes $D\,B$, $\delta\,\varsigma$, ſera celui qui a pour tangente $\frac{B\,\varsigma}{B\,O}$.

XXIII.

Il y a plus de douze ans que j'avois fait cette remarque en travaillant à l'article *Parallélisme* de l'Encyclopédie ; article auquel j'avois renvoyé d'avance dans l'article *Allée*, imprimé dès 1751. En 1755 M. Bouguer a donné à l'Académie des Sciences un Mémoire, où il remarque, comme moi, que la direction que doivent avoir des allées d'arbres pour paroître parallèles, doit être celle de deux lignes droites divergentes ; & avant qu'il lût ce Mémoire, je dis à l'Académie que j'avois fait depuis long-tems cette réfléxion.

Les anciens Opticiens, comme les P. Fabry, Taquet & autres, ont cru que l'une des allées étant droite, l'autre devoit être hyperbolique ; mais ils supposoient faussement que la grandeur des objets étoit uniquement proportionnelle à l'angle visuel. M. Varignon, prenant pour principe que la grandeur est proportionnelle au produit du sinus de l'angle visuel par la distance, trouve que la seconde allée doit être une ligne courbe convergente à la ligne droite ; ce qui étant absurde, M. Varignon en conclut que le principe qu'il a adopté, ne vaut rien. Mais ce Géometre a fait deux paralogismes : 1°. Au lieu de la distance *apperçûe*, il prend la distance *réelle*. 2°. Au lieu de faire la grandeur apparente proportionnelle au sin. de *DAδ* (*fig.* 53.) multiplié par *Aδ*, il multiplie ce sinus par *AD* ; en quoi il est clair qu'il se trompe. Il falloit multiplier le sinus par *Aδ*, ou la tangente par *AD*, ou plutôt par la distance apperçûe *Ad*, & faire le produit égal à une quantité constante ; & pour lors M. Varignon auroit trouvé, comme nous, une ligne droite *C δ* (*fig.* 55.) divergente d'avec *B D*, pour la direction de la seconde rangée.

Dans les Mémoires de 1755, M. Bouguer a remarqué de son côté, que M. Varignon avoit mal-à-propos substitué les distances *réelles* aux distances *apparentes*. Mais il n'a pas remarqué la seconde source d'erreur, celle d'avoir pris les distances *A D* au lieu des distances *A δ*. M. Bouguer ajoute que le produit de l'angle *D A δ* par la distance apperçûe *A d* doit être constant ; en quoi il ne s'exprime pas éxactement. Il falloit dire que le produit de la tangente de l'angle *D A δ* par la distance apparente *A d* doit être constant, ou que le produit du sinus de cet angle par $\frac{A\delta \times Ad}{AD}$ doit être constant.

XXIV.

Une autre remarque que M. Bouguer n'a pas faite, c'est que la divergence des allées *C δ*, *B D*, pourroit être différente selon la distance *B C* des deux premiers arbres ; & selon la hauteur de l'œil *A B*. Par exemple, si l'angle *d B D* étoit toujours constant ou à-peu près, il est visible que *AO* étant parallèle à *B d*, & par conséquent l'angle *AO B* étant constant, l'angle *B O C* qui exprime la divergence des deux rangées d'arbres, varieroit selon que *AB* & *B C* varieroient.

Il pourroit donc très-bien arriver, qu'une allée d'arbres plantée pour être vûe parallèle d'un certain point de vûe, ne le paroîtroit plus, lorſqu'on ſe mettroit à un autre point; & qu'une perſonne placée à un certain point de vûe pourroit la voir parallèle, lorſqu'une autre perſonne de taille fort différente, placée au même endroit, ne la verroit pas de même. C'eſt ſur quoi l'expérience ſeule peut nous inſtruire.

XXV.

Pour déterminer l'angle *D B d*, M. Bouguer donne dans ſon Mémoire des Méthodes différentes de celles que nous avons propoſées ci-deſſus, mais qui reviennent au même pour le fond. Il dit avoir fait là-deſſus quelques expériences, & avoir trouvé (ce qui eſt en effet très-probable) que l'angle *D B d* varie ſuivant la variété des circonſtances, c'eſt-à-dire, ſuivant la maniere dont le terrein eſt éclairé, l'intenſité de la lumiere, la couleur du ſol, & même l'endroit de l'œil où ſe peint l'objet.

Il ajoute que *B d* n'eſt pas éxactement une ligne droite; ou plutôt que le plan apparent *B* $\mathfrak{C} \Delta$ *d* n'eſt pas éxactement une ſurface plane, mais une eſpèce de conoïde, dont la concavité eſt tournée vers l'œil. Je doute de ce dernier fait, & voici mes raiſons. 1°. Quand on regarde une ſeule rangée *B D* (*fig.* 53.) ou même deux rangées parallèles *B D*, $\mathfrak{C}\,\delta$, elles paroiſſent ſenſiblement droites; or ſi le plan apparent de l'allée n'étoit pas ſenſiblement plan, la rangée apparente *B d* ſeroit concave, au lieu de paroître droite, comme elle le paroît en effet. On dira peut-être qu'elle eſt réellement courbe, quoiqu'elle paroiſſe droite; mais comme il n'eſt queſtion ici que d'apparences, l'*apparence* ſe confond avec la *réalité*, & ce qui ne *paroît* pas *ſenſiblement* courbe, ne l'*eſt* point du tout. 2°. Il paroît que M. Bouguer a conclu que *B d* étoit une ligne courbe, non de l'apparence de cette ligne enviſagée dans ſa totalité, mais de ce qu'ayant employé différens moyens pour déterminer l'inclinaiſon du plan ou de la ligne *B d*, ces moyens ne lui ont pas donné le même réſultat; d'où il a conclu qu'on faiſoit une fauſſe ſuppoſition en prenant la ligne *B d* pour ſenſiblement droite. Mais comme les différens moyens qu'on peut employer pour meſurer l'inclinaiſon de la ligne *B d*, ne ſont pas d'une éxactitude rigoureuſe, & peuvent être ſujets à différentes erreurs, il n'eſt pas ſurprenant que ces moyens ne donnent pas abſolument le même réſultat; la différence pourra venir des erreurs des obſervations, à moins qu'elle ne fût trop grande pour être attribuée à ces erreurs; & je doute qu'elle ſoit aſſez grande pour cela. Mais ces obſervations, pour être bien faites, demandent un lieu vaſte & commode, où on puiſſe les répéter & les varier; ce qui ne peut guères ſe trouver qu'à la campagne dans des plaines découvertes & étendues.

XXVI.

M. Bouguer aſſure, comme un fait certain, que ſi le

plan de l'allée n'eſt pas horizontal, mais qu'il s'éleve au-deſſus de l'horiſon, l'angle *D B d* du plan apparent & du plan vrai ſera d'autant plus grand, que le plan vrai ſera un plus grand angle avec l'horiſon; il ajoute que ſi le plan s'incline à l'horiſon en-deſſous, l'angle apparent *D B d* ira toujours en diminuant juſqu'à une certaine inclinaiſon, où le plan apparent ſe confondra avec le plan vrai; après quoi ſi le plan vrai s'incline encore, l'angle *D B d* deviendra négatif, & le plan apparent ſera au-deſſous du plan vrai. Ces expériences ſont d'autant plus remarquables, & ont d'autant plus beſoin d'être faites avec ſoin, répétées & variées en différentes manieres, qu'il en réſulteroit peut-être des loix curieuſes & ſingulieres ſur la maniere dont nous jugeons de la diſtance apparente des objets, ſuivant la différente maniere dont ils ſont placés.

On peut, par exemple, faire cette queſtion, que l'expérience réſoudra aiſément. En ſuppoſant que le plan de l'allée ne ſoit pas horizontal, la diſtance de l'œil à ce plan eſt plus petite que ſi ce plan étoit horizontal. L'œil étant donc ſuppoſé à la même diſtance, & abſolument dans la même poſition, par rapport au plan de trois allées, d'ailleurs ſemblables, mais l'une horizontale, les deux autres inclinées, l'une au-deſſus, l'autre au-deſſous de l'horizon; on demande ſi les apparences ſeront les mêmes dans chacune de ces trois allées? Il y a lieu de croire que non; la difficulté ſera d'expliquer pourquoi.

On peut auſſi demander pourquoi la diſtance apparente des arbres au ſpectateur, eſt dans certains cas plus petite, dans d'autres plus grande que la diſtance réelle, dans d'autres enfin égale à cette diſtance?

XXVII.

Les Opticiens ne ſont guères plus avancés ſur la théorie de la grandeur apparente des objets dans la viſion réfléchie ou réfractée, que dans la viſion directe. Entrons là-deſſus dans quelque détail.

Pour déterminer la grandeur apparente d'un petit objet placé un peu en-deçà du foyer d'une petite lentille, ou microſcope ſimple, ou à ce foyer même; voici comme M. Smith raiſonne, art. 118 & 119 de ſon *Optique.* Les rayons réfractés par la lentille, entrent dans l'œil à-peu-près parallèles, & l'objet vû diſtinctement en vertu de cette direction des rayons, eſt rapporté par l'œil ou jugé (ſelon M. Smith) à la plus petite diſtance, où l'œil peut voir diſtinctement les objets. D'un autre côté on démontre que l'objet eſt vû à travers la lentille, ſous le même angle qu'il paroîtroit à l'œil nû. Donc, conclud M. Smith, ſa grandeur apparente eſt à ſa grandeur réelle, comme la plus petite diſtance à laquelle on peut voir un objet diſtinctement, eſt à la longueur du foyer de la lentille; c'eſt-à-dire, comme environ ſept à huit pouces, eſt à cette longueur.

Or je demande 1°. pourquoi un point viſible, vû par des rayons parallèles ou à-peu-près parallèles, n'eſt rapporté qu'à la *plus petite diſtance* où on voit les objets distinctement ? Il semble au contraire qu'il devroit plutôt être rapporté à la *plus grande distance* où l'on peut voir distinctement les objets ; puisque des rayons sensiblement parallèles doivent naturellement être supposés venir d'un point fort éloigné, & qu'ils affectent l'organe de la même maniere que s'ils venoient d'un pareil point. 2°. Cette maniere de déterminer la grandeur apparente & le lieu de l'image dans le cas des microscopes simples, est entiérement différente de la méthode du même M. Smith, expliquée ci-dessus §. XVI ; & par conséquent ou cette derniere méthode du §. XVI n'est pas générale, & par conséquent est fautive, ou la méthode dont il s'agit dans le présent article est sujette à un inconvénient semblable. 3°. Pour déterminer la grandeur apparente d'un objet éloigné vû par un Telescope à deux verres, M. Smith n'a absolument égard qu'à la grandeur de l'angle (voyez art. 120 de son Opt.), & nullement à l'endroit où l'on rapporte & où l'on juge cette image, quoique les rayons qui viennent à l'œil soient sensiblement parallèles, comme dans le cas du Microscope simple & du Microscope composé. Pourquoi donc cette différence dans les deux théories des Microscopes simples ou composés, & des Télescopes ? Pourquoi dans le premier cas suppose-t-on que l'objet est jugé à la distance de sept à huit pouces, & que cette distance apparente influe sur la grandeur apparente, tandis que dans le second cas, où les rayons entrent aussi parallèles dans l'œil, on ne fait aucune mention de cette distance apparente, & on fait ſait dépendre uniquement de l'angle viſuel, la grandeur apparente ?

XXVIII.

Il eſt donc conſtant que l'on n'a point encore de Théorie ſatisfaiſante ſur les loix de la grandeur apparente des objets dans la viſion réfléchie & réfractée. Il me ſemble qu'on ne doit pas être plus ſatisfait des méthodes imaginées juſqu'ici, pour déterminer *par l'expérience* la grandeur apparente des objets vûs par des verres ou des miroirs. Car toutes les expériences qu'on a propoſées pour cela, ſont tacitement fondées ſur le prétendu principe, que la grandeur apparente eſt proportionnelle à l'angle viſuel; elles ſuppoſent que deux lignes parallèles *AB*, *CD* (*fig.* 56.) paroiſſant dans le prolongement de deux autres lignes parallèles *ab*, *cd*, l'eſpace *AC* eſt toujours jugé égal à *ac*; quoique *ABDC*, *abdc* ſoient dans des plans différens & parallèles. Or cette ſuppoſition eſt fauſſe. Car imaginons que le plan *abdc* couvre le plan *ABDC*, & le cache à l'œil; alors *AC*, quoique couverte par *ac*, lorſque *ac* eſt placée devant, paroîtra néanmoins plus grande que *ac*, lorſqu'on aura ôté l'objet *ac*. Un nain placé devant un géant peut couvrir le géant à nos yeux, & cependant quand le nain aura été écarté, en reſtant toujours dans le même plan, il paroîtra plus petit que le géant. Donc puiſque les lignes *AB*, *ab*, & *CD*, *cd* peuvent ſe couvrir ſans que les lignes *AC*, *ac* ſoient jugées réellement égales, il s'enſuit que *AB* peut être jugée dans le prolongemenr de *a b* . & *C D* dans celui de *c d*, sans que les espaces *A C*, *a c* soient jugés égaux pour cela. Pour en donner une preuve frappante, supposons que *a c* soit d'un pouce, & que le plan *a b d c* soit placé à un pied de distance de l'œil; supposons de plus que *A C* soit de deux pouces, & que le plan *A B D C* soit placé à deux pieds de distance; je dis que si *C D* & *c d* se trouvent dans un même plan, les lignes *A B*, *a b* paroîtront dans le prolongement l'une de l'autre; ce qui est évident; & cependant les lignes *A C*, *a c* ne paroîtront pas égales. Car en les regardant séparément, la premiere sera jugée de deux pouces, & la seconde d'un pouce, attendu qu'elles sont l'une & l'autre peu éloignées de l'œil, qui par conséquent les juge de la grandeur réelle dont elles sont.

Tels sont les doutes que l'on peut proposer sur les principes ordinaires de l'Optique; d'où il résulte que dans cette science presque tout est encore à faire.

Fin du neuviéme Mémoire.

SUPPLÉMENT

A l'Art. 176 du TRAITÉ DE DYNAMIQUE, *nouvelle Edition.*

DANS cet Article, qui eſt éxactement ſemblable à l'Art. 145 de la premiere Edition du même Ouvrage, j'ai remarqué qu'il y avoit des cas où une boule, qu'on ſuppoſe infiniment dure, rencontrant à la fois quatre autres boules, ne communique point de mouvement à deux de ces boules, mais ſeulement aux deux autres.

Ce que j'ai avancé ſur ce ſujet, quoiqu'appuyé par des preuves qui me ſemblent démonſtratives, n'a pas frappé de même un ſavant Géometre, qui a cru pouvoir aſſigner les viteſſes des cinq corps après le choc. C'eſt ce que je vais éxaminer.

Je ſuppoſe qu'on ait ici ſous les yeux l'Art. 176 de la nouvelle Edition du *Traité de Dynamique*, ou l'Art. 145 de la premiere, que je prie le Lecteur de relire; je ſuppoſe auſſi qu'il ait ſous les yeux la figure répondante à ces Articles, que je vais employer ici.

Soit *a* la viteſſe de la boule *A*, dont je ſuppoſe que *A* ſoit la maſſe, & *AL* la direction avant le choc; *D* la maſſe de chacune des boules *D* & *C*, dont je ſuppoſe que la viteſſe avant le choc ſoit parallèle à AL, & $= b$; enfin ſoit E la maſſe de chacune des boules E, F, dont je ſuppoſe que la viteſſe avant le choc ſoit parallèle à AL, & $= c$; il eſt viſible que b & c doivent chacune être plus petites que a. Cela poſé;

Si on nomme l'angle LAD, α, & l'angle LAE, β, x la viteſſe perdue par la boule A ſuivant AL, z la viteſſe communiquée aux boules D, C, ſuivant AD & AC, & y la viteſſe communiquée aux boules E, F, ſuivant CE, CF; on aura par notre principe de Dynamique, les trois équations ſuivantes;

$$(a - x)\cos.\alpha = z + b\cos.\alpha.$$
$$(a - x)\cos.\beta = y + c\cos.\beta.$$
$$Ax = 2Dz\cos.\alpha + 2Ey\cos.\beta.$$

D'où l'on tire

$$x = \frac{2D(a-b)\cos.\alpha^2 + 2E(a-c)\cos.\beta^2}{A + 2D\cos.\alpha^2 + 2E\cos.\beta^2};$$

Par conſéquent la viteſſe $a - x$ de la boule A après le choc, ſera

$$\frac{Aa + 2Db\cos.\alpha^2 + 2Ec\cos.\beta^2}{A + 2D\cos.\alpha^2 + 2E\cos.\beta^2}.$$

La viteſſe $z + b\cos.\alpha$ de la boule D ſuivant AD, ſera égale à $(a-x)\cos.\alpha = \frac{(Aa + 2Db\cos.\alpha^2 + 2Ec\cos.\beta^2)\cos.\alpha}{A + 2D\cos.\alpha^2 + 2E\cos.\beta^2}$;

Et la viteſſe de la boule E ſuivant AE ſera de même, & par les mêmes raiſons $= \frac{(Aa + 2Db\cos.\alpha^2 + 2Ec\cos.\beta^2)\cos.\beta}{A + 2D\cos.\alpha^2 + 2E\cos.\beta^2}$.

Ces formules ſont préciſément ſemblables à celles

que le ſavant Géometre dont il s'agit, a trouvées par une méthode particuliere ; ſur laquelle néanmoins on pourroit lui faire, ce me ſemble, quelques difficultés très-bien fondées, dans le détail deſquelles je n'entrerai point ici. Quoi qu'il en ſoit, comme le réſultat eſt le même par ſa méthode & par la mienne, c'eſt uniquement à ce réſultat que je vais m'attacher.

Je dis donc qu'il faut néceſſairement que les viteſſes des corps *D*, *E*, après le choc, eſtimées ſuivant *AD*, *AE*, ſoient plus grandes que les viteſſes *b*, *c*, de ces mêmes corps avant le choc, eſtimées auſſi ſuivant *AD*, *AE* ; car ſi les viteſſes étoient égales avant & après le choc, il n'y auroit point eu d'impulſion ; & il eſt abſurde de dire qu'elles puiſſent être plus petites, puiſque l'effet néceſſaire du choc eſt d'augmenter la viteſſe du corps choqué.

Il faut donc qu'on ait

$Aa + 2Ec \text{ coſ. } \beta^2 > Ab + 2Eb \text{ coſ. } \beta^2$;

Et de plus

$Aa + 2Db \text{ coſ. } \alpha^2 > Ac + 2Dc \text{ coſ. } \alpha^2$.

Soit ſuppoſé, comme dans l'Art. 176 du *Traité de Dynamique*, *ſeconde Edition*, $c = 0$; il eſt viſible que la ſeconde condition aura lieu, & que par conſéquent les boules *E*, *F*, recevront du mouvement par le choc de la boule *A* ; mais la premiere condition n'aura lieu qu'au cas que Aa ſoit $> Ab + 2Eb \text{ coſ. } \beta^2$.

Donc ſi *b* differe très-peu de *a*, comme je l'ai ſuppoſé, enſorte que $b = a - \omega$, ω étant une très-petite quantité, il faut pour que les boules *C*, *D* reçoivent quelque mouvement par le choc de la boule *A*. que la boule *E* soit assez petite pour qu'on ait $Aa > 2 Eb \cos. \beta^2$. Dans tout autre cas les boules *C*, *D*, ne recevront point de nouveau mouvement par le choc de la boule *A*; elles conserveront seulement la vitesse *b* qu'elles avoient avant le choc; & tout se passera, ainsi que je l'ai dit dans l'endroit cité, de la même maniere que si la boule *A* choquoit les boules *E*, *F*, seules. En effet la vitesse des boules *A*, *E*, *F*, sera pour lors la même que si les boules *D*, *C* étoient absolument nulles, puisque ces boules ne contribuent en rien à altérer le mouvement de la boule *A*.

Prenons le cas où Aa est $= Ab + 2 Eb \cos. \beta^2$; c'est celui où les boules *D*, *C*, commencent à ne plus être poussées par le corps *A*. On a pour lors $z = o$, & la vitesse des boules *E*, *F*, qui est $= \frac{(Aa + 2 Db \cos. \alpha^2 + 2 Ec \cos. \beta^2) \cos \beta}{A + 2 D \cos. \alpha^2 + 2 E \cos. \beta^2}$; se réduit (en mettant pour Aa sa valeur $Ab + 2 Eb \cos. \beta^2$, & en remarquant que $c = o$) à la simple valeur de $b \cos. \beta$, ou $\frac{Aa \cos. \beta}{A + 2 E \cos. \beta^2}$, à cause de $Aa = Ab + 2 Eb \cos. \beta^2$; ainsi tout se passe éxactement comme si *D* & *C* étoient $= o$.

A plus forte raison dans les autres cas, où z sera une quantité négative, & par conséquent impossible dans l'hypothèse présente, le choc des boules *A*, *E*, *F*, devra seul être considéré.

On remarquera même, que quoique la feconde condition ait toujours lieu, favoir, $Aa + 2 Db \text{ cof. } a^2 > Ac + 2 Dc \text{ cof. } a^2$ (au moins lorfque $b > c$); cependant, lorfque z fe trouve négative, les formules trouvées ci-deffus pour les viteffes des boules *A*, *E*, *F*, après le choc, ne peuvent plus fervir, à moins que dans ces formules on ne regarde comme nuls les termes où fe trouve *D*; parce qu'encore une fois les boules *D*, *C*, doivent être regardées alors comme n'exiftant pas.

En voilà affez pour faire voir que je me fuis exprimé très-éxactement dans l'endroit cité de mon *Traité de Dynamique*. On peut éxaminer de la même maniere & par les mêmes régles, le cas où c ne feroit pas $= o$, ainfi que ceux où b feroit $< c$.

Fin du Tome premier.

FAUTES A CORRIGER

Dans ce premier Tome.

Page 5, *lig.* 10, *au lieu de* $d\xi$ & $d\vartheta$, lisez $\xi\,dx$ & $\vartheta\,dt$:
Page 27, *lig.* 10, avant y', mettez *un point & une virgule.*
Page 54, *lig.* 1, *au lieu de* $\sqrt{-1}$, lisez $\sqrt{2}$.
Page 60, *lig.* 13, avant Yp, mettez *un point & une virgule:*
Page 191, *lig.* 8, *au lieu de* les deux Logarithmes, *lisez* les deux Logarithmiques.

Page 241, *lig.* 10, au lieu de $(bb+\overline{c-a}^2)$, lisez $bb\,(bb+\overline{c-a}^2)$.
Page 255, *lig. derniere*, au lieu de 3Δ, *lisez* 3δ.
Page 257, *lig.* 10, *au lieu de* dissimilitude, *lisez* similitude.
Page 273, *lig.* 1, *au lieu de* tiers, *lisez* d'un tiers.
Page 280, *lig.* 10, *au lieu de* extérieure, *lisez* inférieure.

Fautes à corriger dans les Figures.

Dans la Figure 4, *Planche premiere*, il faut marquer d'un trait le t, qui est auprès de T', en cette sorte t'.
Dans les Fig. 4 & 5, *Planche premiere*, il faut marquer d'un trait la lettre R qui est au-dessus de T', en cette sorte, R'.
Dans la Fig. 7, *Planche* 2, il faut marquer d'un double trait la lettre S, qui est sans trait, en cette sorte S''.

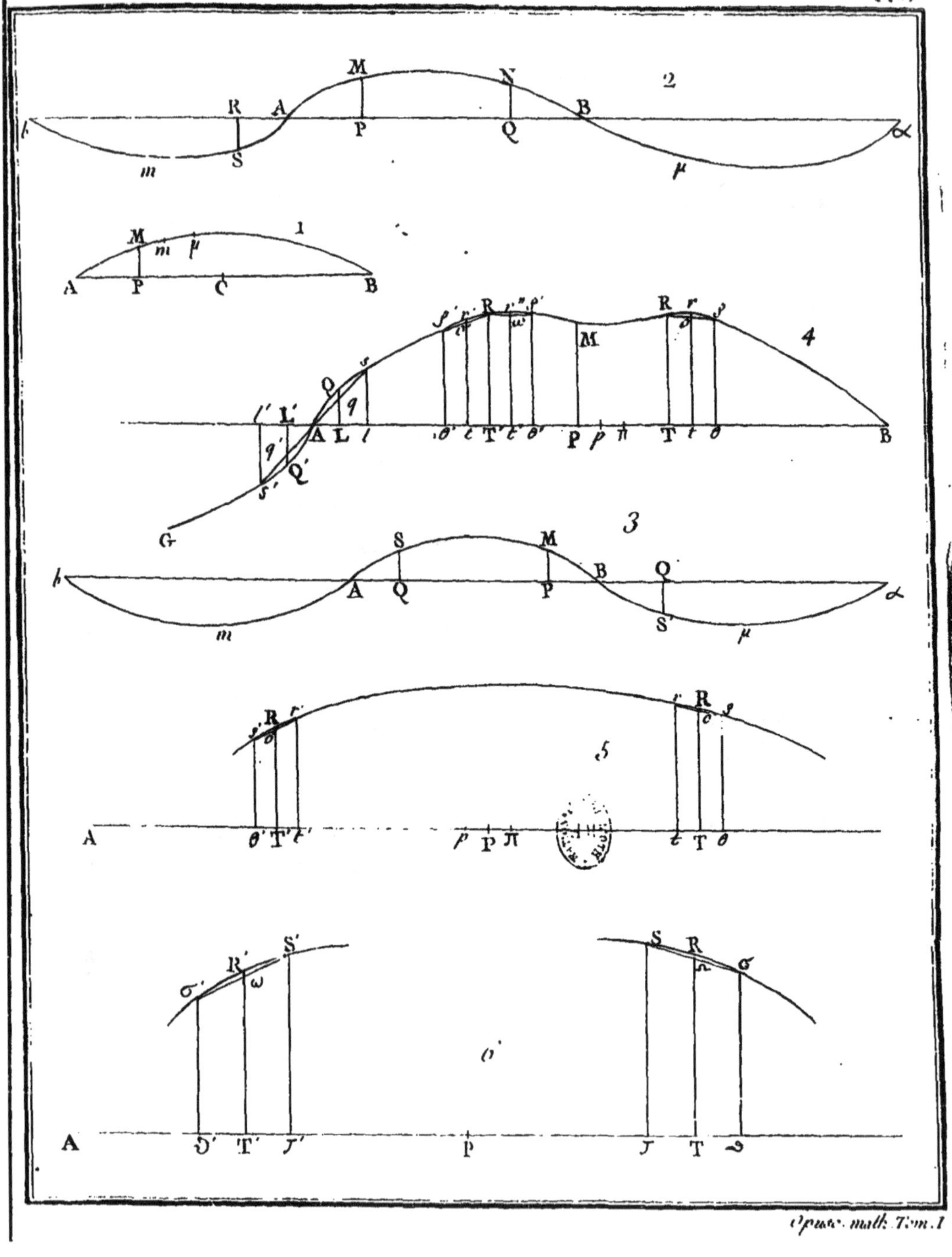
2
M
N
R
A
B
P
Q
S
m
μ
1
A
P
C
B
4
3
G
5
A
P
π
6
A
T
P

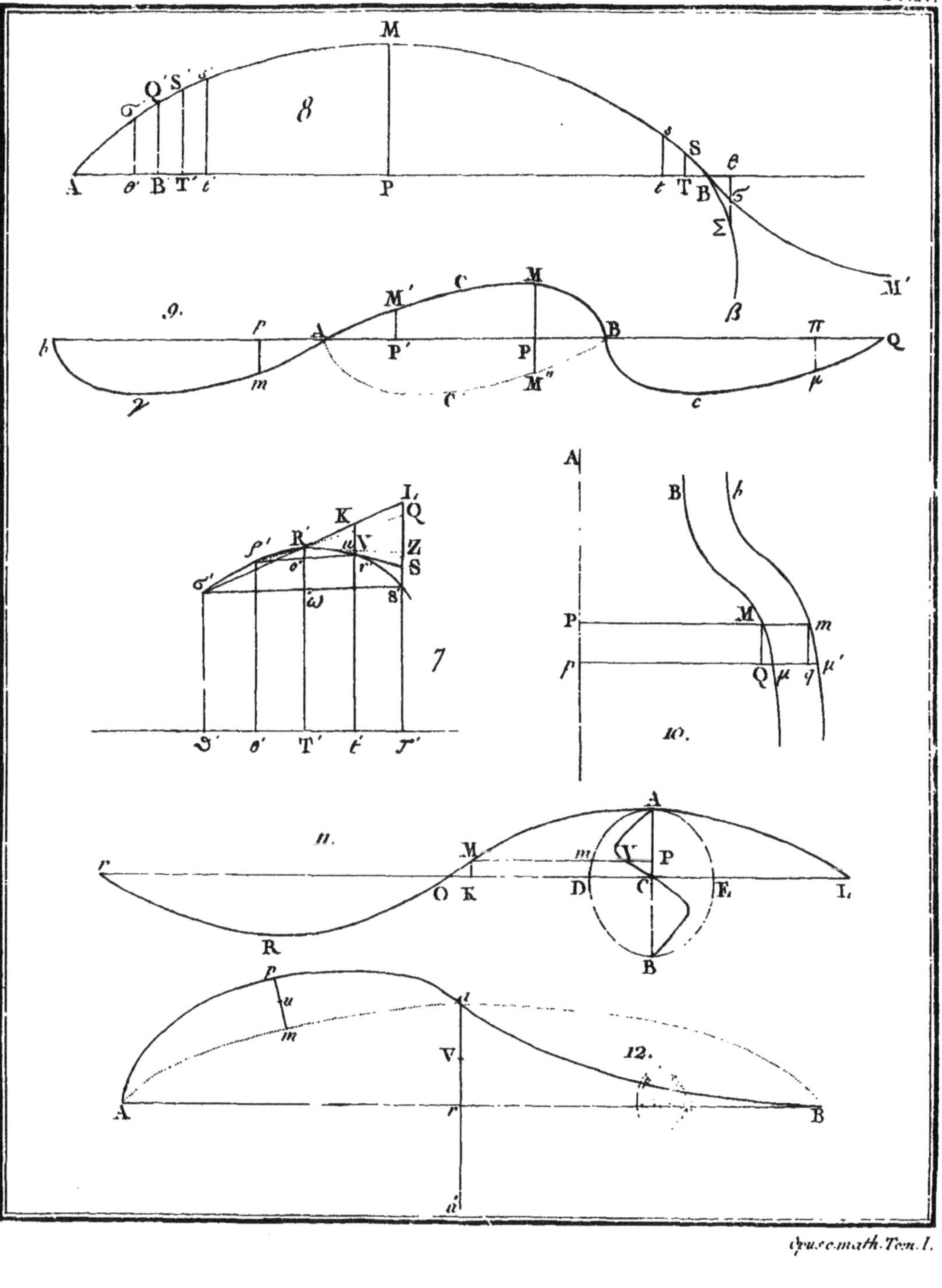
8
9.
7
10.
11.
12.

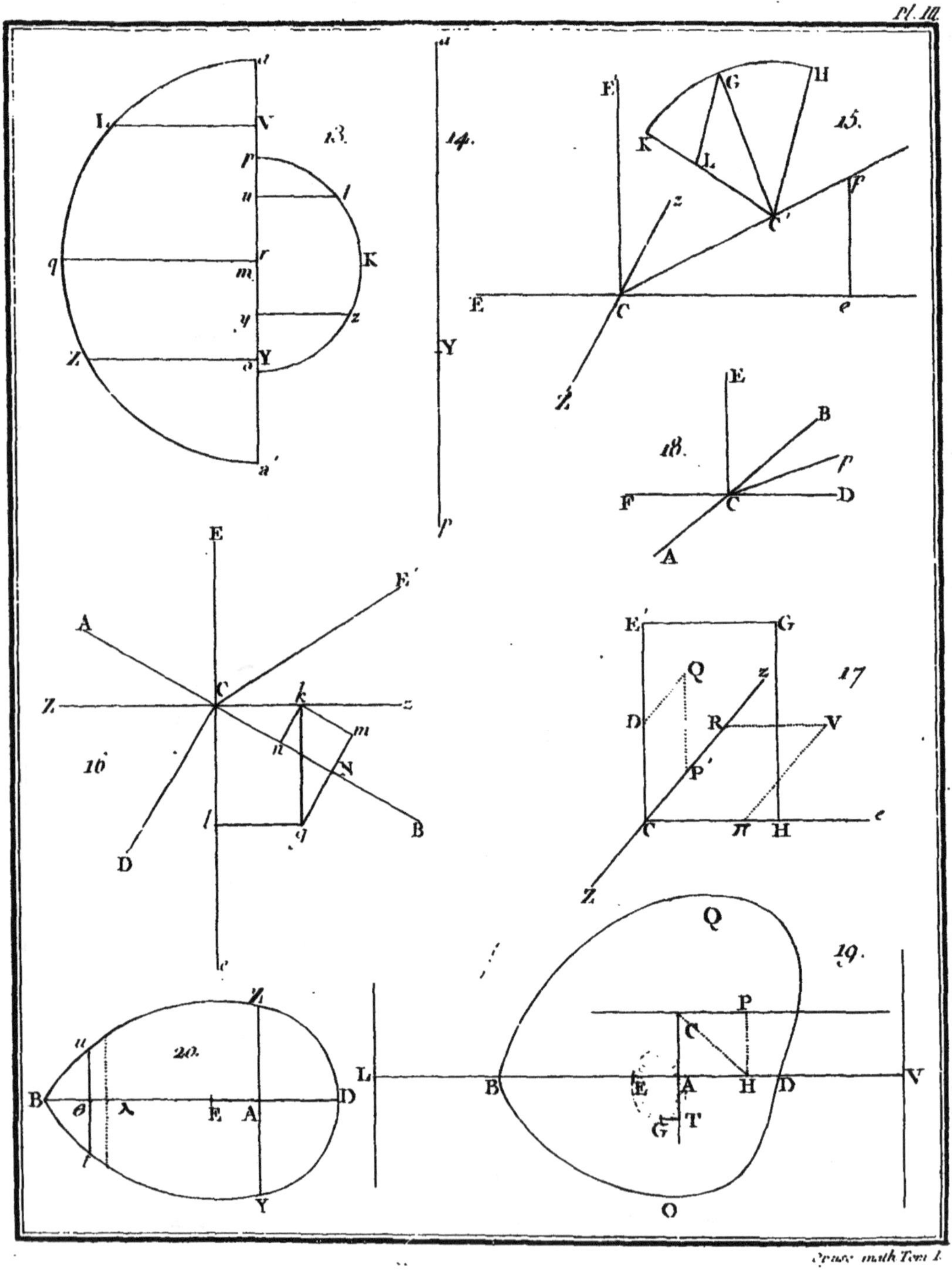
13.
14.
15.
16.
17
18.
19.
20.

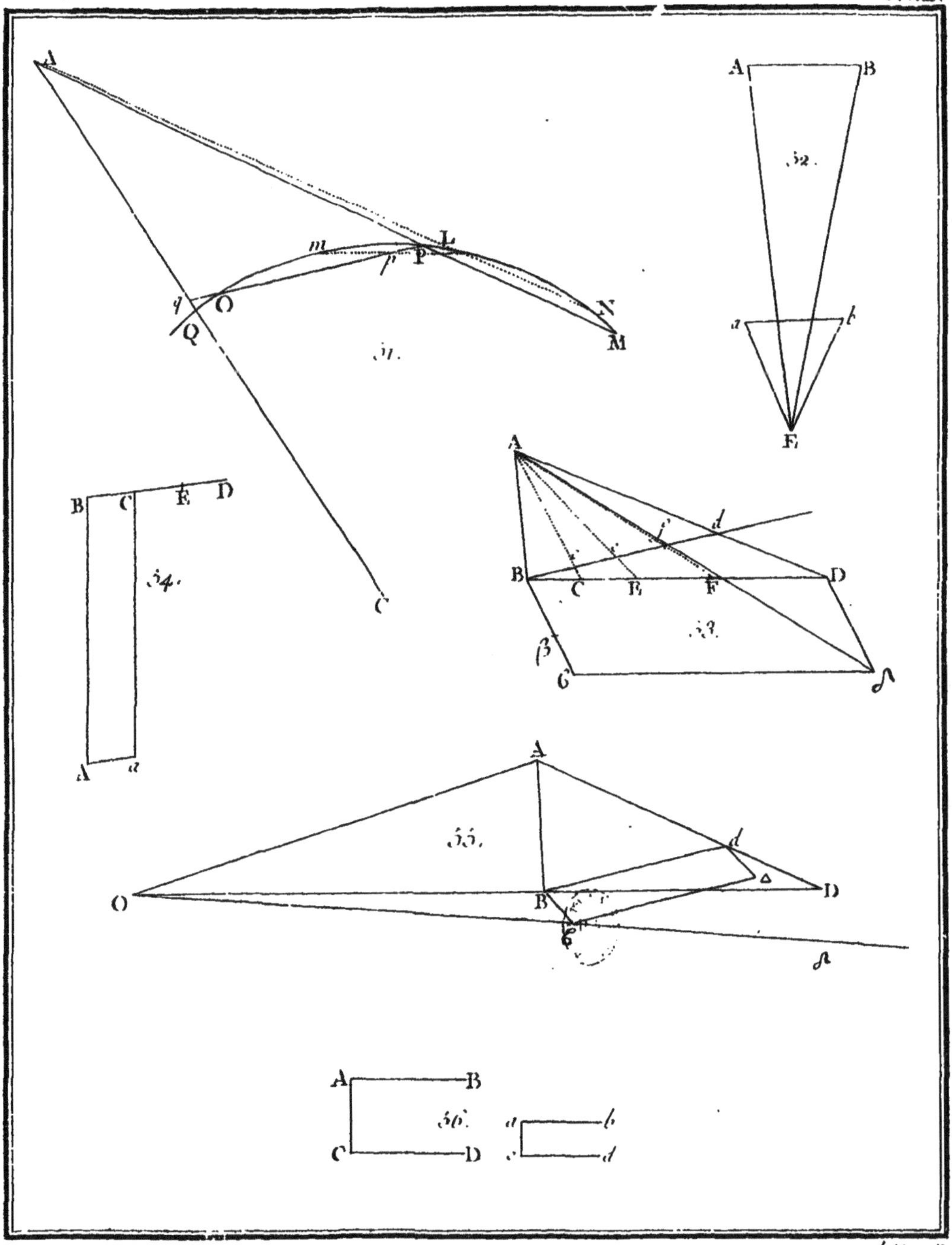
51.
52.
53.
54.
55.
56.

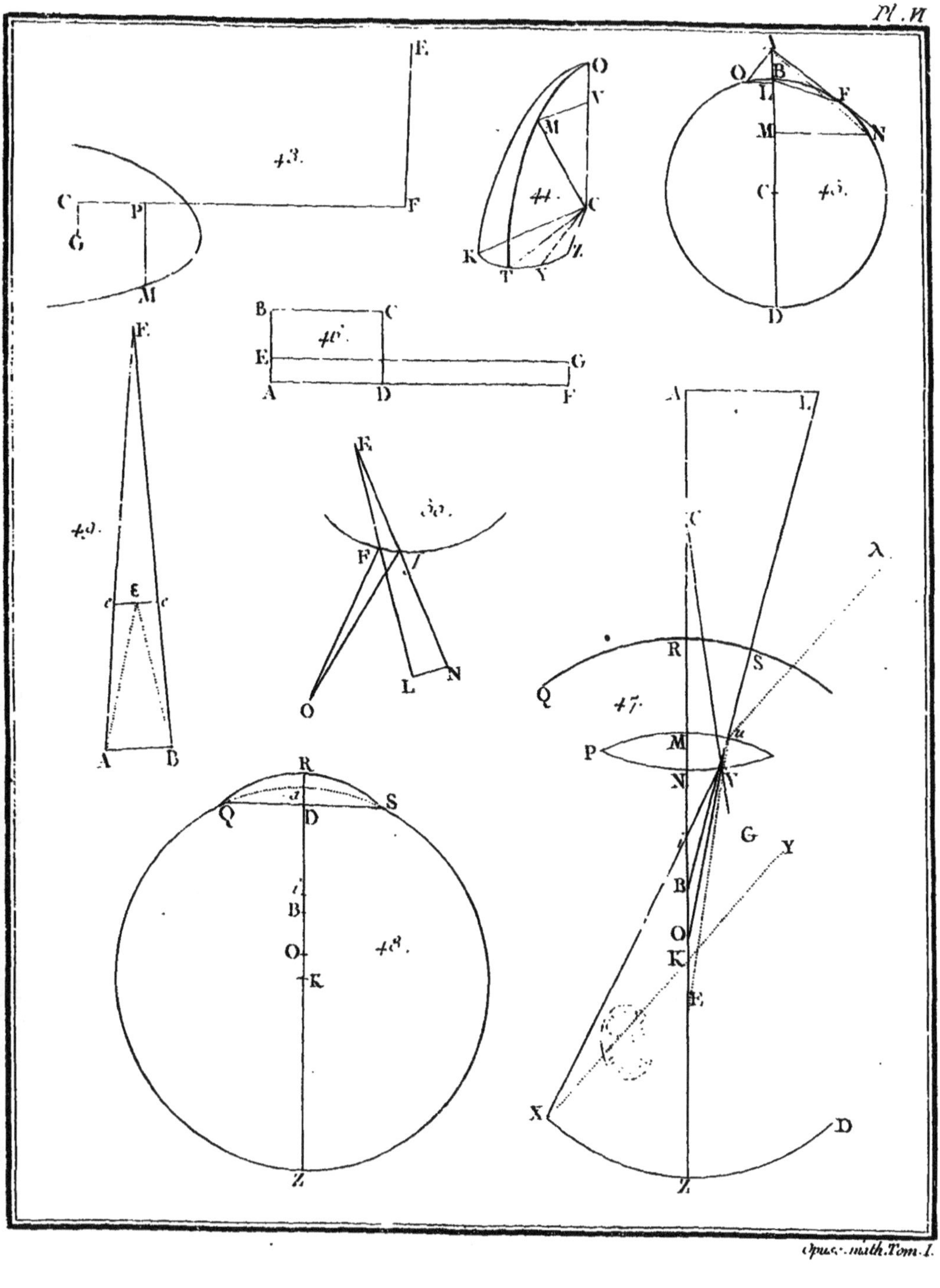
43.
C P F E G M
44.
O V M C K T Y Z
45.
A O B L F M N C D
46.
B C E G A D F
49.
E e ε e A B
50.
E F f O L N
47.
A L C λ R S Q u P M N V G Y B O K E X D Z
48.
R Q a D S d B O K Z

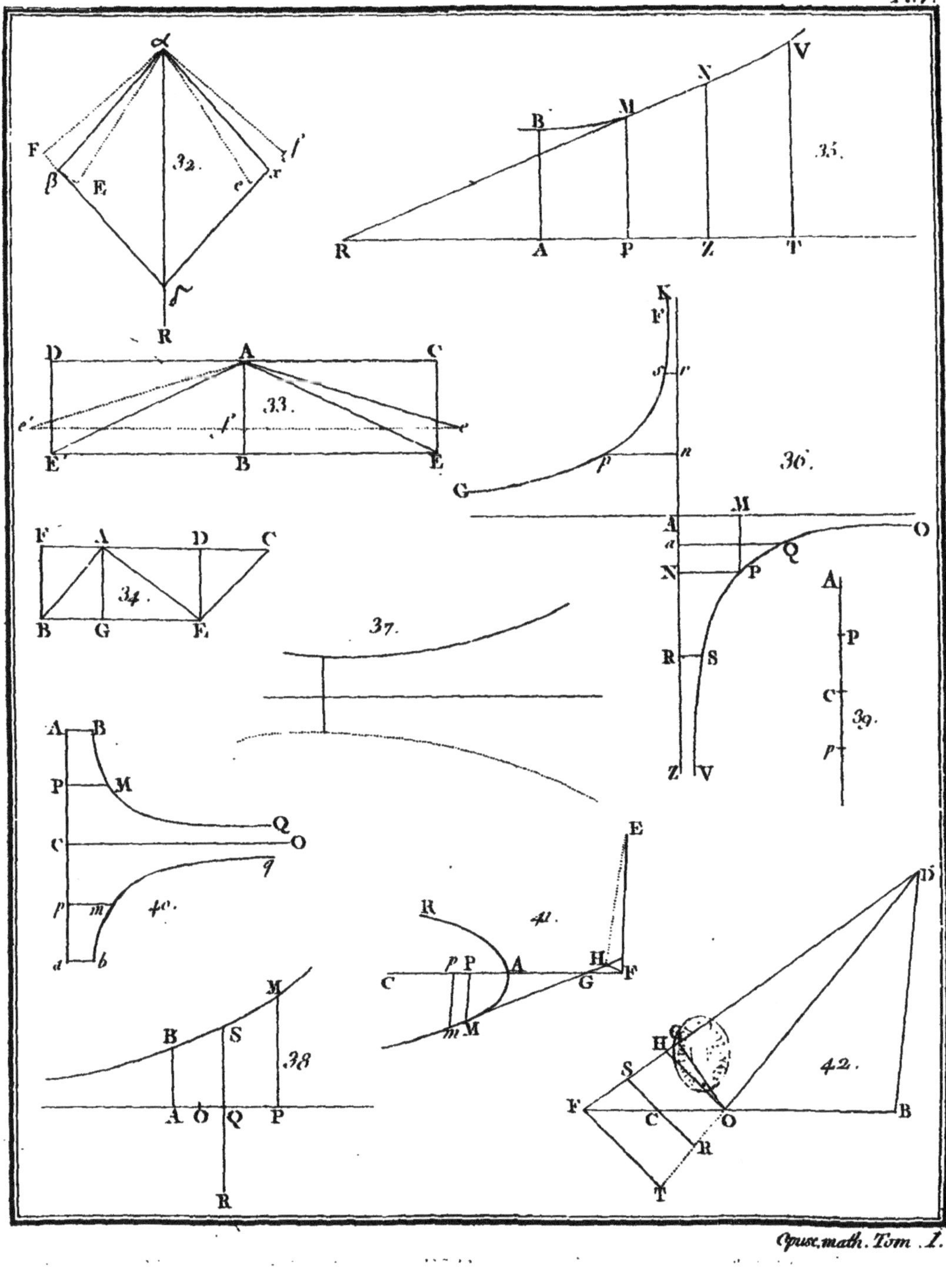

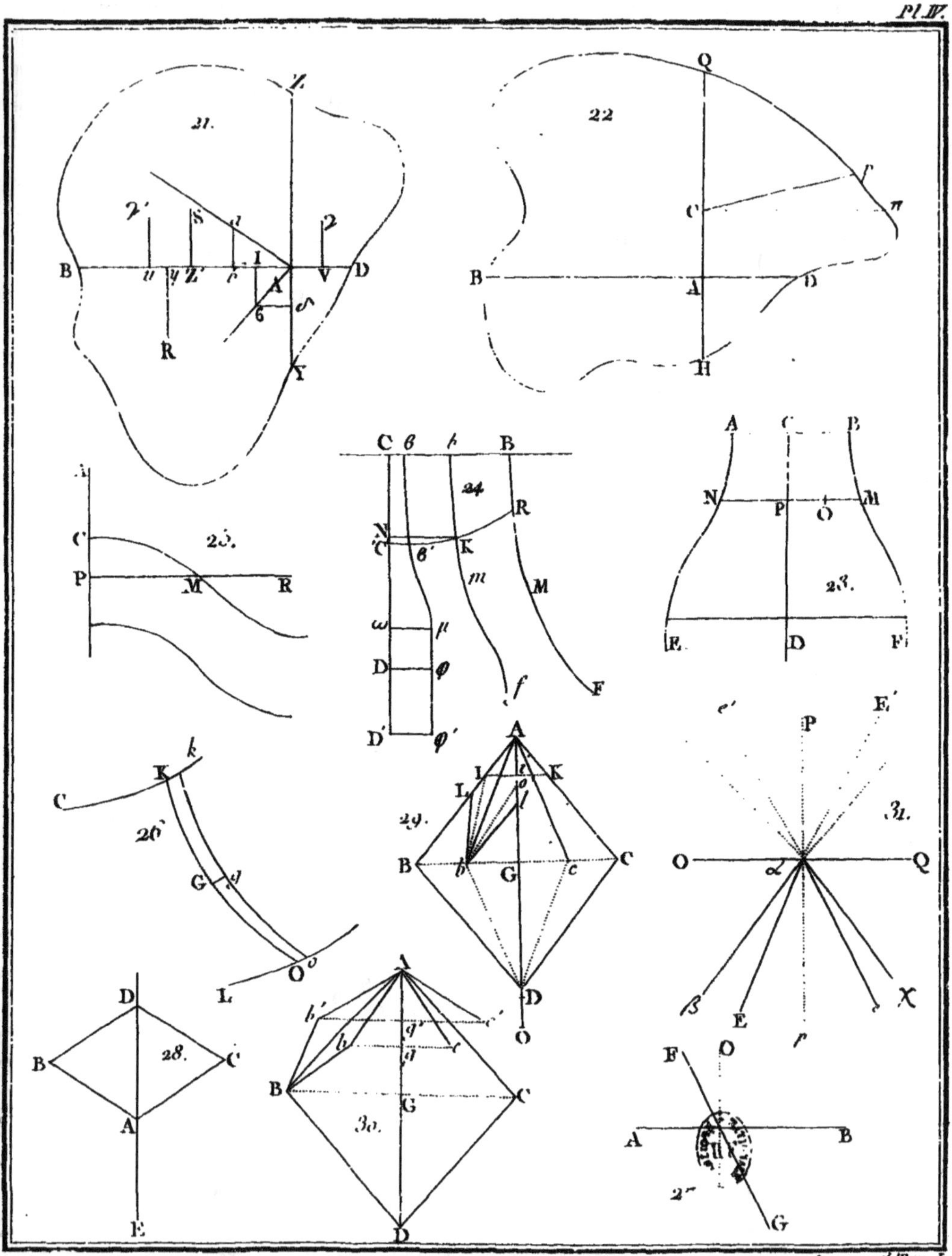

cédé leur travail, comme ils n'ont pas ſait difficulté d'en convenir eux-mêmes.

Dans le troiſiéme Mémoire, je développe les loix des oſcillations des corps flottans, ſur leſquelles j'avois déja donné un Eſſai dans ma *Théorie de la réſiſtance des fluides.* M. l'Abbé Boſſut, Profeſſeur Royal de Mathématique aux Ecoles du Génie, & Correſpondant de l'Académie des Sciences, a fait un uſage heureux & utile de quelques-unes de mes formules dans ſon excellente piéce ſur l'*Arrimage des Navires*, qui a partagé le prix de l'Académie en 1761. Il a de plus ajouté à ces formules beaucoup de remarques curieuſes & importantes qui lui appartiennent, & qui ont rapport au mouvement des Navires.

Le quatriéme Mémoire a pour objet la réduction des loix du mouvement des fluides aux équations analytiques les plus générales qu'il eſt poſſible; après avoir donné ces équations, je fais voir qu'il y a très-peu de cas où le mouvement des fluides puiſſe y être réduit, & par conſéquent être déterminé par un calcul rigoureux; d'où il s'enſuit qu'en général les loix de a une certaine ſigure au commencement de ſon mouvement ; & que dans les autres cas le mouvement de la corde ne peut être repréſenté par aucune ſormule analytique, ou, ce qui révient au même, ne peut être ſoumis au calcul. Dans un Supplément à ce Mémoire, je réponds à un très-habile Géometre de Turin, M. de la Grange, qui avoit embraſſé l'opinion de M. Euler, & qui l'avoit appuyée par de nouvelles preuves, trouvant celles de M. Euler inſuffiſantes.

Le ſecond Mémoire a pour objet le mouvement d'un corps qui tourne autour d'un axe quelconque, fixe ou variable, avec une viteſſe quelconque, variable ou uniſorme, étant animé ou non par des forces accélératrices quelconques. Cet Ecrit n'eſt qu'une application des formules du Problême de la *Préceſſion des Equinoxes*, que j'ai réſolu le premier, à des cas encore plus généraux. De ſavans Géometres ont déja traité le ſujet qui fait l'objet de ce Mémoire ; mais ma ſolution du Problême de la préceſſion des Equinoxes, qui a ouvert la route pour réſoudre ce genre de queſtions, avoit pré-

AVERTISSEMENT.

COMME les différens Mémoires contenus dans ces *Opuſcules*, exigent unë lecture attentive & ſuivie, pour ſe mettre au fait des matieres qui y ſont traitées, je me contenterai de donner ici une idée générale de ce qu'ils contiennent.

Dans le premier je fais voir contre M. Daniel Bernoulli, que la ſolution donnée par M. Taylor du Problême des *Cordes vibrantes*, eſt inſuffiſante & imparfaite, même avec l'extenſion ingénieuſe que M. Bernoulli y a donnée; je prouve que la ſeule vraie ſolution de ce Problême eſt celle que j'ai trouvée le premier par une méthode ſinguliere & nouvelle, & que j'ai publiée dans les Mémoires de l'Académie de Berlin 1747. Je prouve de plus contre M. Euler, que cette ſolution, quoiqu'auſſi générale qu'il eſt poſſible, n'eſt cependant applicable qu'aux cas où la corde

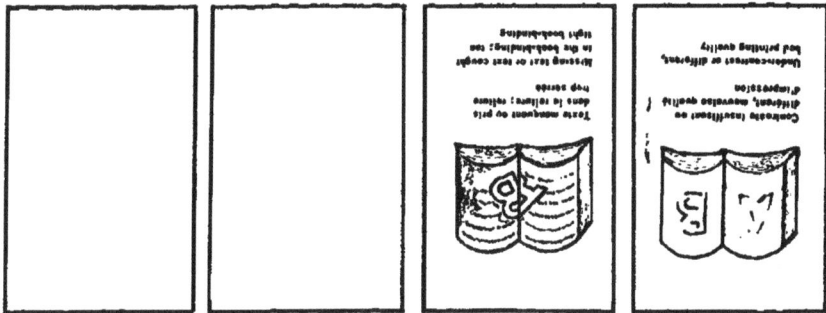

www.ingramcontent.com/pod-product-compliance
Lightning Source LLC
Chambersburg PA
CBHW060406200326
41518CB00009B/1272
9782012597730

LE FUSIL DE PETIT CALIBRE

ET

LE SERVICE DE SANTÉ EN CAMPAGNE

Par le Dr **HABART**,

MÉDECIN DE RÉGIMENT DE L'ARMÉE AUSTRO-HONGROISE

Traduit de l'Allemand par le Dr LŒWEL
Médecin major de 1re classe à l'Hôpital militaire de Bordeaux.